ANNE KRÜGER-DEGENER

Wenn Hunde lachen

HarmoniLogie® – Kommunikationstraining für Mensch und Hund

MIT KOSMOS MEHR ENTDECKEN
Damit Hunde gern folgen
SEIT 1822

KOSMOS

Inhalt

ZU DIESEM BUCH

„Wir bilden Mitarbeiter und Lebensbegleiter aus, keine Soldaten. Wir teilen unser Leben und unseren Lebensraum mit Individuen gleicher und anderer Spezies und wir erzeugen eine Atmosphäre, in der Kreativität und Gedeihen beste Bedingungen finden – für alle. Egal ob Mensch oder Tier." Mit diesen Worten eröffne ich häufig meine großen Kurse, um Menschen an die HarmoniLogie® heranzuführen.

WER ICH BIN

Ich möchte mich Ihnen, liebe Leser, kurz vorstellen. Mein Name ist Anne Krüger Degener und von Beruf bin ich Schäferin, Landwirtin der ökologischen Landwirtschaft, Reiterin, Ausbilderin für Menschen und Tiere mit einem Schwerpunkt auf Pferden und Hunden sowie Tierwirtschaftsmeisterin, Künstlerin mit einer europaweit gefragten Show, Betriebsleiterin, Buchautorin sowie Hausfrau und Mutter.
Das gemeinsame Leben und Arbeiten mit den Tieren hat mich seit nunmehr dreißig Jahren geschult und das tut es noch immer; es hält mich ganz gut in Bewegung – geistig und körperlich.
Aufgewachsen in einer Akademiker-Familie in Unna am Rande des Ruhrgebietes, war meine Affinität zu Tieren schon seit frühester Kindheit enorm, fühlte ich mich bei ihnen doch stets geborgen, verstanden und pudelwohl. Irgendwie haben sie es geschafft, mir Sicherheit und Orientierung zu geben. Sie haben mich gelehrt, die Spur zu finden und mich reguliert.
Nach dem Abitur sollte es zur Tiermedizin gehen – der Weg führte über landwirtschaftliche Praktika. Ja, und da war es um mich geschehen. Das Glück, mit gesunden Tieren zu leben, mehr noch, mich für die Gesunderhaltung der Tiere stark einsetzen zu können, entfachte ein Feuer in mir, in dem das Medizinstudium verdampfte. Ich verfolgte diesen meinen Weg konsequent, willensstark und – ja, auch – eigensinnig. Aus einem städtischen und bürgerlichen Umfeld stammend als Frau allein einen landwirtschaftlichen Betrieb aufzubauen, entpuppte sich zu mancher Zeit in meinem Leben als mutige Herausforderung. Doch da brannte dieses Feuer und wollte trotz aller Hindernisse und Hürden gar nicht ausgehen.

DIE GEBURT DER HARMONILOGIE®

So entstand eine große ökologische Schäferei mit der ersten deutschen Herdbuchzucht von Scottish Blackface Schafen (ganz besonders wunderbare Schafe, die aus dem schottischen Hochland stammen) und eine der leistungsstärksten Border-Collie-Zuchten Deutschlands. Die rein auf Leistung und Gesundheit gezogenen Hunde vertraten mit mir und anderen Trainern x-fach Deutschland auf nationalen und internationalen Leistungswettkämpfen. Es entwickelte sich eine Show, mit der wir ganz Europa bereisen durften und sogar in den Fernen Osten, in den Oman eingeladen wurden. Und es wurde die HarmoniLogie® geboren, die als Philosophie und Methode den direkten Dialog mit dem Partner Tier in den Vordergrund stellt und auf jede Form der klassischen Konditionierung verzichtet. Hier wuchs eine Tierschule heran für Pferde- sowie für Hunde-Menschen, die diesen Zugang zu ihrem Tier erlernen möchten.
In der Arbeit mit den Tieren habe ich die Orientierung gefunden, um diesen Weg immer weiterzugehen, wenngleich es gewiss Momente gab, in denen ich gedacht habe: „Warum hast Du nur nichts anderes gelernt?" Und zum Glück gab es am Ende immer dieselbe Antwort auf diese Frage: „Weil ich dieses hier will – genau so, wie es ist, und weil es Glück bringt."

VON DEN TIEREN GELERNT

Noch heute bin ich voll von diesem Glück und da brennt dieselbe Flamme für das Leben mit, für und um die Tiere in mir. Es ist nicht so romantisch, wie man sich das Leben einer Schäferin

In meinem Leben mit den Tieren habe ich so vieles lernen können. Daraus entstand die HarmoniLogie.

vielleicht vorstellen mag, wenn man versucht, mit und von einer Herde zu leben. Doch ich habe dort so wahnsinnig viel gelernt: die Feinheit der Sprache, das Gesetz der Aktivierung, das System der Körpersprache sowie echtes Teamwork mit den Tieren, den Hütehunden sowie den Schafen. Ich habe gelernt, die Tiere zu lesen, zu verstehen und zu lieben – und zwar jede Kreatur. Die Regeln einer funktionierenden Familienstruktur und mütterliche Empathie haben die Schafe mir vorgelebt und mich teilhaben lassen an den Gesetzen von Nähe und Distanz. Die Hunde, vor allem die professionelle Ausbildung der arbeitenden Border Collies, haben mich in der Geometrie der Sprache geschult und die Rechengesetze im Dialog lernte ich erst hier richtig zu verstehen.

Das Lesen, Laufen und Zuhören haben mich die Tiere gelehrt, denn nur so war ich in der Lage, mit den großen Herden allein fertigzuwerden. Meine immerwährende Liebe zu den Pferden ließ mich die erlernten Aspekte auch auf diese Spezies anwenden, und heraus kam dasselbe Ergebnis. Pferde, die mir zuhören, die ich lesen und zwanglos lenken kann. Was für eine große Hilfe das in der beruflichen Ausbildung unserer Reit- und Sportpferde werden sollte, weiß ich heute sehr zu schätzen. Von den Tieren durfte ich all das lernen, was Sie, liebe Leserin und lieber Leser, hier finden. Es entstand in der Zusammenarbeit mit den unterschiedlichsten Tieren, in dem Leben in ihren Strukturen und in der Abhängigkeit von ihrer Teamfähigkeit eine Methode, mehr noch, eine Philosophie oder auch Lebensart, die ich in diesem neuen Werk über die HarmoniLogie® zusammenfasse und Ihnen gerne anschaulich und nachvollziehbar anbieten möchte. Ich will Sie nicht überzeugen und auch keine anderen Wege kritisieren. Vielmehr möchte ich Sie einladen, sich selbst zu überzeugen.

Danke, dass Sie mir ein kleines oder auch größeres Stück auf meinem Weg folgen wollen. Aber seien Sie gewarnt, am Ende könnte dieses Feuer auch in Ihnen brennen ...

Ihre

Anne Krüger Degener

ZUM GELEIT

Liebe Anne,

oft haben wir darüber gesprochen, dass es an der Zeit wäre, ein neues Buch zu schreiben. Und irgendwann lagen tatsächlich die ersten Kapitel vor mir und ich war auf Anhieb total begeistert, geflasht und am allermeisten: tief berührt. Merkte ich doch sofort, was für ein Werk hier entsteht: ein Buch, das die Leser unmittelbar anleitet, wie sie mit ihren Hunden zu einer erfüllten Partnerschaft und einem harmonischen Zusammenleben kommen können. Tiefsinnig und kurzweilig stellst Du die Bezüge und Querverbindungen zwischen Frage und Antwort her. Denn das wünscht sich schließlich jeder, der sich einen Hund anschafft: Möglichst frei, fröhlich und unbeschwert mit seinem Kameraden durchs Leben zu gehen. Frei von Leinen, keinem Reh hinterherjagend, keine Radfahrer hysterisch anbellend, sondern frei dem Menschen angeschlossen. Wer einmal einen Einführungstag bei Dir mitgemacht hat, hat danach nur einen Gedanken: Das will ich auch! Sehr entspannte Menschen mit Ihren fröhlichen Hunden, die die verschiedensten Aufgaben auch, wenn es sein soll, vor großem Publikum mit unglaublich viel Spaß und Freude präsentieren. Alles nicht vorher einstudiert, wohlgemerkt. Hunde, die nur auf ihren Menschen bezogen sind und ihn anlachen! Ich sag's noch mal: Das will man!
Als ich vor acht Jahren mit meiner vierjährigen Labradorhündin und der zweijährigen Dackelhündin (beide jagdlich geführt) bei Dir zum Unterricht erschien, waren mir zwei Hunde schon fast zu viel. Heißt, wenn einer der zwei sich entschloss, seiner eigenen Wege zu gehen, war der andere gleich mit weg! Um es vorwegzunehmen: Heute habe ich vier Labradore, den Dackel und ein stressfreies Leben mit ihnen! Ich habe in jeder Unterrichtsstunde so viel gelernt, über mich und meine Hunde. Ja, das ist eine wunderbare Besonderheit Deiner Arbeit, man lernt sehr viel über sich selbst. Die Naturgesetze der Sprache vermittelst Du absolut nachvollziehbar und stellst die artübergreifende und innerartliche Kommunikation sehr logisch dar. Die Übertragbarkeit auf das eigene Leben ist verblüffend. Du erzeugst immer wieder motivierende und hilfreiche Erkenntnisse, nicht nur für das Zusammensein mit meinen Tieren ... Immer und immer wieder konnte ich erleben, wie Du an Deinem Lebenswerk gewirkt, Gliederungen verworfen und neue Fotos geplant hast. Ich konnte Dich dabei begleiten. Es hat riesigen Spaß gemacht und Du hast etwas Herausragendes geschaffen.
An dieser Stelle möchte ich Dir für Deine Erfindung der HarmoniLogie® von Herzen danken. Du hast vielen Menschen und sehr vielen Hunden dazu verholfen, ein glückliches Leben zu führen. Du hast eine Methode erschaffen, mit der jeder Mensch spontan etwas anfangen kann und die einen festen Platz in der Arbeit mit Mensch und Hund finden wird. Und ich danke Dir von Herzen für die vielen schönen Stunden, in denen Du immer wieder mit Geduld, Frohsinn, Warmherzigkeit und Begeisterung mich und andere an Deiner Vision hast teilhaben lassen.

Deine Schülerin und Freundin
Alexandra

GRUNDLAGENWISSEN
— *die Bausteine zum Erfolg*

HARMONILOGIE® – DER WEG ZUM GLÜCK

„Kommen Sie, ich zeige Ihnen etwas Schönes“, sage ich zu der Fotografin während des Fotoshootings für dieses Buch. Wir gehen gemeinsam auf die große Weide hinter unserem Haus. Begleitet werden wir von sieben Hunden und einem Pferd. Wir suchen uns eine geeignete Stelle mit schönem Hintergrund, und dann sage ich zu meinem Pferd, einem erst 6-jährigen Hengst namens Fürstenkind, er möge sich bitte hinlegen. Als er liegt, setze ich mich auf ihn und kraule ihn liebevoll. Er schmatzt genüsslich und dreht seinen Hals so, dass ich besser an seine Lieblingskraulstelle herankomme.
Nun rufe ich die Hunde, vier Border Collies, Coffee, Peppino, Sugar und Jo, die sogleich angeflitzt kommen und sich an mich drücken, um auch gestreichelt zu werden. Dann rufe ich Pombär, den riesengroßen Fila Brasiliero, Dr. Watson, den Labrador und Fuzzi, den Border Terrier. Es wirkt wie ein Familienfoto. Die Hunde wedeln wie verrückt und drängeln ein bisschen dichter an mich heran. Pombär klettert neben mich auf das Pferd und Fuzzi will sein Lieblingskunststück zeigen und zieht sich bis auf meine Schultern hoch. Das habe ich ihm beigebracht, als er noch ganz klein war, um ihn leichter transportieren zu können. Nun nimmt Dr. Watson auch noch meine Reitkappe und beginnt, damit auf dem Pferd zu posen. Ich muss so lachen, dass ich fast runterfalle. Fürstenkind blickt nach hinten und schmatzt. Er ist tiefenentspannt, obwohl wir wie eine wild gewordene Theatertruppe auf seinem Rücken herumkaspern.
Anna, die Fotografin, liegt im Gras und juchzt vor Vergnügen, während sie versucht, diese Szene im Bild festzuhalten. Nun hocke ich mich hinter das Pferd und es kippt auf die Seite. Jetzt legt Fürstenkind seinen Kopf in meinen Schoß. Er schließt die Augen und atmet tief und fest. Diese innere Losgelassenheit aller Beteiligten empfinde ich als sehr großes, echtes Kompliment.

Das Lachen des Hundes öffnet die Herzen der Menschen.

GLÜCKSGEFÜHLE

Und da ist es wieder: dieses Glücksgefühl! Es durchströmt meinen Körper und treibt mir manchmal die Tränen in die Augen; es ist so groß und kraftvoll, es hat etwas Heilsames ... Dieses Glück, inmitten all dieser Tiere zu leben, ein Teil dieser herrlichen Symbiose sein zu dürfen; das Glück, das entsteht, wenn Respekt und Vertrauen im Einklang sind, wenn Raubtiere und Fluchttiere gleichermaßen friedvoll miteinander umgehen, wenn diese tiefe Entspannung und die Freude Zeit und Raum beherrschen.

Alle, der Hengst, die Hunde, der Mensch sprechen eine Sprache. Sie hören sich zu, sie vertrauen und respektieren sich – sie lachen. Das ist Harmoni-Logie®, das macht das Gefühl von Glück.
Nun haben wir alle Bilder gemacht. Ich bitte die Hunde, vom Pferd herunterzuklettern und sich hinzulegen, damit Fürstenkind Platz hat aufzustehen. Das Schnippen mit den Fingern heißt für ihn, dass er sich bitte wieder aufrichten soll. Das tut er umgehend und kommt zu mir, um mir seinen Kopf auf die Schulter zu legen. Meist schnaubt er dann in mein Ohr. Ich atme auch noch einmal laut und tief durch. Es ist ein kleines Ritual, das wir miteinander teilen. Ich rufe die Hunde zu mir und streiche jedem noch einmal über den Kopf. Auch das gehört dazu.
Die Tiere haben mir beigebracht, dass eine echte Freundschaft nur entsteht, wenn Nähe jederzeit auch durch Distanz getauscht werden kann. Sie haben mich gelehrt, dass Sprache direkt, freundlich und artübergreifend funktioniert, wenn man die Gesetze der Natur versteht und ihnen folgt.

Die Freude, die wir miteinander haben, und das Glück, diese Freude zu teilen, bedeutet Lebensqualität auf allen Seiten.

DAS INTELLIGENTE SPIEL MIT DER HARMONIE

Die HarmoniLogie® ist die Lehre von der vertrauensvollen Nähe und der höflichen Distanz. Sie erzeugt eine verbindliche harmonische Beziehung. Es ist ein wunderbarer Weg, um den direkten Kontakt ohne Lockmittel und Überwinden durch Kraft zu entwickeln. Eine Technik, mit der Sie durch einen gelungenen Dialog die Naturgesetze der Sprache, die Leichtigkeit des höflichen und respektvollen Miteinanders und den Erfolg im Team erreichen: gutes Zuhören und leises Sprechen, positives Verstärken durch aufrichtiges Loben und gezieltes Kritisieren auf der Basis friedfertiger Kritikfähigkeit.
Die HarmoniLogie® bringt Menschen und ihre Hunde zum Lachen und befreit das Zusammenleben von komplizierten Strukturen. Diese Methode ist so einfach, dass Tiere sie verstehen. Die HarmoniLogie® lehrt, einander zu vertrauen und zu respektieren und führt zu einer unendlich tiefen Verbindung zwischen dem Menschen und seinen Gefährten (auch den Zweibeinigen). Die HarmoniLogie® ist ein beweglicher und damit auch lebendiger Prozess der Gesprächsführung. Sie ist dem Tierreich entlehnt.

HALT IN DER GEMEINSCHAFT

Der Halt innerhalb der Gemeinschaft scheint zum Wohlbefinden des Tieres dazuzugehören. Die Gesetze, die das ermöglichen, geben dem in der Familie lebenden, in Gruppen, Rudeln oder Herden strukturierten Individuum, offensichtlich einen Rahmen, in dem es sich entspannen kann. Zu Fluchttieren wie Schafen, Ziegen und Pferden habe ich eine sehr enge Beziehung, da ich im Rahmen meiner beruflichen Tätigkeit als Tierwirtschaftsmeisterin eine große Schafherde führe und Pferde ausbilde. Auf der anderen Seite arbeite ich professionell mit Hunden, um die Herden zu treiben und zu lenken, aber auch im sportlichen Bereich sowie in der Therapie- und Begleithundeausbildung. So durfte ich von Raubtieren ebenso lernen wie von Fluchttieren. Eines haben sie alle gemeinsam: Sie sind in Familienverbänden strukturiert und haben ein komplexes sprachliches System, das ihnen ermöglicht, friedfertig in der Gruppe zu leben und erfolgreich als Team zu kooperieren.

Der Hund soll gelassen seine Umwelt wahrnehmen …

… und jederzeit achtsam auf seinen Menschen reagieren.

Eine Beziehung ermöglicht ein freies und glückliches Miteinander voller Vertrauen.

DAS SPIEL AUS NÄHE UND DISTANZ

Weder die Schafe noch die Hunde haben Bücher geschrieben oder Erziehungsratgeber gelesen. Gerade die Schafe werden im Allgemeinen nicht für sonderlich intelligent gehalten. Mich verblüffen sie mit der Einfachheit ihrer Sprache, der Klarheit ihrer Regeln und der Verbindlichkeit ihres Systems. Bei den Gesetzen der Herde handelt es sich stets um das Spiel der regulierbaren Distanz und unbedingten Nähe, um das Spiel aus Anspannung und Entspannung oder – wenn Sie so wollen – auch um das intelligente Spiel der Harmonie. Es ist leicht, Nähe zuzulassen, wenn man auch Distanz herstellen kann.
Dieselben Prinzipien finden wir nicht nur innerartlich, sondern auch artübergreifend. Es sind Gesetze der räumlichen Organisation, der körperlichen Sprache und der Höflichkeit. Es handelt sich stets darum, sein Gegenüber zu aktivieren, den eigenen „Tanzbereich“ abzugrenzen und den des anderen zu akzeptieren. Die einfachste Formel hierzu lautet: „Wer bewegt wen?“ Diese regulierbare Distanz erzeugt Sicherheit und Entspannung.

UNGESUNDE DISTANZLOSIGKEIT

In der Mensch-Tier-Kombination wird durch Konditionieren und Arbeiten über Lockreize in manchen Fällen eine Distanzlosigkeit erzeugt, die für die Beziehung ungesund werden kann. Da sind Menschen, die ihre Hunde zahm gemacht haben, und mit diesen meist distanzlosen Tieren versuchen, im Wilden Westen der Hundehalter Fuß zu fassen. Da wird gezogen, gezerrt, geschrien, bedrängt, gelockt und verführt, aber selten überzeugt. Dabei ist es so einfach, etwas Distanz einzufordern, um die zugelassene Nähe besser definieren und gestalten zu können. Und das ist einfach nur ein Gesetz der Natur, das die Tiere schon lange beherrschen und verstanden haben. Diese Gesetze macht sich die HarmoniLogie® zunutze und dem Menschen verständlich. So schulen wir eine freundliche innere Haltung und erreichen damit eine verbindliche äußere Haltung.

RESPEKT UND VERTRAUEN

GUTE FREUNDINNEN

Ich genieße diese Auszeiten, wenn ich mit meiner Freundin über die Wiesen und durch die Wälder streife. Wir freuen uns des Lebens, freuen uns, einander zu haben, lachen viel und sind auch mal albern. Wir sind immer für den anderen da, unterstützen uns gegenseitig und freuen uns gemeinsam über die Erfolge des anderen und über alles Schöne.

Pombär kommt lachend und ungebremst zu seinem Menschen gerannt.

Natürlich ist auch in der besten Freundschaft nicht immer eitel Sonnenschein. Wir sind auch mal unterschiedlicher Meinung und sie setzt mich durchaus auch „auf den Pott", wenn es sein muss. Das gehört dazu. Denn gerade weil man einander schätzt und vertraut und um das Wohl des anderen besorgt ist, hat man nicht nur das Recht, sondern sogar die Pflicht, ihn in seine Spur zurückzubringen, wenn er auf Abwege gerät. Und man kann den anderen auch mal wegschicken und sagen, dass man allein sein möchte, ohne dass er es gleich krummnimmt. Auf das nächste Treffen freuen wir uns dann umso mehr.

Unsere Beziehung ist ungetrübt und unbeschwert, weil ich aus Erfahrung weiß, dass meine Freundin mir nichts Böses will. Ich habe sie über die Zeit in verschiedenen Lebenssituationen als zuverlässigen Fels in der Brandung erlebt. Was sie sagt, meint sie auch, sie ist nicht wankelmütig – mal so, mal so gibt es bei ihr nicht. Und das gibt Sicherheit.

FREUNDSCHAFTEN MÜSSEN WACHSEN

Am Anfang unserer Beziehung war das natürlich längst nicht so. Lernt man jemanden kennen, steht man sich erst einmal skeptisch gegenüber, tastet sich heran und entfernt sich auch wieder voneinander, bis man genau weiß, was man voneinander halten und erwarten kann. Das Aufbauen von Vertrauen und einer tiefen, unerschütterlichen, belastbaren Freundschaft braucht eben seine Zeit.

WAS IST MIT DEN HUNDEN?

Der Vergleich von zwei Erwachsenen, die sich kennenlernen, mit einem Menschen, der einen Welpen zu sich nimmt, hinkt nur ein wenig. Auch wenn ein zwölf Wochen alter Welpe kognitiv schon recht weit entwickelt ist, ist er immer noch infantil und formbar, vielleicht vergleichbar mit einem Kind im Vorschulalter. Er trägt schon alle Möglichkeiten in sich und muss sehr ernst genommen werden. Er entwickelt sich auch viel schneller als ein Menschenkind, denn 15 Jahre Brutpflege kann sich außer dem Homo sapiens kein Wesen leisten. So entspricht ein einjähriger mittelgroßer Hund (bis ca. 15 kg) einem 20jährigen jungen Erwachsenen.

WERTE ÜBERTRAGEN

Hunde sind Hunde und das sollen sie auch bleiben, aber die beschriebenen Werte können wir problemlos auf unser (Zusammen-)Leben mit ihnen übertragen, ohne sie zu vermenschlichen. Nehmen wir sie ernst, respektieren wir sie, haben wir Vertrauen zu ihnen und bringen wir ihnen bei, auch uns Respekt und Vertrauen entgegenzubringen, holen wir sie in unsere Spur, in unser Leben – dann werden wir viel Freude miteinander und aneinander haben.

EIN PLATZ IN DER GEMEINSCHAFT

Und glauben Sie mir, es ist gar nicht so schwierig, wenn sie ein paar Grundsätze beherzigen. Vergessen Sie Ignorieren und Dominanz; die wenigsten Hunde wollen dominieren oder führen. Die meisten haben viel weniger Stress, wenn sie die Verantwortung abgeben können und in einer funktionierenden Gemeinschaft ihren Platz haben.

DIE VIER SÄULEN DER KOMMUNIKATION

Das System der HarmoniLogie® erklärt die Zusammenhänge in der Kommunikation einfach, anschaulich und leicht nachvollziehbar. Die Kommunikation nach der HarmoniLogie® besteht

Ehrliche Zuneigung erzeugt ein wunderbares Gefühl.

aus vier Säulen, die im besten Fall gleichmäßig mit dem Heranwachsen, der Erziehung und der Ausbildung des Tieres wachsen. Diese vier Säulen gilt es, ein Leben lang zu überprüfen.

DIE NÖTIGEN WERKZEUGE

Stellen Sie sich vor, Sie möchten sich eine Holzwerkstatt einrichten. Zunächst benötigen Sie Werkzeug. Sie entwickeln also einen Hammer, eine Säge, einen Hobel und eine Zange. Erst wenn diese vier Werkzeuge fertig und bedienbar sind, Sie gelernt haben, geschickt und sicher mit ihnen umzugehen und sie zu warten und zu pflegen, können Sie beginnen, mit ihnen etwas zu werkeln. Was Sie damit herstellen können, ist abhängig von Ihren individuellen Fertigkeiten und Bedürfnissen sowie Ihrem Talent. Ebenso hängt das Resultat Ihrer Kreativität von der Beschaffenheit und Qualität sowie Quantität Ihres Materials, dem zu bearbeitenden Holz, ab. Und das sollte mit Sorgfalt ausgesucht werden und zu den Anforderungen Ihres Auftrages passen. Das Werkzeug müssen Sie stets pflegen und warten, eventuell nachbessern: ölen und gut aufräumen. Genauso ist es mit dem gelungenen Dialog in der HarmoniLogie®. Zunächst entwickeln wir mit den jungen Tieren die vier Säulen der Kommunikation und dann beginnen wir mithilfe dieser Elemente ihre Ausbildung. Die wiederum wird auch der Veranlagung des Hundes angepasst, damit die Ziele erreichbar werden. Die Nummerierung der Säulen entspricht ihrer Wichtigkeit, kann aber durchaus auch in einer anderen Reihenfolge zur Geltung kommen.

SÄULE 1: DIE ANSPRECHBARKEIT

Jemanden immer erreichen, ohne Hindernis Kontakt zu ihm aufnehmen zu können und mit Leichtigkeit (s)eine stabile Aufmerksamkeit zu bekommen, ist die Grundlage jeder Beziehung. Dieses Interesse aneinander ist nicht gottgegeben, sondern hat mit Respekt und Vertrauen zu tun. Das Ziel ist, immer und unter allen Umständen, Kontakt zu und Aufmerksamkeit füreinander herstellen zu können. Oft wird das erst möglich, wenn die anderen Säulen ebenso mit in den Fokus genommen werden.

WAS BEDEUTET ANSPRECHBARKEIT?

Unter Ansprechbarkeit verstehen wir, dass der Hund zumindest Blickkontakt zu uns aufnimmt, wenn wir seinen Namen sagen. Und wir sagen seinen Namen nur, wenn wir auch tatsächlich diese Reaktion erzielen möchten. Diese Klarheit und Eindeutigkeit ermöglicht dem Tier, verbindlich zu reagieren, und darauf bauen wir die „ziehende Hilfe“ (siehe Seite 115) auf.
Das Bild, das ich sehen möchte, ist ein Hund, der unvermittelt mit geöffnetem Maul, freundlichen Augen, verspielten Ohren und wedelnder Rute auf direktem Weg ganz dicht zu mir kommt, sich vor mich hinsetzt, mich ruhig und stetig anschaut und sich nicht ablenken lässt. Später in der Ausbildung kann dieses perfekte Bild etwas verwischen und der unmittelbare dauerhafte Blickkontakt kann ausreichen. Aufgebaut wird die Schulung nach der HarmoniLogie® jedoch auf das perfekte Gesamtpaket und das nennt sich dann die „ziehenden Hilfe“. Es ist, als hätte Ihr Hund ein Handy und würde zuverlässig erreichbar sein und immer drangehen, wenn Sie ihn anrufen.

SÄULE 2: DIE STÖRBARKEIT

Es nervt, wenn der Radiosender verrutscht ist, und man wird sogleich aktiv, um ihn wieder besser einzustellen: Es ist eine Störung. Wenn das Baby aufwacht und leise jammert, steht die Mutter auf und schaut nach ihm: Es ist eine Störung. Wenn alle still in der Besprechung sitzen und an einem Thema arbeiten, nur einer tippt ständig mit dem Stift auf den Tisch, dann kann das ablenken: Es ist eine Störung. Und was Ihr Hund als Störung empfindet, das werden Sie mithilfe dieses Buches herausfinden können. Störungen sind Unterbrechungen, die bis zu dem, der gestört werden soll, durchdringen. Das kann ein Ausschütteln der Leine sein, ein Straffen des Körpers, ein Aufstampfen mit dem Fuß, das Schlagen mit der Leine an den Anorak oder auch das Auf-den-Hund-Zugehen. Es gibt unzählige Möglichkeiten, sein Gegenüber zu stören, und jeder Mensch sowie jeder Hund ist anders veranlagt.

EINFACH UNTERBRECHEN

Die Störung ist das beste und erste Hilfsmittel, um die Ansprechbarkeit zu unterstützen. Stören heißt nicht strafen, sondern einfach nur unterbrechen. Wie leicht oder auch schwer jemand sich stören lässt, ist ganz unterschiedlich. So kann ein Husten die Stille stören, das Nennen des Namens oder selbst ein Lob die Konzentration ablenken und ein Gähnen die Aufmerksamkeit unterbrechen. Es geht also bei der Art und Intensität der Störung ausschließlich um die Sensibilität desjenigen, der gestört werden soll. Ist unser Hund sehr sensibel, reicht ein leichtes, leises Nein. Ist unser Kollege etwas dickköpfig, dann darf der dennoch leisen, akustischen Störung ein in seiner Intensität an die Dickfelligkeit angepasster Impuls folgen – aber auf keinen Fall Aggressivität. Sobald die Störung erfolgreich war, sollte sie sofort aufhören, nur dann können wir eine Sensibilisierung und somit Leichtigkeit und Feinheit erreichen. Wir stören also so wenig wie möglich und so viel wie nötig. Schon die kleinste Verhaltensänderung reicht uns, um die Störung einzustellen. Lässt sich der Hund im Verlauf des Trainings immer einfacher stören, optimieren wir damit langsam seine Reaktion.

ZIEHENDES ODER SCHIEBENDES „STÖREN"

Und genau das können wir uns in der Ausbildung zunutze machen. Hier haben wir die Störung angepasst an die Polarität der Lösung. Liegt die Lösung näher bei uns, können wir mit dem Namen stören; liegt sie weiter von uns weg, wäre eine Störung wertvoll, die etwas Distanz einfordert. Wir nennen das „ziehend oder schiebend interpretiertes Stören". Dies bauen wir auf, wenn der Hund grundsätzlich störbar ist. Das Feintuning der Störbarkeit ist ein faszinierender Prozess,

Ein abgelenkter, unaufmerksamer Hund...

... sollte sich nach einer leichten Störung...

... wieder seinem Menschen zuwenden.

bei dem viele Menschen das Gefühl bekommen, richtig tief in einen Dialog mit dem vierbeinigen Freund zu kommen. Und die Wahrnehmung, dass unser Gegenüber sensibel für uns ist und wir fein und leise Einfluss nehmen können, erzeugt ein tiefes Verständnis für das System des gelungenen Dialoges, eben das System der HarmoniLogie®.

SÄULE 3: DIE LOBBARKEIT

Es kommt jemand zu Ihnen, den Sie respektieren. Die Person steht vor Ihnen, schaut Sie weich und freundlich an. Dann sagt sie mit ruhiger Stimme: „Das hast Du richtig gut gemacht. Alle Achtung, weiter so“, ohne gehetzt zu sein. Das geht runter wie Öl – oder? Und es bietet Treibstoff für die nächsten 100 Kilometer. Damit Sie das als würdigend und motivierend empfinden, braucht es Kontakt, Ruhe, Zeit und ein gesundes Gefüge aus Respekt und Vertrauen, und natürlich noch die kleine Heldentat von Ihnen, die es zu loben gilt.

BIS DAS LOB ANKOMMT

Dieses Beispiel verdeutlicht, was es mit dem zunächst etwas abstrakten Begriff der Lobbarkeit auf sich hat. Im Rahmen der HarmoniLogie® verstehen wir darunter die Fähigkeit des Tieres, das Lob des Menschen anzunehmen, und auch die Fähigkeit des Menschen, so zu loben, bis das Lob ankommt. Beim Hund drückt sich das in Entspannungssignalen wie tiefem Durchatmen, Abschmatzen, Lidschlag, Wedeln oder Ohrenspiel aus. Durch gezieltes Ausstreichen der Nasalfalte, durch feste, warme Berührungen und Lobworte können wir die Tiere in Ruhe loben. Gerne benutze ich im Training auch das eigentliche Signal als Lobwort, z. B. beim Herkommen oder auch Hinlegen, und kann somit dem Hund sehr punktgenau durch meine Stimmmelodie die Bestätigung geben, dass das, was er gerade tut, richtig ist und dass er es genau so weitermachen soll.
Manchmal macht es Sinn, aktiver zu loben, damit mehr Bewegung in das Becken des Hundes kommt (das ganze Hinterteil muss wackeln!). Sobald er wedelt und sein Maul öffnet, werden Hormone freigesetzt, die die Bindungsbereitschaft fördern.

Gelungener Kontakt wird stets mit aufrichtigem Lob gewürdigt.

DAS SALZ IN DER SUPPE

Die Lobbarkeit gibt jeder Beziehung das Gewürz, das sie schmackhaft macht, sie ist das Salz in der Suppe. Hier erzeugen wir Motivation, Entspannung und Bindung. Das Lob ist das Hilfsmittel in der Schule, ob bei Tieren oder Menschen, das Lernen und Kritikfähigkeit ermöglicht, und wir können darüber tiefe Zufriedenheit und Wohlbehagen verbindlich erzeugen.
Der positiv aktivierte Hund ist das Ziel der HarmoniLogie®. Die Möglichkeit, den Hund punktgenau positiv zu aktivieren, gibt uns Menschen eine riesengroße Chance, gewünschtes Verhalten sofort, nachhaltig und ehrlich zu verstärken und somit immer häufiger abzurufen.

SÄULE 4: DIE ABGRENZBARKEIT

Das permanente Spiel aus Nähe und Distanz, das Beziehungen stabil werden lässt, das Einrichten des eigenen „Tanzbereichs“, das Zollen und Fordern von Respekt schafft Frieden und ermöglicht das Zusammenleben in familiären Strukturen. Die Möglichkeit, leicht und freundlich Distanz einzufordern, sorgt im Umkehrschluss für eine wunderbar aufgeräumte Nähe. Bei leiser Aufforderung, Distanz herzustellen, sollte diese unmittelbar und ohne Spannung zu sehen sein. Bei den Hunden benutzen wir hierfür die sogenannte „schiebende Hilfe“ (siehe Seite 119).
Mit dieser Hilfe fordere ich den Hund durch ein leises Signal (Knurr-Ton) auf, sich etwas von mir zu entfernen und Höflichkeitssignale zu senden. Das bedeutet, der Hund tritt ruhig und entspannt seitwärts von mir weg, schaut mich an, spielt mit den Ohren in alle Richtungen, öffnet sein Maul, schleckt seitwärts ab, hat eine entspannte Rückenlinie, fußt vom Ballen zur Zehe mit entspannten Beinen und wedelt aktiv unterhalb der Waagerechten (Rückenlinie). Er wirkt im Ganzen losgelassen.
Dieses Bild nennen wir das „aktive Angebot“.
Diese vierte Säule schulen wir erst, wenn der Mensch im Dialog mit seinem Tier gelernt hat, sein Tier zu „lesen“ und selbst korrekte Laufmuster auszuführen. Mit der schiebenden Hilfe und der Möglichkeit, friedlich Distanz zu erzeugen, gehen wir Menschen sehr tief auf die innere Haltung des Tieres ein.

IN KÜRZE

- **Stören heißt nicht strafen, sondern einfach nur unterbrechen.**
- **Der positiv aktivierte Hund ist das Ziel der HarmoniLogie®.**

Die vier Säulen der Kommunikation mit den drei Aspekten der Antwort

DIE DREI ASPEKTE DER ANTWORT

DER DIALOG VOR DEM DIALOG

Sie kennen es aus dem zwischenmenschlichen Bereich, dass es einen Dialog vor dem Dialog gibt. Es ist der erste Eindruck, es ist die sehr sensitive Wahrnehmung, ob man jemanden riechen kann oder nicht, es ist eine Art der Sympathie, die sich ohne Worte transportiert. Sie erfassen Ihren Artgenossen einfach ganz natürlich und blitzschnell in dem Moment der ersten Begegnung.

VERSCHIEDENE MÖGLICHKEITEN

Szene 1 Sie kommen nach Hause. Ihr Partner steht in der Küche und blickt aus dem Fenster. Sie sagen: „Hallo." Ihr Gegenüber dreht sich unvermittelt um, schaut Sie an und lächelt mit einer weichen, einladenden Körperhaltung.
Der Dialog kann beginnen.

Szene 2 Sie kommen nach Hause. Ihr Partner steht in der Küche und blickt aus dem Fenster. Sie sagen: „Hallo." Ihr Partner dreht sich nicht um ... oder er dreht sich um, die Arme vor dem Körper verschränkt, den Mund verschlossen. Sie spüren sofort, dass etwas nicht stimmt.

Es gibt viele Varianten, die dafür entscheidend sind, ob ein Dialog ins Fließen kommt oder nicht, und genau das ist quasi der Dialog vor dem Dialog. Es ist all das, was Sie an Ihrem Gegenüber bewusst und unbewusst wahrnehmen, bevor Sie in echten Kontakt miteinander treten.
Es sind, um es leicht zu machen, die drei Aspekte einer Antwort.

Ich habe diese drei Aspekte von meinen Tieren gelernt und in der HarmoniLogie® für Sie zusammengefasst. Es fällt mir unglaublich leicht, mit dieser Struktur auf der einen Seite einen Dialog zu führen, auf der anderen Seite aber auch die Fehlerquellen zu identifizieren und sofort daran zu arbeiten.

NR. 1: DIE UNMITTELBARE REAKTION

Wir erwarten von unserem Gegenüber eine nicht definierte, unmittelbare Reaktion auf unser Auftreten, unsere Ansprache. Jede Form von Verzögerung kann schnell und leicht identifiziert werden. Fragen Sie sich also nur, ob Ihr Gegenüber unmittelbar und klar orientiert reagiert: ja oder nein. Hier beginnen wir, unseren Partner, ganz egal wie viele Beine er hat, zu LESEN. Und lesen bedeutet tatsächlich nur wahrnehmen, ohne die Reaktion zu bewerten, ohne sie verändern zu wollen. Wir machen also eine Art Bestandsaufnahme, fertigen ein imaginäres Protokoll an und befassen uns nur mit aktuellen Fragen.

PROMPTE REAKTION GEWÜNSCHT

Die Unmittelbarkeit ist kein dehnbarer Begriff, sondern bedeutet tatsächlich: prompt, direkt, ohne Umschweife und dann auch noch klar orientiert. Spreche ich meinen Hund an, dann habe ich stets nur die eine wichtige und konsequente Erwartung an ihn: Er MUSS auf mich reagieren, mich irgendwie zur Kenntnis nehmen und mir aufrichtig Kontakt anbieten.

Verschiedene Rassen, unterschiedliche Charaktere, viele Individuen: Und dennoch möchte jeder Hund sofort Kontakt aufnehmen.

Erinnern wir uns an das Handy, das unser Hund hat (Kap. „Ansprechbarkeit“): Er muss drangehen, wenn ich anrufe! Funklöcher oder leere Akkus sind inakzeptabel! Obgleich sogar wir Menschen uns manchmal allerhand Ausreden, warum es gerade nicht so geht, zusammenreimen könnten, muss die prompte Antwort unsere Maxime sein.

VERSCHIEDENE CHARAKTERE

Es gibt Hunde, die sind absolut unmittelbar und sensitiv, und es gibt Hunde, die sind es nicht. Wir finden rassespezifische Unterschiede, verschiedene Charaktere und spezielle Individuen. Stellen Sie bei Ihrem speziellen Individuum fest, dass es nicht unmittelbar auf Sie, aber absolut unmittelbar auf eine davonlaufende Katze reagiert, dann ist es doch nicht so speziell, sondern ihm ist nur die Unmittelbarkeit nicht anerzogen. Sie dürfen diese Reaktion nicht nur einfordern, nein, Sie müssen es sogar, denn der Grundstein einer Beziehung ist, die Bereitschaft und Fähigkeit, Kontakt miteinander aufzunehmen. Und die Vision dieser Bereitschaft dürfen und sollen Sie im Zusammenleben mit Ihrem vierbeinigen Partner haben.
Ich möchte noch einmal deutlich machen, dass es bei der Unmittelbarkeit der Reaktion wirklich nur um den Tatbestand einer Reaktion geht. Sie wird anfangs nicht spezifiziert oder definiert. Das tun wir erst beim nächsten Aspekt: bei der korrekten inneren Haltung.

NR. 2: DIE KORREKTE INNERE HALTUNG

Jetzt müssen Sie die Reaktion Ihres Gegenübers genauer betrachten. Was vielen Menschen bei ihren Artgenossen noch leichtfällt, ist artübergreifend schon nicht mehr ganz so selbstverständlich. Das Erfassen oder eben auch echte Wahrnehmen einer Reaktion dürfen Sie verstehen wie das Lesen eines Wortes. Sie setzen die Buchstaben aneinander, ohne sie zu bewerten oder verändern zu wollen. Die Buchstaben sind hier die verschiedenen Signale, die ein Hund aussendet. Und das ist etwas, was sich häufig der Wahrnehmung des Menschen entzieht. Nun geht es nicht mehr nur darum, dass der Hund reagiert, Sie sollen nun auch noch ganz genau hinschauen und identifizieren, wie er reagiert.

DAS ZIEL

Das Ziel ist, dass Ihr Hund sich Ihnen ohne Umschweife zuwendet und Ihnen Kontakt anbietet, wenn Sie ihn freundlich und leise beim Namen nennen. Er soll Ihnen die Bereitschaft zuzuhören signalisieren. Zu Beginn der Ausbildung können Sie davon noch weit entfernt sein; möglicherweise bekommen Sie gar keine oder nur eine kurze Reaktion. Anfangs weiß er noch nicht, dass Sie mit ihm sprechen möchten. Das ist nicht schlimm, das wird sich im Lauf des Trainings ändern. Denn er kennt es aus dem Tierreich: Nicht achtsam sein, einfach nicht reagieren, das gibt es dort nicht und wird auch nicht geduldet. Dieser Moment erzeugt unter den Tieren stets eine Disharmonie.

Voller Freude angerannt – eine tolle innere Haltung!

HUNDE RICHTIG LESEN
— für einen wertfreien Dialog

Ich beginne mit dem Lesen sehr langsam und Schritt für Schritt. Nehme ich mir erst die Großbuchstaben des Hundekörpers vor, so wie Kopf, Rücken, Gangwerk und Rute, folgt dann das Erlesen des Kleingeschriebenen.

01

02

Am Kopf beginne ich mit dem Maul

— Beobachten Sie, ob Ihr Hund mit geöffnetem oder geschlossenem Maul zu Ihnen schaut.
— Hat er Maulaktivität, so wie Schmatzen, Schlecken, Züngeln, sind die Lefzen lang gezogen oder schmal, schluckt er regelmäßig Speichel ab oder hechelt er mit offen stehendem Maul und der Speichel tropft heraus?
— Sind die Tasthaare auf 45 Grad angelegt oder auf 90 Grad vom Maul abgewinkelt und hat die Lefze Spannung oder hängt sie entspannt?

Dann schauen wir nach den Augen

— Wie schauen seine Augen? Ruhig und entspannt mit Lidschlag oder starr und weit geöffnet? Weichen sie Ihnen aus oder signalisieren sie ein großes, ruhiges Phlegma und schauen sie gelassen an?
— Bewegen sich die Augenbrauen entsprechend der Blickbewegung?

Nun betrachten wir die Ohren

— Lesen Sie, ob die Ohren stramm nach vorne aufgestellt, fest nach hinten angelegt sind oder ob sie sich weich und entspannt am Kopf bewegen, vielleicht auch getrennt voneinander.
— Kann er die Ohren getrennt voneinander bewegen oder wirken sie fest?

Schauen wir nach dem Rücken

Dieser beginnt im Zusammenhang des Lesens direkt hinter dem Kopf im Nacken und endet am Rutenansatz.

— Zunächst bemerken wir, ob uns der Hund frontal gegenübersteht, oder ob er uns seine Flanke zeigt (eine Schulter ist zu sehen).
— Ist sein Rücken fest oder beweglich?
— Schwingt er in der Bewegung entspannt oder ist er aufgewölbt?
— Ebenso kann es sein, dass der vordere Bereich tiefer gedrückt wird und der hintere runder wirkt, etwa wie der Rücken eines Karpfens.
— Ist er vorne hoch und steif und wirkt nach hinten angespannt?

05

03

06

07

04

01 Unbewegt und angespannt. Ob Konzentration oder negative Spannung verrät der Rest des Körpers.

02 Das Tasthaar auf 90 Grad sowie aufgestelltes Nackenhaar deutet auf Oberflächenspannung hin.

03 Das seitliche Abschlecken bei geöffnetem Maul ist im Zusammenhang mit Entspannung zu lesen.

04 Entspannt, beweglich und zugewandt, eine ansteckende Freundlichkeit, die zum Gespräch einlädt.

05 Gerundeter Mundwinkel, Frontalstellung, aufrechter Körper und ein starres Auge. Bitte Vorsicht!

06 Geöffnetes Maul, bewegliches Auge, gewinkelter Körper, alle Signale laden zum Kontakt ein.

07 Das Putzen des Nasenspiegels bei geschlossenem Maul ist nicht unbedingt ein Abschlecken.

01

02

03

04

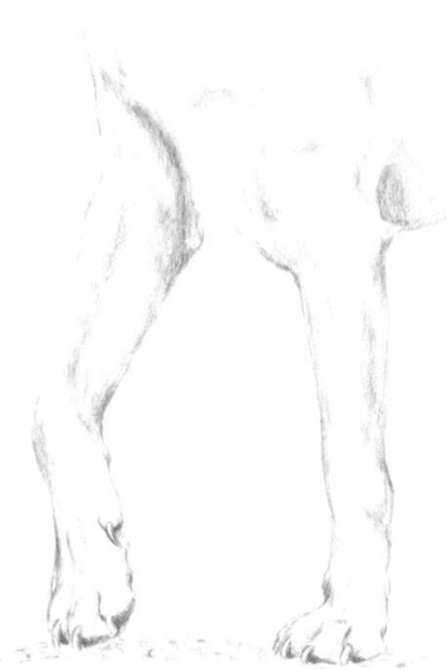

05

01 Der Schritt als geregelter Viertakt ohne Anzeichen von Spannung oder Passgang.

02 Aktives Wedeln aus dem Rutenansatz enthält immer eine aktive Bewegung des Beckens.

03 Der Trab ist ein geregelter Zweitakt bei aktiver Rückentätigkeit und ohne Passgang.

04 Der Galopp ist es ein geregelter Dreitakt.

05 Der Hund rollt vom Ballen zur Zehe hin ab.

06 Die Eigensprache der Hunde ist stark rassebedingt beeinflusst und zudem individuell extrem vielseitig.

07 Hochfrequentes Beutefangverhalten: Geduckt und lauernd arbeitet der Border Collie an der Herde.

06

07

Der Rücken ist die sogenannte Mittelhand. Zu der gibt es eine Vorhand, also Schulter und Vorderbeine, sowie eine Hinterhand, eben das Becken und die Hintergliedmaßen. Das ist das Gangwerk. Jede Bewegungsart des Hundes hat einen eigenen Rhythmus. So ist der Schritt ein geregelter Viertakt, der Trab ein Zweitakt und der Galopp ein Dreitakt. Hunde können, anders als Pferde beispielsweise, unglaubliche Spannung in der Mittelhand halten und so kann es zu deutlichen Bewegungsstörungen kommen. Das ist nicht unbedingt negativ zu sehen. So kann ein begeisterter Hund z. B. vorne galoppieren, während er hinten noch trabt. Und andersherum. Ein fester oder auch vekürzter Rücken kann zum Passgang im Schritt sowie im Trab führen, was sowohl genetische als auch gelernte Hintergründe haben kann.

— Nun gilt es zu erkennen, ob die Beine sich bewegungskonform verhalten oder aus dem Rhythmus geraten.
— An der Art der Fußung kann man weitere Signale ablesen. Tritt der Hund mit der Pfote vom Ballen zur Zehe auf oder eher von der Zehe zum Ballen? Es gibt Rassen, die ein langes, etwas steifes Vorderbein haben und zur Zehen-Ballen-Fußung neigen (z. B. Großpudel und auch einige Windhunde). Ein entspannter, normal gewachsener Hund jedoch fußt immer mit dem Ballen zuerst auf und rollt dann über die Zehe ab. Ein etwas steifes Vorderfußwurzelgelenk kann aussagekräftig sein und ein wichtiges Signal geben, das wir Menschen lernen sollten zu erkennen.

Der vierte Großbuchstabe wäre die Rute.
Wie verhält es sich mit ihr, und wo befindet sie sich in seiner Freizeit? Auch hier gib es extreme rassebedingte Unterschiede und es lohnt sich, die Rute des eigenen Hundes gut zu studieren.

— Befindet sie sich oberhalb oder unterhalb der Rückenlinie?
— Ist sie starr erhoben, sehr tief abgesenkt?
— Wedelt sie?
— Wenn ja, wedelt sie aus dem Rutenansatz oder nur mit der Spitze?

Das Ziel ist der „lachende Hund“, der in der Ansprache unmittelbar auf Sie reagiert, das Mäulchen geöffnet hat, seitwärts abschleckt, weiche, bewegliche, entspannte Augen mit ruhigem Lidschlag hat, ein bewegliches, entspanntes Ohrenspiel zeigt, einen weichen Rücken hat, sich bewegungskonform bewegt und eine Rute, die in der Waagerechten oder darunter aktiv vom Ansatz her wedelt.

01 Entspannter Blick, bewegliches Ohr und geöffnetes Maul signalisieren freundliche Kontaktbereitschaft.

02 Das seitliche Abschlecken bei entspannter Mimik entspricht den Höflichkeitssignalen der Hunde.

03 Ein geöffnetes Maul, entspannter Lidschlag sowie das aktive Anbieten von Kontakt im Lob entwickelt sich zu einem Glücksritual.

01

02

LESEN OHNE ZU BEWERTEN

Leicht lesbar ist für die meisten Menschen das Maul und man kann schnell beurteilen, ob es geöffnet oder geschlossen ist. Auch die Rute können viele Menschen leicht erkennen und feststellen, ob sie beweglich oder fest ist.
Die Feinheiten, wie Lidschlag, Ohrenspiel, die Tätigkeit des Maules (Abschmatzen, Abschlecken, Züngeln, Gähnen) sowie die Art, wie der Hund die Pfoten aufsetzt (Zehen-Ballen-Fußung oder Ballen-Zehen-Fußung) sowie die Tätigkeit der Nacken- oder auch Rückenmuskulatur können viele Menschen erst wahrnehmen und erkennen, wenn sie sich im Lesen etwas haben schulen lassen. Ich beginne jede Unterrichtsstunde mit der Aufforderung an den Menschen: „Bitte laden Sie Ihren Hund ein. Und sagen Sie mir, was Sie gesehen haben.“ Genau an dieser Stelle beginnt für die meisten Menschen etwas ganz Neues. Sie sollen nicht beschreiben, was der Hund gut oder schlecht gemacht hat. Sie sollen den Hund nicht bewerten. Es geht darum, systematisch abzuarbeiten, was nach der Ansprache genau passiert ist. Neutral, reduziert und absolut sachlich. War er unmittelbar, war er klar orientiert und wie sah er dabei aus? Und wenn sie es nicht gut erkennen konnten, ist das gar nicht schlimm. Dann stellen wir ihnen die Frage eben noch einmal.

DER VERLAUF DES DIALOGS

Und es ist auch nicht schlimm, wenn der Hund gar nicht reagiert. Auch das ist eine Information und bestimmt den weiteren Verlauf des Dialoges. Reagiert er gar nicht, dann werden wir mit der Säule der Störbarkeit beginnen (siehe Seite 16). Reagiert er aber doch irgendwie, dann „protokollieren“ wir die Art der Signale und ordnen sie den verschiedenen Funktionskreisen zu (Die 6 Karten der Möglichkeiten, siehe Seite 30). Und wären wir mit der Reaktion überwiegend zufrieden, dann würden wir zunächst zu Säule 3 wechseln und die Lobbarkeit überprüfen, und so haben Sie einen einfach strukturierten Fahrplan für den weiteren Verlauf des Kommunikationstrainings. Beginnen Sie mit der Ansprechbarkeit (= Säule 1) und überprüfen Sie die drei Aspekte der Antwort. Bekommen Sie keine Antwort, dann wechseln Sie zu Säule 2 (= Störbarkeit) und überprüfen hier die drei Aspekte der Antwort, also ist er unmittelbar störbar, reagiert er in der Störung

03

mit einer korrekten inneren Haltung und ist die Ausführung korrekt? Dann wechseln Sie wieder zur Ansprechbarkeit, die meist zu 100 Prozent besser ist als vorher. Sind Sie aber mit der Ansprechbarkeit gleich zu Beginn zufrieden, dann können Sie gerne erst zur Lobbarkeit übergehen und diese nach den drei Aspekten der Antwort überprüfen. Ist er unmittelbar lobbar, reagiert er mit den entsprechenden Signalen und ist die Ausführung angemessen?
Haben Sie von Haus aus einen unmittelbaren, freundlichen Hund oder aber dieses Ziel bereits mit Ihrem Hund erarbeitet, dann können Sie sich um den dritten Aspekt der Antwort kümmern. Er ist erst nach den beiden anderen entscheidend für den Verlauf der Ausbildung.

NR. 3: DIE KORREKTE INHALTLICHE ANTWORT

Hier geht es um die richtige Ausführung der Lektion. Also einfach darum, ob Ihr Hund das tut, was Sie ihm gesagt haben, die Lektion ordentlich ausführt – sofern er hierfür bereits geschult wurde – oder nicht.

Die korrekte inhaltliche Antwort auf die Ansprechbarkeit wäre demnach
— ein sauberes Sitzen vor dem Menschen,
— Blickkontakt halten,
— ohne jegliche Spannung, frei im Geist und
— konzentriert darauf, die Verbindung aufrecht zu halten.

Die korrekte inhaltliche Antwort auf die Lobbarkeit wäre
— weich und freundlich,
— aktiv, losgelassen und
— dem Menschen zugewandt auf die Lobsituation zu konzentrieren.

Die korrekte inhaltliche Antwort auf die Störbarkeit wäre
— unmittelbarer Aufbau von Blickkontakt,
— Entschleunigung der Bewegung,
— Anbieten von Höflichkeit, von wacher und freundlicher Aufmerksamkeit, also echte Achtsamkeit ohne jede Form von Demut,
— Abwarten in der bestehenden Distanz.

Es entsteht der Eindruck, als würde der Hund dem Menschen Zeit geben, seine eigentliche Information in Ruhe neu zu erklären.

Und sehr ähnlich hierzu ist die korrekte inhaltliche Antwort auf die Abgrenzbarkeit, die schiebende Hilfe:
— unmittelbarer Aufbau von Distanz,
— aktives Zugewandtsein auf einem sich eher vergrößerndem Radius,
— Präsentieren der Flanke (eine Schulter ist zu sehen und wir sehen den Hund von der Seite),
— aktive, entspannte Maulaktivität,
— bewegliche Mimik und Ohrenspiel,
— spannungsfreier Körper mit einer aktiv wedelnden Rute.

„Sprich leise, denn er hört Dir zu"

Das ist einer meiner Leitsätze, und er funktioniert. Die leise, freundliche Stimme, spannungsfreie Gesten und einen tatsächlich liebevollen Umgangston mit meinen Tieren bekomme ich hin, wenn sie mir zuhören. Stelle ich fest, dass sie mir nicht zuhören, dann schule ich zuerst das Zuhören, also die Gesprächsbereitschaft, und somit lande ich direkt bei Säule 1, der Ansprechbarkeit. Denn hört mir jemand zu, kann ich ihm alles erklären. Und das beschleunigt die Ausbildung enorm.
Ohne eine unmittelbare Reaktion und ohne die korrekte innere Haltung kann ich also gar keine korrekte inhaltliche Antwort bekommen.
Das bedeutet umgekehrt: Habe ich eine unmittelbare Reaktion und die korrekte innere Haltung, dann habe ich ein freundliches und für mich aktives Wesen vor mir. Vielleicht kann es nicht so viele Tricks oder arbeitet aufgrund mangelnder Schulung unpräzise, aber es ist stets erreichbar, freundlich und höflich. Und auf dieser Grundlage bin ich mit Leichtigkeit in der Lage, ihm all das beizubringen, was ich im Rahmen seiner Möglichkeiten für sinnvoll erachte.

UNGETEILTE AUFMERKSAMKEIT

Absolut sinnvoll ist es, dem Tier zu erklären, dass es sich, wenn ich es einlade (mit seinem Namen und einem weichen Rückwärtsschritt), vor mich setzen und mich anschauen soll. Dieses frontale Vorsitzen, das ganz nah und mir zugewandt ist, lernen die jungen Hunde sehr schnell und recht bald. Das wäre dann in der Ansprache der dritte Aspekt der Antwort, also eine von mir klar definierte, korrekte Ausführung, die auch noch darin gipfelt, dass der kleine Kollege mir so lange seine ungeteilte Aufmerksamkeit schenkt, bis ich ihm das Auflöse- oder Pausensignal gebe.
Die unmittelbare Gesprächsbereitschaft ist das A und O der Kommunikation, und hier lernen Sie, wie Sie diese Basis erarbeiten und etablieren können. Im Umkehrschluss sollten Sie auch bereit sein, dem Hund ungeteilte Aufmerksamkeit zukommen zu lassen und zu wissen, was sie sagen.

VON INNERER UND ÄUSSERER HALTUNG

Häufig wird die Schulung von Tieren andersherum aufgebaut. Es zählt oft eher die äußere Haltung, also wie viele Kunststücke der kleine Schüler kann, die innere Haltung spielt keine oder nur eine untergeordnete Rolle. Meist geht es den Menschen darum, dass der Hund schnell Sitz, Platz und Fuß kann, aber ob er immer ansprechbar ist, ob er in einen weichen und freundlichen Kontakt mit den Menschen tritt, ob er die Lektionen in entspannter Körperhaltung ausführt, spielt häufig eine untergeordnete Rolle. Die HarmoniLogie® jedoch befasst sich bei der Schulung von Tieren zuerst mit der inneren Haltung und danach erst mit der geregelten Ausbildung und somit erst im zweiten Schritt mit der äußeren Haltung.

TÄGLICHER CHECK

Die drei Aspekte der Antwort helfen Ihnen, sehr einfach, systematisch und präzise zu erkennen, wo Sie stehen. Beginne ich den Dialog mit meinem Kumpel, dann frage ich jeden Tag kurz und aus dem Zusammenhang herausgelöst die vier Säulen der Kommunikation nach der HarmoniLogie® ab, sofern sie bereits geschult wurden. Ich überprüfe systematisch in jeder Säule die drei Aspekte der Antwort und bekomme hier bereits Informationen über die Tagesform und den Entwicklungsstand und kann dementsprechend meine Zielsetzung definieren. Dieses ritualisierte Ins-Gespräch-Kommen mit dem Partner Hund dauert in etwa eine Minute und dreißig Sekunden. Ich rufe ihn völlig losgelöst von der Situation, also einfach so ohne tiefen Grund oder Anlass, überprüfe die Störbarkeit und teste die Lobbarkeit, ebenso wie ich einmal freundlich nach etwas mehr Distanz frage. Ich brauche hierzu keinen Grund, sondern es ist, als würde ich in meine Holzwerkstatt gehen und die Werkzeuge überprüfen, schärfen oder ölen. Das nennen wir „aus dem Zusammenhang herausgelöst Fragen stellen". Erst danach werde ich anfangen, mich mit meinem Hund kreativ weiterzuentwickeln und mich meinen Zielen in der Ausbildung zuwenden. Denn auf ein stabiles Fundament kann ich ein wunderbares Haus bauen.

BASISARBEIT

Es ist das System, das sehr überschaubar ist und dem Tier ermöglicht, ernst genommen zu werden in den Signalen, die es sendet. Ich bezeichne das Überprüfen der Säulen als die Basisarbeit, und die begleitet mich ein Leben lang. Sie gibt mir die Möglichkeit, achtsam und behutsam mit meinem vierbeinigen Freund umzugehen, denn ich werde nicht müde, ihn wertfrei wahrzunehmen. Deshalb bin ich immer in der Lage, ihn gut zu erfassen und ihm bessere Hilfestellung zu geben, sollte es notwendig sein.
Es lohnt sich, diese vier Säulen zu schulen und das Lesen des eigenen Tieres zu lernen. Den Zugang zum eigenen Tier zu entdecken und daraufhin die Partnerschaft zu kreieren, ist ein großes Glück. Es können hier und da immer Fehler entstehen, aber Sie können lernen, diese leicht zu erkennen. Und anhand der integrativen Fragestellung, eben der Art, wertfrei zu fragen, und der Möglichkeit, dem Tier einzuräumen, sich zu verändern, sind Sie dann auch selbstständig in der Lage, die Reaktionen oder eben auch Antworten Ihres Tieres zu bestimmen, zu variieren. Und wie Sie Fehler vermeiden können, beschreibe ich in den folgenden Kapiteln.

IN KÜRZE

Die unmittelbare Gesprächsbereitschaft ist das A und O jedweder Kommunikation.

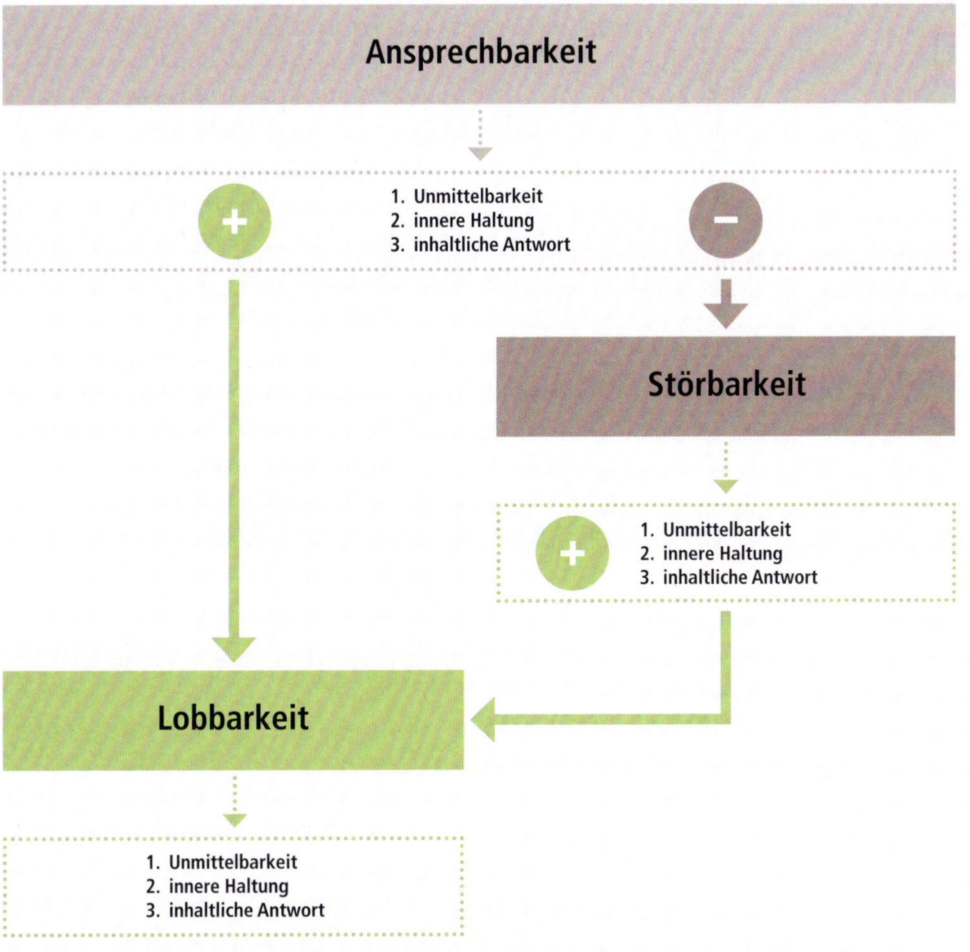

Fahrplan für den Verlauf des Kommunikationstrainings

DIE SECHS LERNMUSTER DER NATUR

Wir haben in der Arbeit mit den Tieren erkannt, dass es bezüglich ihrer Reaktion auf Situationen sechs unterschiedliche Funktionskreise gibt. Welche bevorzugt gewählt werden, hängt maßgeblich von der genetischen Disposition ab. Lebenserfahrung (mit welcher Strategie/Karte komme ich am ehesten bzw. für mich am komfortabelsten ans Ziel?), Erziehung und Ausbildung haben hierauf Einfluss. Jedes Wesen hat diese sechs Möglichkeiten, um zu reagieren, in unterschiedlicher Ausprägung, aber immer sind alle sechs vorhanden. Auch Sie haben diese sechs Möglichkeiten und es macht unglaublich Spaß, sich mit diesem Wissen neu zu entdecken.

DIE KARTEN DER MÖGLICHKEITEN

Zum leichteren Verständnis sprechen wir auch von den Karten der Möglichkeiten, analog zu einem Kartenspiel, das jeder bei seiner Geburt mitbekommt (siehe Grafik). Die sechs Karten liegen in unterschiedlicher Reihenfolge übereinander und jede Karte ist unterschiedlich oft vorhanden. Der Motor des Lebens findet sich in der Karte Drängen/Bedrängen wieder.
Das Fluchtverhalten ist ebenso ein eigener Funktionskreis wie das aktive Angebot. Auch gibt es die Karte devotes Verhalten ebenso wie die Abwehr,

Die sechs Lernmuster der Natur

die defensiv genauso wie offensiv ausgespielt werden kann. Die Karte Passiv stellt dann wohl noch einen der interessantesten Funktionskreise dar, und aus all diesen sechs Einzelkarten gibt es dann auch noch Mischformen, Trickspieler und ein verdecktes Blatt. In der Ursprungsform sind all diese Funktionskreise oder auch Karten leicht zu lesen. Komplizierter wird es erst, wenn das Tier z. B. gelernt hat Passiv, Devot oder auch Drängen als Abwehr zu benutzen. Das sind dann die Trickspieler, bei denen es darauf ankommt, das ursprüngliche Verhalten gut zu identifizieren und zu sortieren.

WERTFREI LESEN

Bei diesen sechs Karten geht es nicht um Emotionen, sondern um Verhaltensweisen, die ganz sachlich gelesen werden können. Und Sie können mit dem Wissen um diese Karten erkennen, welchem Funktionskreis die Signale Ihres Hundes angehören. Ganz wichtig ist das sachliche Betrachten und Einordnen der Signale. Wir möchten keine Emotionen in den Hund hineininterpretieren (beispielsweise „Er hat Angst, weil …“). Dies ist ein sehr großer Schritt, um dem Tier wertfrei zuzuhören und unbefangen wahrzunehmen, was es tatsächlich signalisiert.
So fällt es leicht, die Wirklichkeit des vierbeinigen Freundes zu erfassen, und es führt zu einem ehrlichen und direkten Dialog. Sie werden lernen zu erkennen: Das ist Bedrängen, oder hier zeigt er devotes Verhalten oder auch Passivität und so weiter. Sie werden sich von der Idee trennen, dass Sie zu wissen glauben, was Ihr Hund denkt oder fühlt, bzw. zu ergründen, warum er etwas tut. Vielmehr werden Sie verstehen, hinzuhören, was er aktuell sagt.

ABWEHRVERHALTEN BEEINFLUSSEN

Ebenso können Sie von nun an durchschauen, wie Sie die innere Haltung Ihres Gegenübers beeinflussen können. Wenn Sie beispielweise Abwehr wahrnehmen, können Sie überlegen, ob das die innere Haltung ist, mit der Sie umzugehen wünschen. Sie können aktiv entscheiden, ob dieser Funktionskreis, mit dem Ihr Gegenüber Ihnen begegnet, die Erfolgsstrategie für diese Situation sein soll.

Bitte ich beispielsweise meine Tochter, die Geschirrspülmaschine auszuräumen, und sie steht mit verschränkten Armen in der Küche und mault: „Ja, kann ich machen“, dann überlege ich mir, ob es mir wichtiger ist, dass der Spülautomat leer wird, oder dass wir einen freundlichen, höflichen Umgang miteinander pflegen. Würde sie antworten: „Nein, Mama, ich habe jetzt keine Zeit“, und wäre dabei freundlich und fröhlich, dann fiele es mir leichter, eine andere Lösung zu finden, als wenn ich gegen ihren inneren Widerstand arbeiten müsste. Erfahre ich stets inneren Widerstand im gegenseitigen Umgang, werde ich dem gründlich nachgehen, schauen, wie es zu dem Abwehrverhalten kommen kann, und erforschen, wie ich es verändern kann. Braucht es mehr Kritik oder mehr Lob? Wie kann ich Motivation schaffen? Ich überprüfe, ob das Verhältnis von Respekt und Vertrauen im Einklang ist. Es geht nicht darum, ein fröhlich trällerndes Kind zu haben, das darauf brennt, die Geschirrspülmaschine auszuräumen. Es geht darum, in einer Partnerschaft die innere Haltung, mit der man sich begegnet, zu erkennen und in Balance zu bringen.
Lebe ich mit Menschen oder Tieren zusammen, die achtsam und freundlich sind, dann ist es leicht, im Team zu bestehen. Kämpfe ich allerdings ständig gegen Widerstände (Abwehr) oder muss ich stets jede Form von Bedrängen verwalten, dann kostet das unendlich viel Kraft, die dem Erreichen des gemeinsamen Zieles nicht mehr zur Verfügung steht.

KREISVERKEHR MIT SECHS AUSFAHRTEN

Gerne vergleiche ich die sechs Lernmuster auch mit einem Kreisverkehr mit sechs Ausfahrten. Im Kontakt mit dem Tier biege ich mit meiner Frage in den Kreisel ein. Möchte mein Tier die Ausfahrt Drängen/Bedrängen in aggressiver Form wählen und ist das nicht die Antwort, die ich mir vorstelle, dann werde ich diese Ausfahrt sperren und weiterfahren. Die nächste Ausfahrt, die mein Tier ansteuert, ist womöglich das Abwehrverhalten. Auch das entspricht nicht meinen Vorstellungen, und weiter geht es. Möglicherweise wählt mein Tier als Nächstes die Ausfahrt Passivität, die ebenso unerwünscht ist. Wir fahren weiter. Nun erreichen wir die Ausfahrt Aktives Angebot. Hier biegen wir ab.

Viele Tiere erlernen im Umgang mit dem Menschen immer nur ein Lernmuster, meist ist das Drängen/Bedrängen. In diesem Funktionskreis ist sehr viel versteckt. Angefangen von positivem bis hin zu aggressivem Drängen; Neugier, Lernmotivation, Kontakt, aber auch Distanzlosigkeit oder das Wegdrängen vom Menschen. Sind wir Menschen nicht bemüht, alle Möglichkeiten des Hundecharakters kennen und bedienen zu lernen – so wie die Natur es tut – dann wird der Kreisverkehr irgendwann zu einer Einbahnstraße und das Tier löst Situationen nur mit diesem einen Funktionskreis und verwendet somit nur ein sehr beschränktes Verhaltensrepertoire. Ein Hund mit Vollausstattung hingegen ist durchaus in der Lage, situationsadäquates Verhalten zu zeigen und auch Lösungen aus anderen Funktionskreisen anzubieten. Und diese Variabilität, die von der Natur durchaus vorgesehen ist, lässt sehr gesunde Beziehungen entstehen.

Erlerntes Anspringen baut auf Drängen/Bedrängen auf.

IN KÜRZE

- **Bei den sechs Karten geht es um Verhaltensweisen, die sachlich erfasst werden können.**
- **Verabschieden Sie sich von dem Gedanken, Sie wüssten, was Ihr Hund fühlt oder warum er etwas macht. Hören Sie besser hin, was er Ihnen zu sagen hat.**
- **Die HarmoniLogie® möchte achtsame, freundliche Tiere. So macht das Zusammenleben Spaß und es ist leicht, im Team zu bestehen.**

DRÄNGEN/BEDRÄNGEN

Das Ei wackelt etwas, die Schale bekommt kleine Risse. Da, ein Loch. Es wird größer und man kann schon ein ganz zartes Fiepen hören. Nach ein paar Minuten bricht das Ei auseinander. Da liegt es nun, ganz erschöpft und nass – das kleine Küken. Es sieht klebrig aus, es rafft sich auf und krabbelt unter die Federn der Mutter. Kurze Zeit später steht es da, flauschig und hübsch. Ein neues kleines Kunstwerk ist geschlüpft.
Drängen/Bedrängen ist der Ursprung des Lebens. Jeder Baum drängt mit den Wurzeln nach Wasser, mit den Blättern nach Licht und Luft. Ohne Drängen ist Leben nicht möglich. Hunger, Durst und Neugierde sind Drängen, ebenso wie Fortpflanzung. Angriffe sind aggressives und Jagdverhalten ist tödliches Bedrängen. Auch das gibt es in der Natur.
Die Suche nach Wärme, Geborgenheit und Sozialkontakt ist Drängen/Bedrängen. Dieser Funktionskreis ist sehr weitreichend, ursprünglich und vielschichtig: Er ist der Motor des Lebens.

RÄUMLICHE VERÄNDERUNG

Räumlich gesehen ist Drängen – egal ob in gutmütiger oder aggressiver Form – immer das Verlassen der eigenen Zone und das Betreten einer anderen. Der Hund, der mich anspringt, bedrängt mich; der, der an der Leine zieht, drängt weg. Es ist immer das aktive Verändern von Distanz und Nähe – ganz egal, welche Absicht dahintersteckt.
Drängen/Bedrängen kann sich gut oder schlecht anfühlen. Es ist nicht unbedingt schön, bedrängt zu werden – es wirkt schnell aufdringlich. Jedoch haben viele Menschen und auch Tiere einen Drang zu Nähe. Verhaltensweisen aus diesem Funktionskreis sind aufgrund der damit einhergehenden räumlichen Veränderung sehr leicht auszumachen. Es ist klug, dieses Verhalten als

große Kostbarkeit zu werten und mit sehr viel Konsequenz zu sortieren, um eine gelungene Partnerschaft zu entwickeln. Ohne Drang und Drängen ist Kontakt nicht möglich.
Ein Charakteristikum von Drängen/Bedrängen ist Bewegung.

Der positiv bedrängende Hund hat stets
— eine aus dem Rutenansatz aktive Rute,
— ein aktives Becken,
— einen schwingenden Rücken,
— bewegliche Gelenke der Gliedmaßen, ebenso eine Ballen-Zehen-Fußung
— ein weiches Genick,
— keine Oberflächenspannung,
— verspielte, in alle Richtungen bewegliche Ohren,
— entspannt geöffnete Augen mit rhythmischem, weichem Lidschlag,
— ein bewegliches Maul, das sich immer mal öffnet und schließt und abschmatzt (seitlich abschleckt), regelmäßig Speichel schluckt und gern auch mal geöffnet bleibt,
— meist ein auf 45 Grad angewinkeltes Schnauzhaar,
— eine – je nach Erregungsgrad – gleichmäßige rhythmische Atmung.
— Er kann Geräusche von sich geben wie Quietschen, Bellen, Singen, Prusten.
— Er benutzt alle seine Sinne, um an sein Ziel zu gelangen.

Ein aggressiv drängender Hund
— trägt seine Rute gerne in oder über der Waagerechten, dort kann sie sogar beweglich sein, was an Wedeln erinnert, aber es kommt nicht aus dem Rutenansatz.
— Beim aggressiven Bedrängen oder bei offensiver Aggressivität kann das Maul des Hundes geöffnet sein, der Mundwinkel wirkt dann gerundet.
— Die Schnauzhaare sind auf 90 Grad aufgestellt.
— Gerne schnellt die Zunge zwischen den Schneidezähnen heraus und es ist eine Spannung in der Lefze zu erkennen.
— Die Ohren sind nach vorn gerichtet, aber nicht beweglich.
— Die Augen sind groß, fixierend und haben wenig Lidschlag.
— Der Vorderkörper ist aufgerichtet und mächtig.

Lob und Schmuserituale erzeugen ein positives Drängen/Bedrängen.

— Der Rücken ist meist sehr fest.
— Er hat überwiegend eine Zehen-Ballen-Fußung, ein steifes Vorderfußwurzelgelenk sowie eine nicht immer konforme Bewegungsart.
— Seine Atmung ist eher flach.
— Er stellt gerne das Nackenfell auf und hat eine erhöhte Oberflächenspannung.
— Er kann Geräusche von sich geben wie Knurren oder Bellen, meist mit tiefer Stimme.

Wenn Ihr Hund Sie anspringt, dann bedrängt er Sie ebenso, als wenn er an der Leine zieht, bettelt oder Schmuseeinheiten einfordert. Erfassen Sie das Drängen/Bedrängen und nehmen Sie es als große Kostbarkeit. Es liegt an Ihnen, Ihrem Hund zu erklären, welches Drängen erwünscht ist und welches eher stört. Da hat jeder Mensch ganz eigene Vorstellungen und individuelle Bedürfnisse; und das darf auch so sein.

IN KÜRZE

- **Drängen/Bedrängen ist der Ursprung des Lebens.**
- **Es gibt positive und negative Erscheinungsformen in diesem Funktionskreis: den positiv und den aggressiv bedrängenden Hund.**

PASSIVITÄT

Er hebt nur müde den Kopf, zieht eine Augenbraue hoch und wedelt träge mit der Rute, um sofort wieder in eine tiefe Entspannung zu fallen, als ich über ihn steige, um an das Schuhregal zu gelangen. Tiefenentspannt, gelassen und gechillt. Nichts kann ihn aus der Ruhe bringen und mit dieser Einstellung hat er schon viele Situationen im Leben gemeistert.

GESUNDES PHLEGMA

Welch beneidenswerter Charakterzug – eben ein gesunder Phlegmatismus, der gekennzeichnet ist durch:

— ruhige Augen mit gleichmäßigem, langsamem Lidschlag,
— eine gleichmäßige, ruhige Atemfrequenz,
— ein schmatzendes Maul und entspannte, langsame Bewegungen,
— bewegliche Ohren, die nur mal zucken, um eine Fliege zu verscheuchen,
— auf 45 Grad angelegte Barthaare,
— entspannte Gliedmaßen und
— eine schlaff hängende Rute ohne jede Spannung.

Also ein an sich faul wirkendes Tier ist voll von gesundem Phlegmatismus. Diese innere Ruhe, die durchaus genetisch vorgegeben sein kann, gehört definitiv in den Funktionskreis der Passivität, die wohl die zwiespältigste Karte überhaupt ist.

... ODER DIE STILLE KUNST DER ABWEHR

Denn es ist nicht immer leicht zu erkennen, ob es einfach nur gesunder Phlegmatismus ist oder ob es sich bereits um stillen Widerstand handelt. So ist das unbewegliche Pferd auf der Anhängerklappe eventuell genauso im Widerstand verhaftet wie der Hund, der im Weg liegt und sich keinen Zentimeter bewegt, obwohl Sie ihn dazu aufgefordert haben.

Tiere hingegen, die sich als Zeichen der Abwehr festhalten, können wir daran erkennen, dass sie sich nicht so leicht verändern lassen und dieses verlangsamte Verhalten auch einsetzen, um sich einer Situation zu entziehen. Im Kapitel über die Abwehr werden Sie erfahren, welche Signale ein Hund sendet, der Abwehr zeigt.

Der Igel rollt sich als Abwehr zusammen und der Hase duckt sich weg. Man weiß nicht genau, was als Nächstes kommt. So wirkt die Passivität im Sinne der Abwehr wie eine von Stresshormonen geprägte Finsternis, die zu einer totalen Blockade führen kann. Langsame, festgehaltene Bewegungen sind charakteristisch für Passivität, die eher in den Bereich der Abwehr einzuordnen ist – manchmal gewürzt mit etwas Spannung.

MIT RUHE UND GEDULD BEGEGNEN

Es hat meiner Erfahrung nach nur Sinn, dieser Situation mit Zeit, Ruhe und Geduld zu begegnen, denn nur so kann sich der Hormonspiegel wieder normalisieren. Auch ein Lachen, eben eine gelöste Atmosphäre, kann dem Gegenüber den Grund

Geschulte Passivität oder gesunder Phlegmatismus ...

für seine Abwehr (die Notwendigkeit, sich zu verteidigen) nehmen. Wichtig ist: Diese passive, unerwünschte Abwehr sollte nicht zum Erfolg führen. Oft ist eine freie Atmosphäre erst zu erreichen, wenn der Hormonspiegel wieder gesunken ist. Im Fall der Abwehr also einfach ruhig und freundlich, aber unnachgiebig und klar bleiben.

ANIMIEREN ODER RUHE REINBRINGEN

Der Passivität aufgrund des gesunden Phlegmatismus kann man durchaus mit einer fröhlichen Aktivierung beikommen. Also haben Sie einfach nur einen trägen Hund, dann motivieren Sie ihn immer wieder mit fröhlichen Aktivitäten und fordern Sie ihn auf, durch Bewegung und Spaß beweglicher zu werden. Hauptsache, Sie fordern ihn und lassen ihn nicht in der Faulheit stecken und träge werden.

Andersherum kann man Passivität auch schulen, was vielen Mensch-Tier-Beziehungen sogar guttut. Geregelte Ruhe, Aufeinander-warten-Können und innere Losgelassenheit sind stets ein Resultat guten und klugen Verhaltens aufgrund wohlwollender Disziplin.

IN KÜRZE

Passives und abwehrendes Verhalten sind manchmal schwer voneinander zu unterscheiden. Zum Erfolg darf aber keines von ihnen führen. Da hilft Ruhe bewahren, freundlich bleiben, aber unnachgiebig sein Ziel verfolgen.

... können das Leben bereichern und entspannen.

DAS ABWEHRVERHALTEN

Es mag eine der wichtigsten Überlebensstrategien sein, mit der fast jedes Tier zur Genüge ausgestattet ist. Sie befindet sich an jeder Stelle des Körpers und ist jederzeit leicht abrufbar. Die Abwehr stellt das Überleben auch in extremen Situationen sicher und muss gepflegt werden. Die körpereigene Abwehr bezieht sich sowohl auf kleine Eindringlinge (Bakterien, Bazillen, Viren) als auch auf größere. Selbstverteidigung ist arterhaltend und somit zu jeder Zeit eine mögliche Reaktion sowie ein gutes Recht einer jeden Art.
Gute Verteidigung drückt sich in Gestik, Mimik und Körperspannung aus – bis hin zu körperlicher Abgrenzung, Rangeleien und bisweilen gar echte Kampfhandlungen. Könnte der Hund die Abwehr in Worte fassen, würde er mit: „Ja, aber …“ reagieren.

ZEICHEN DER ABWEHR

Charakteristisch sind langsame Bewegungen und eine gewisse Unbeweglichkeit.

— Das Maul ist geschlossen.
— Die Tasthaare stehen auf 90 Grad, die Lefzen sind angespannt, die Mundwinkel verkürzt.
— Die Zunge blitzt ab und zu durch die Schneidezähne, wie bei einer Schlange.
— Die Augen sind groß und starr mit großer schwarzer Pupille und seltenem oder hochfrequentem Lidschlag. Der Blick geht eher an einem vorbei. Es scheint schwierig, Blickkontakt herzustellen.
— Die Atmung ist kurz und flach.
— Die Ohren sind eher unbeweglich, können nach vorn gestellt (aggressiv) oder flach nach hinten angelegt (defensiv) sein.
— Das Genick ist fest.
— Rücken und Becken sind stramm.
— Die Rute bewegt sich nicht, ist aber nicht unbedingt eingezogen.
— Die Hinterbeine sind steif und bewegen sich nicht konform zu den Vorderbeinen.
— Der Hund fußt von der Zehe zum Ballen ab und die Gelenke der Gliedmaße sind steif.

Anzeichen von Abwehr sind auch:

— Sträuben, Wegstemmen, Einsetzen der Krallen, Schütteln, Niesen und Gähnen. Beim Gähnen entlädt sich Spannung; gähnt Ihr Hund, ist das ein möglicher Indikator dafür, dass vorher eine Abwehrsituation war.
— Plötzliche Spannung, erhöhter Muskeltonus oder eine erhöhte Oberflächenspannung der Haut.

Abwehrverhalten finden wir auch in Reflexen wieder. Ein Reiz auf der Haut führt zum Schütteln, ein Jucken in der Nase zum Niesen.
Sich zur Wehr setzen zu können, ist absolut notwendig, sonst wäre man ein kleiner Engerling, der leicht zu fressen wäre. Abwehr gehört unbedingt in den Grundbausatz eines lebenstüchtigen Wesens! Es sollte nur geklärt werden, wann sie erwünscht ist.

LEKTIONEN, DIE AUF ABWEHR BASIEREN

Es gibt in der Schulung der Tiere einige Lektionen, die auf Abwehr basieren. Beim Hund wie beim Pferd zum Beispiel das Kopfschütteln, das Neinsagen, der spanische Schritt und auch das Steigen, ebenso das Apportieren beim Hund. Lektionen, die in diesem Funktionskreis geschult werden, sitzen meist sehr sicher, sind leicht abrufbar und nachhaltig. Viele Lektionen der Hohen Schule beim Pferd bedienen das Abwehrverhalten. Und es ist nichts Verwerfliches daran – gehört es doch zum normalen Grundbausatz eines Tieres. Dennoch gehört das Schulen der Abwehr in Meisterhand und zu einem gereiften Tier. Bringe ich beispielsweise einem Pferd den spanischen Schritt bei (ein erhabenes Austreten mit dem Vorderbein), dann sollte dieses Pferd wohlerzogen und innerlich gefestigt sein, damit sich dieses Verhalten nicht plötzlich verselbstständigt und das Pferd es gegen seinen Menschen einsetzt. Ein junger, frecher Hengst braucht noch gar nicht zu wissen, dass man vorne so gezielt austreten kann. Es macht Sinn, solche Lektionen sehr ordentlich anhand einer Ausbildungsskala zu schulen.

01

02

03

UNERWÜNSCHTES ABWEHRVERHALTEN

In vielen Situationen, in die wir Menschen die Tiere bringen, zeigen sie automatisch Abwehrverhalten, das allerdings meist nicht erwünscht ist. Zum Beispiel, wenn ein Fohlen lernen soll, die Füße zu geben. Die Pflege der Hufe ist ein überlebenswichtiges Muss für jedes Pferd. Es muss daher schon früh lernen, bereitwillig und ruhig die Füße zu geben, sodass der Schmied sie in Ruhe bearbeiten kann. Die Natur allerdings hat hier einen Abwehrreflex eingebaut. Hängt das kleine Wildpferd nämlich in einer Schlingpflanze fest, wird es so lange zappeln, bis es freikommt – sonst ist es Löwenfutter.

Nun sind weder der Schmied noch ich Schlingpflanzen, aber das weiß das junge Pferd noch nicht. Wichtig ist also: Nicht loslassen, wenn es zappelt! Es bekommt seinen Fuß ja wieder, wenn es aufgehört hat zu zappeln. Und es wird sehr schnell lernen, dass nicht Zappeln zum Erfolg führt, sondern Stillhalten. Es hilft auch nicht, streng oder böse zu sein, ebenso wenig, es mit Futter ablenken zu wollen. Das wäre kontraproduktiv, denn in diesem Fall würde die Abwehr auch noch gut schmecken! Man sollte das Abwehrverhalten mit Sorgfalt annehmen und studieren, damit man mit seinem Gegenüber ein störungsfreies Leben führen kann. Und der Abwehr immer mit Ruhe und Geduld begegnen. Nur dann sind wir in der Lage, sie in die richtigen Bahnen zu lenken.

IN KÜRZE

Lektionen, die auf Abwehr basieren, sitzen meist sicher, sind leicht abrufbar und nachhaltig. Die Abwehr ist ein kluges Überlebensprinzip und gehört zu jedem Individuum dazu.

01 *Ein strammer Hundekörper, groß ,nach außen orientiert und nicht ansprechbar …*

02 *… ein fester Rücken, eine unbewegliche Rute sowie das Verweigern von Kontakt …*

03 *… ein steifes Vorderbein, festes Ohr und Frontalstellung können aus dem Abwehrverhalten resultieren.*

FLUCHT KANN LEBEN RETTEN

Derzeit ist das Thema Flucht hochaktuell. Die unzähligen Menschen, die aus Angst um ihr Leben extreme Strapazen und Gefahren auf sich und ein ungewisses Schicksal in Kauf nehmen, um einem grausamen zu entkommen, bewegen die Welt und verändern das Geschehen in vielen Teilen der Erde. Unter diese Flüchtlingsströme mischen sich auch Menschen, die nicht fliehen, sondern aggressiv bedrängend unterwegs sind, die eindringen wollen, um ihr Unwesen in anderen Ländern fortzusetzen. Das erschwert die Situation für alle Beteiligten enorm. Ständig muss überprüft werden, ob es sich um Flucht oder Bedrängen handelt.

DIE FÄHIGKEIT ZU FLIEHEN

Die Fähigkeit zu fliehen hat jeder von uns, ebenso fast jedes Tier. So flieht das Pferd, das Reh, die Antilope ebenso wie ein Bär den Rückzug kennt. Die Schildkröte flieht in ihren Panzer, der Vogel in die Luft. Auch Meideverhalten ist ein Teil des Fluchtverhaltens. Und es ist extrem klug, wenn es in dem Grundbausatz einer Kreatur enthalten ist. Bei der Ausbildung und Erziehung aber muss es gut verwaltet und mit Sorgfalt behandelt werden.

Flucht definieren wir als die echte Entscheidung, eine Situation gedanklich und/oder körperlich zu verlassen. Nicht zu verwechseln mit Wegdrängen, wenn der Hund beispielsweise aus der Sonne in den Schatten geht. Bei Flucht entsteht Spannung im Körper und es handelt sich um eine Entschiedenheit. „Turning Tail" haben wir früher zu den Hütehunden gesagt, die sich von einem Schaf haben einschüchtern lassen, und es kostete viel Mühe, diese Hunde so zu schulen, dass sie diesen Funktionskreis überwinden und einen anderen, wie z. B. Bedrängen, wählen.

ZEICHEN VON FLUCHT

Flucht heißt, einer Situation mit eingezogener Rute entschieden den Rücken zu kehren. Der Rücken ist dabei meist gewölbt, die Muskulatur verspannt. Die Augen sind geweitet, die Mundwinkel lang und schmal, die Ohren weggeklappt und unbeweglich. Sollte das Tier dabei Geräusche von sich geben, dann wäre das ein hohes Quietschen oder auch scharfes Winseln.

AM BESTEN VERMEIDEN

Flucht ist eine Möglichkeit, der man als Hundeführer am besten so begegnet, dass sie nicht notwendig wird. Dennoch kann es passieren, dass ein Silvesterkracher, ein Elektrozaun oder die

Sozialkundeunterricht gelingt im gesunden Hunderudel am besten.

Das Testen der Grenzen wird erzeugt und geregelt.

Fehlzündung eines Motors dieses Verhalten urplötzlich auslöst. Hunde, die bereits Anschluss an ihren Menschen haben, lassen sich schnell in dessen Richtung lenken, wo sie tatsächlich Ruhe oder auch etwas Trost erfahren sollten. Danach sollte man in der Situation bleiben und dem Hund Aufgaben stellen und Ansprache geben, die mit viel Lob und Freude unterstützt werden. Der Weg zurück in die Komfortzone sollte für den Hund stets gut sichtbar und leicht erreichbar sein.

Damit das Tier sich in der Ausbildung nicht durch Flucht entziehen kann, gilt es, diese Möglichkeit durch Organisation und Übersicht zu vermeiden, z. B. durch eine gute Sicherung wie Leine, Zaun oder Wand. So legt man Teile der Ausbildung in eine sichere und geschützte Atmosphäre. Hat ein Hund mit Fluchtverhalten bereits einige Male Erfolg gehabt, wird es recht aufwendig, das umzuschulen. Bei eingefangenen Straßenhunden beispielsweise finden wir diese Problematik häufig, ebenso bei Hunden, die bei der Ausbildung zu selten mit Leine geführt werden und immer die Wahl haben, ob sie abhauen oder sich mit dem Menschen auseinandersetzen sollen. Warum sollte der Hund bleiben oder kommen, wenn sein Mensch vielleicht noch nach Ärger riecht?

So ist eine vertrauensvolle Nähe jederzeit möglich.

Es ist sehr dünnes Eis, auf dem man sich bewegt, wenn der Hund mit Meideverhalten droht und bereits Erfolg damit hatte. Dennoch muss der Mensch verstehen, dass es eine genetische Disposition hierzu geben kann, ebenso wie Fehler in der Aufzucht und Ausbildung dazu führen können. Flucht gehört zum Tier dazu und nur ein intelligenter Umgang damit kann diesen Funktionskreis gut bedienbar machen.

IN KÜRZE

Die beste Möglichkeit, mit Flucht umzugehen, ist, ihr durch gute Organisation und Weitsicht erst gar keine Chance zu geben! „Umschulen" ist meist langwierig und etwas schwierig.

DEVOT KANN EINE TUGEND SEIN

Er öffnet ein Auge und es ist nur bei genauem Hinsehen zu erkennen, dass eine Lefze etwas vibriert. Von seinem Lieblingsplatz aus hat er alles im Blick. Besonders seine zwei Söhne, die zu gerne seinen Knochen klauen möchten. Umgehend verlangsamen die kleinen Diebe ihren Schritt, brechen die Winkel in ihrem Körper, senken die Rute ab und wedeln intensiv. Sie wirken unterwürfig. Sie halten den Abstand zu ihrem Papa und wenden ihm bereitwillig die Seite ihres Körpers zu. Sofort entspannt sich die Situation und der Rüde schließt die Augen, um den Anschein zu erwecken, er würde wieder schlafen.

Unzählige Male durfte ich solche Szenen in unserem kleinen gewachsenen Rudel schon beobachten und bin jedes Mal wieder erstaunt, wie leise und friedlich, aber auch gezielt und manipulativ dieses Schauspiel inszeniert wird.

Das ist kein planloses Unterwerfen, die Kleinen setzen das devote Verhalten aktiv und gezielt ein. Es ist die Fähigkeit, sich im Bedarfsfall einzuordnen, und das ist für das Zusammenleben in einer Familienstruktur unabdingbar. Ohne diese Fähigkeit ist ein Leben in einer engen Gemeinschaft nicht möglich. Ich muss gestehen, es macht mich jedes Mal ein wenig neidisch. Warum braucht dieser Papahund nur so wenig, um so viel zu erreichen?

AUSPRÄGUNGEN VON UNTERWÜRFIGKEIT

Manche Wesen sind mehr, andere weniger devot; es gibt geborene Einzelgänger und Kreaturen, die am liebsten sehr eng miteinander leben. Bei der Gestaltung der Rassevielfalt unserer Hunde haben wir Züchter einen sehr großen Einfluss auch auf eben diesen Funktionskreis genommen. Hunderassen, die sehr selbstständig arbeiten sollen, zum Beispiel Herdenschutzhunde oder auch Polizei- und Grenzschutzhunde, haben diese Karte relativ weit unten liegen. Ein Hütehund wie der Border Collie hingegen, der eng mit seinem Menschen zusammenarbeitet und teils auf riesige Distanzen extrem lenkbar sein muss, benötigt eher viel Unterwürfigkeit. Der Schlüssel für ihre gute Lenkbarkeit liegt im zuchtgeschichtlichen Auswahlverfahren. Unterwürfigkeit im Umgang mit dem Tier ist dann lästig, wenn das Tier dieses Verhalten zeigt, um sich zu entziehen. Die Fähigkeit, sich einzuordnen jedoch ist für die Menschen, die diesem Team angehören, meist ein großes Geschenk.

Devotes Verhalten gehört zum Bausatz der Hunde dazu.

WIE MAN DAMIT UMGEHT

Der Funktionskreis „Devot" ist mit sehr viel Sorgfalt zu behandeln und weder abzulehnen noch zu etablieren. Devotes Verhalten als nicht abstellbare Unterwürfigkeit bringt dem Menschen immer eine „schlechte Presse" ein. Meist hat das devote Verhalten allerdings rein gar nichts damit zu tun, dass der Mensch grausam ist – eher im Gegenteil: Weil der Mensch bei diesem Verhalten oft einknickt – er glaubt, zu hart gewesen zu sein, – speichert der Hund es als Erfolgsstrategie ab und wird es als Überlebenstrick etablieren und verfeinern.
Es ist die Kunst hinzuschauen, ob es ein Trick oder eine Not ist. Und je emotional distanzierter der Mensch ist, umso leichter kann er herausfinden, wie der Hund tatsächlich tickt, und dann eine Strategie entwickeln, ihm aus diesem doch manchmal störenden und blockierendem Verhalten hinauszuhelfen. Das Wissen, dass es einfach nicht erwünscht ist, hilft oft, um den Hund zu aktivieren.

CHARAKTERISTIKA FÜR DEVOTES VERHALTEN

- Das Zeigen der Schulter,
- verlangsamte Bewegungen,
- Abducken im vorderen Bereich des Hundekörpers bis kurz hinter die Schulterblätter,
- fest angelegtes Ohr,
- deutlicher Lidschlitz,
- Blickkontakt findet nur kurz und anscheinend beiläufig statt, oft mit viel Weiß im Auge.
- Angelegte Schnauzhaare,
- Abschlecken und Kauen,
- fast hektisches Schlecken.
- Der Rücken ist im Nierenbereich gewölbt.
- Die Rute ist abgesenkt, fest geklemmt oder wedelt hektisch aus der Spitze.
- Oft ist eine Ballen-Zehen-Fußung erkennbar.
- Die Hinterbeine sind breit auseinander und man hat den Eindruck, als müsste der kleine Kerl ganz dringend.

IN KÜRZE

Von den Tieren können wir lernen, wie kleiner, fast unscheinbarer Signale es bedarf, um einen Hund zu lenken.

Ein lachender Hund erzeugt Freude. Das aktive Angebot sollte in jeder Mensch-Hund-Beziehung etabliert sein.

DER JOKER: DAS AKTIVE ANGEBOT

Es hält Ihnen jemand die Tür auf, lächelt Sie an, tritt zur Seite und lässt Sie durch. Oder Sie steigen in eine volle U-Bahn, ein junger Mensch steht auf und bietet Ihnen freundlich einladend seinen Platz an. Er baut entspannt eine räumliche Distanz zu Ihnen auf, hält dabei Blickkontakt, hat einen weichen, entspannt wirkenden Körper. Sie sehen zwei Augen und ein Ohr, Sie haben etwas Seitenansicht und die absolute, straffe Frontalstellung wird durch ein Seitwärtsdrehen des Körpers vermieden. Höfliche Gesten versteht jeder Mensch – auch ohne der Sprache des anderen mächtig zu sein; und solche Gesten sind tatsächlich auch im Tierreich zu finden.

WÜRDEVOLLE HÖFLICHKEIT

Entscheidend ist dabei, dass es sich nicht um demütige Unterwürfigkeit handelt, sondern um eine würdevolle Höflichkeit. Man steht sich wohlwollend (im Wortsinne) gegenüber und es handelt sich um eine Geste tiefer Achtsamkeit. Es ist ein feiner Umgang miteinander auf gleicher Augenhöhe, bei dem die Rollen jederzeit getauscht werden können. Wir finden hier keine einseitige Dominanz, sondern ein friedschaffendes Miteinander. Und tatsächlich gibt es einen genetisch angelegten Funktionskreis für diesen sogenannten „Will to please".

CHARAKTERISTIKA DES AKTIVEN ANGEBOTS

— Der Blick ist geprägt von einem weichen Auge mit ruhigem, rhythmischem Lidschlag.
— Das Maul ist gern leicht geöffnet.
— Die Ohren sind verspielt.
— Die Gesichtsmuskulatur ermöglicht eine feine, entspannte und bewegliche Mimik.
— Der Hund atmet gleichmäßig und ruhig.
— Er schleckt bei geöffnetem Maul mit der Zunge seitlich über die Lefzen ab.
— Das Genick ist weich und getragen.
— Der schwingende Rücken ist beweglich und zeigt keinerlei Spannung.
— Die Bewegungen von Hinter- und Vorderbeinen passen zueinander und der Hund fußt vom Ballen zur Zehe hin ab.
— Alle Gelenke sind entspannt beweglich.
— Die Rute befindet sich unter der Waagerechten und wedelt schwingend aus dem Rutenansatz.

Es wirkt, als würde der Hund lachen. Das ganze Tier kommt positiv, aktiv rüber und er ist bereit, entspannt etwas Abstand zu halten und seine Schulter zu zeigen.

IN KÜRZE

Hunde und Menschen begegnen sich wohlwollend und achtsam auf gleicher Augenhöhe; es ist ein friedschaffendes Miteinander. Niemand dominiert den anderen.

Ausdruck erkennen: Langes Fell, rassebedingte Rutenhaltung und …

… verschiedene Kopfformen machen es nicht leicht.

DIE WECHSELWIRKUNG DER KARTEN

Es ist wie bei uns Menschen. In jedem Land gibt es eine eigene Sprache, in jeder Gegend einen Dialekt und jeder Mensch hat dann auch noch eine Eigensprache – seine ganz individuelle Art, sich auszudrücken. Genau das macht es bei den Menschen, aber auch bei unseren Tieren so spannend. Es gibt Hunde, die kann man lesen wie ein offenes Buch; sie sind extrem kommunikativ und zudem in Gestik und Mimik leicht veränderbar und beweglich. Aber ein Hund mit einem zugewachsenen Gesicht, langen, schweren Schlappohren und viel Fell am ganzen Körper ist so leicht zu lesen wie ein Mann mit Vollbart, Sonnenbrille und Schlapphut. Zum Glück gibt es ja eine Schere und gute Hundesalons, in denen dafür gesorgt werden kann, dass das Gesicht lesbare Konturen bekommt.

Auch Ringelruten sind schwer zu lesen, trägt der Hund in seiner Freizeit das Posthorn gut gelaunt über dem Rücken. Der Border Collie hingegen trägt die Rute gern unter der Waagerechten und während der Arbeit sogar unter dem Bauch. Sie befindet sich nicht dort, weil er eingeschüchtert ist, sondern konzentriert. Dafür wedeln Windhunde und Molosser eher selten (dead tail), während der Labrador ein „active tail" besitzt und immer wedelt – bei jedem Wetter. Sie sehen, es braucht einen ganzen Hund, um das Verhalten korrekt zu lesen.

IM GESAMTEN BETRACHTEN

Lesen Sie Ihren Hund immer in der Gesamtheit und legen Sie sich nicht sofort auf einen Funktionskreis fest. Es gibt alle Möglichkeiten einer Antwort und es ist eher selten, dass Sie auf Anhieb eindeutige Antworten bekommen. So kann ein Hund beispielweise bedrängen und ein Angebot machen oder passiv sein und devot, Abwehr zeigen und kurz vor aggressivem Bedrängen stehen. Stellen Sie sich das wie bei einem Kartenspiel vor, bei dem jeder Spieler mehrere Karten in der Hand hat und neben der einen Karte auch noch die Ecke einer anderen durchblitzt.

Fordern Sie beispielsweise Ihren Hund auf, zu Ihnen zu kommen, und er reagiert verlangsamt, festgehalten, dann beginnen Sie ganz einfach, ihn zu lesen. Was macht sein Maul, was macht die Rute, und was können Sie an dem ganzen Tier dazwischen erkennen? Nun stellen Sie vielleicht fest, dass die meisten Signale für ein Abwehrverhalten sprechen. Geschlossenes Maul, aufgestellte Barthaare, Zehen-Ballen-Fußung und dann auch noch eine verzögerte Reaktion. Viele Menschen lesen das, auch ohne im Lesen geschult zu sein. Sie spüren es und behaupten dann: „Der ist stur." Meist muss ich dann grinsen und denke, dass man es so auch sagen könnte. Der Mensch hat aber den Hund zu sehr auf ein Verhalten abonniert. Hier finden wir in der Regel ein grundsätzliches Problem zwischen den beiden Spezies, das nicht in einer Sitzung zu lösen ist.

Aggressives Drängen: Der Körper ist stramm und fest.

INTERPRETATIONEN VERMEIDEN

Beginnt also der Hund den Dialog beispielsweise mit Abwehr, kann sich ebenso schnell eine angespannte Atmosphäre verbreiten, denn der Mensch bezieht vielleicht auch das Verhalten auf sich und interpretiert: „Der mag mich nicht." Dabei ist das wahrscheinlich gar nicht der Fall. Es ist das gute Recht des Hundes, auch mit Abwehr zu reagieren, oder zumindest ist es eine seiner Möglichkeiten. Und bei genauem Hinschauen erkennen wir, dass der Mensch immer dann aufhört, weiter zu fragen, wenn dieses Verhalten auftaucht. Der Hund hat also gelernt, mit Abwehr zu reagieren, weil er danach seine Ruhe hat. Hier finden wir den klugen Leitsatz, der so viele Probleme lichtet: „Die Störung lässt sich abstellen, wenn man die richtige Lösung findet." Und anscheinend war in diesem Fall Abwehrverhalten die richtige Lösung, denn dann war der Mensch ruhig und hat nichts mehr gefordert.

VERHALTENSWEISEN, DIE ETWAS BEWIRKEN

Es gibt Verhaltensweisen, die machen automatisch etwas mit uns, und das sind Flucht, Unterwürfigkeit, Passivität. Dies sind meist Funktionskreise, die, wenn wir sie erkennen, in uns Mitleid auslösen, ein Nachgeben, ein Einknicken in der eigenen Meinung oder Forderung. Das ist vergleichbar mit den Menschen, die sofort nachgeben, wen ein Kind anfängt zu weinen. Das heißt im Umkehrschluss, dass es sich lohnt zu weinen, weil das die Reaktion ist, die die Situation verändert. Dabei ist es nur eine von vielen anderen Möglichkeiten zu reagieren. Es wird hier also ein Missverständnis erzeugt, das Folgen haben kann. Denn mein Gegenüber lernt: Immer wenn ich weine, dann bekomme ich recht. Das funktioniert auch mit anderen Funktionskreisen so: Immer wenn ich keinen Bock habe und rummaule, dann brauche ich die Geschirrspülmaschine nicht auszuräumen. Oder immer, wenn ich abhaue, dann habe ich meine Ruhe. Oder immer wenn ich gar nicht reagiere, dann habe ich Frieden. Dadurch, dass diese Funktionskreise etwas mit dem Gegenüber machen können, sind sie auch besonders gefährlich, denn sie können durch diese Wechselwirkung richtig manifeste Missverständnisse erzeugen.
In der HarmoniLogie® versuchen wir, das zu entlarven und zu verändern. Abwehrverhalten zum Beispiel verunsichert uns schnell.

Aktives Angebot: Der Körper ist weich und entspannt.

AM BEISPIEL LOBSITUATION

Meine Hunde drücken ihren Kopf bei jeder Gelegenheit in meine Hände. Sie möchten gestreichelt werden und ich tue das dann auch immer. Nach der HarmoniLogie® geschult, bringen sie damit ein aktives Lob meinerseits in Verbindung, denn wir schulen das Abstreichen der Nasalfalte im Sinne des aktiven Lobens (siehe Seite 112).
Schüler, die ihre Hunde bislang über Futterkonditionierung erzogen haben, kommen an den Kopf ihres Hundes oft gar nicht mehr heran. Der Hund sieht die Hände und erwartet den Keks. Der kommt aber nicht. Der Hund schaut auf dem Boden nach: Der Keks könnte ja runtergefallen sein. Schaut der Hund dann sichtlich irritiert wieder hoch, kommen die Hände des Menschen plötzlich sehr nah an sein Gesicht. Er zieht den Kopf weg. Wo bleibt nur dieser verdammte Keks? Nun sagt der Mensch: „Meiner mag das Anfassen im Gesicht aber nicht."
Gelesen nach der HarmoniLogie® bedeutet das Verhalten des Hundes: Drängen/Bedrängen bezogen auf den Keks. Dann dringt der Mensch in den Radius des Hundes ein, dieser reagiert mit Abwehr auf die Distanzlosigkeit des Menschen. Mehr nicht; kein Hineininterpretieren in das Verhalten, keine Emotionen – nur sachliches Lesen des Verhaltens.

01

02

DIE KUNST DER GELUNGENEN GESPRÄCHSFÜHRUNG

Und schon sind wir bei den Wechselwirkungen der Karten – einem extrem spannenden Thema! Denn es beweist, dass der Dialog zwischen Mensch und Tier schon ewig existiert. Drängen/Bedrängen z. B. kann bei uns ein Abwehrverhalten auslösen, etwa, wenn ein Hund kommt und uns einfach anspringt und dreckig macht, oder aber anbellt und aggressives Bedrängen zeigt, oder aber ständig fordert, gestreichelt zu werden. Ebenso macht das aktive Angebot unweigerlich Freude. Und das Gute ist, wenn man das System der Natur durchschaut hat und seinen Hund mehr zum aktiven Angebot erzieht, dann hat man auch mehr Freude. Es ist die Kunst der gelungenen Gesprächsführung, dass wir immun gegen diese Wechselwirkungen werden. Die Karte, die unser Gegenüber zieht, darf nichts mit uns machen, darf keine Emotionen hervorrufen, uns zu keiner Schlussfolgerung verleiten. Nur so bleiben wir in der Lage, den emotionalen Überblick zu behalten. Hier geht es um echtes Mitgefühl statt um Mitleid.

UM DEN FINGER GEWICKELT

Nun ist es (leider) so, dass Tiere wirklich gute Menschentrainer sind. Sie spüren sofort, mit welchem Verhalten sie uns manipulieren können, und das hat überhaupt keinen negativen Beigeschmack für sie. Schließlich ist es unser Bier, wenn wir uns manipulieren lassen. Der Hund will uns nichts Böses.

03

04

Im Dialog sollte der Mensch diesen Prozess durchschauen, im täglichen Zusammenleben jedoch darf man sich auch gerne einfach mal vom Charme seines Hundes um den Finger wickeln und auch manipulieren lassen. Und wenn sie möchten, darf er natürlich auch auf ihren Schoß, wenn er so süß guckt … Menschen erziehen ihren Hund meist danach, für welches Verhalten sie am meisten Verständnis haben. Und genau das spiegelt dann den Menschen selbst wider.
„So schuf er seinen Hund nach seinem Ebenbild", ist tatsächlich eine Folge des Verständnisses für die Funktionskreise. Das macht es nicht jedem Hund leicht, sich zu einem freundlichen und anpassungsfähigen Kollegen zu entwickeln.

01 Beim aktiven Lob und im körperbezogenen unterlegenen Spiel werden Glückshormone freigesetzt.

02 Die körperliche Dynamik setzt positive Energie innerhalb der Beziehung frei.

03 Das Lachen des Hundes erzeugt beim Menschen Lust, das Spiel fortzusetzen.

04 Im ruhigen Lob entsteht ein entspannter Kontakt und innere Losgelassenheit.

UNVOREINGENOMMEN HINSCHAUEN

Außer dem Verständnis für die Funktionskreise und die daran geknüpfte Immunität gegen ihre Wirkung gibt es noch die Schwierigkeit des korrekten Lesens. Nun muss der Mensch auch noch lernen, immer wieder aufs Neue unvoreingenommen hinzuschauen. Nur weil der Hund schon einmal eine bestimmte Karte gezogen hat, darf man ihn nicht auf ein bestimmtes Verhalten abonnieren. Es bedarf etwas Übung, immer wieder aufs Neue genau zu lesen und die Antwort als neuwertig anzunehmen. Das schützt Sie jedoch davor, mit Ihrem Hund wie ein „altes Ehepaar" zu werden, bei dem jeder im Voraus zu wissen glaubt, wie der andere reagieren wird. Geben Sie Ihrem Gegenüber die Möglichkeit, auch einmal ganz anders zu reagieren. Das erhält den Dialog lebendig, und wenn wir ihn vorantreiben wollen, dann macht es Sinn, jede Form der Veränderung anzunehmen. Denn nur in der Veränderung liegt Beweglichkeit und das bedeutet Lebendigkeit.

IN KÜRZE

- **Die Karte, die unser Gegenüber zieht, darf nichts mit uns machen, keine Emotionen hervorrufen und uns zu keiner voreiligen Schlussfolgerung verleiten.**
- **Tiere sind wirklich gute Menschentrainer. Sie spüren sofort, mit welchem Verhalten sie uns manipulieren können.**
- **Werden Sie kein altes Ehepaar, bei dem jeder im Voraus zu wissen glaubt, wie der andere reagieren wird. Geben Sie Ihrem Gegenüber auch die Möglichkeit, anders zu reagieren.**

DIE SPIELREGELN

Wollen wir den Umgang mit den sechs Funktionskreisen erlernen, werten wir das Verhalten der Tiere zunächst nicht, sondern nehmen jede seiner Reaktionen als das hin, was es ist: eine mögliche Reaktion; nicht mehr und nicht weniger.

SCHRITT 1: LESEN UND EINORDNEN

Zuerst liest man die Signale und ordnet sie in die entsprechenden Funktionskreise, sprich: die Karten der Möglichkeiten ein. Es ist sehr gut, wenn ein Tier alle möglichen Reaktionen zeigen kann, denn dann hat es „Vollausstattung". Nun liegt es am Teampartner Mensch, die Verhaltensweisen seines Hundes, die er für sich und ihn als günstig erachtet, als Erfolgsstrategie für den Hund zu etablieren; diejenigen, die er für ungünstig erachtet, lässt er dadurch in den Hintergrund treten, da sie dem Hund kein Erfolgserlebnis bringen.

Die Bitte nach räumlicher Distanz aktiviert den Hund.

Wie ein Mensch kann das Tier mit Reaktionen aus verschiedenen Funktionskreisen gleichzeitig aufwarten – wie beschrieben –, aber anders als der Mensch kann ein Tier nicht lügen. Vielleicht ist das der Grund, warum Tiere so häufig die besten Freunde oder manchmal auch die besseren Menschen genannt werden.

HIER EIN BEISPIEL-„GESPRÄCH"

Ich stelle einem Hund eine Frage, beispielsweise bitte ich ihn, mir etwas Platz zu machen. Ich sage zum Beispiel: „Geh ein Stück weg." Der Hund ist angeleint und ich habe Ruhe und Geduld. Mir geht es hierbei nur darum, aus dem Zusammenhang gelöst, die Reaktionen meines Gegenübers zu lesen und zu studieren. Ich will den Bauplan meines kleinen Freundes erkennen. Der Hund wendet sich mir zu und springt mich an. Das ist die Karte Drängen/Bedrängen, denn er dringt in meinen Individualraum ein. Jetzt lese ich in Ruhe die Signale, mit denen er reagiert hat. Ich lese seinen Körper von der Schnauze bis zur Rute. Ich identifiziere freundliches Drängen. Beim nächsten Mal verändere ich meine Frage, denn wenn ich dieselbe Frage noch einmal stelle, werde ich vermutlich auch dieselbe Antwort bekommen. Ich beginne also die Frage ebenso freundlich wie zuvor, stelle mich aber etwas frontaler vor meinen kleinen Kumpel und spanne meinen Körper leicht an.

Nun schaut er sich um und bleibt frontal stehen. Das Ohr ist vorne, das Auge unbeweglich, sein Maul geschlossen, die Barthaare sind auf 90 Grad. Ich lese erst „passiv", stelle dann aber Abwehrverhalten fest. Das ist sein gutes Recht, aber nicht die Antwort, die ich mir wünsche. Ich halte also die Leine an meiner Hüfte und sichere den Kontakt zu ihm. Nun dringe ich mit einem Fuß seine Individualdistanz ein. Er weicht ein Stück zur Seite und zeigt mir seine Schulter. Die Spannung geht aus seinem Blick, er schleckt seitlich ab und bewegt die Ohren. Sofort entferne ich meinen Fuß aus seiner Individualdistanz und werde deutlich weich. Er hat aus der Abwehr herausgefunden, mir seine Schulter gezeigt und somit die Situation perfekt gelöst. Er hat den Funktionskreis Abwehr gegen Angebot eingetauscht. Das soll die Erfolgsstrategie sein, die ich mir von ihm wünsche.

Und genauso entwickeln wir nach und nach und in aller Seelenruhe die Hunde im gemeinsamen Dialog. Mit Ruhe und Überblick, ganz unvoreingenommen und ohne zu werten, erzeugen wir einen Raum des gegenseitigen Interesses aneinander und der Lust, sich bereitwillig füreinander zu verändern.

WERTFREI UND LANGSAM

Dies war nur ein Beispielgespräch, das gewiss auch jede andere Richtung und Dynamik annehmen kann. Mir ist hier nur wichtig, dass Sie erkennen, wie langsam und wertfrei, wie emotionsfrei und kognitiv gesteuert die Gesprächsführung laufen sollte, damit es überhaupt möglich wird, einander zuzuhören und sich zu verstehen.
Der Mensch liest die Reaktion und verändert sich in jedwede Richtung, ebenso behält der Mensch den Überblick und arbeitet langsam, ohne Druck und innere Spannung. Bei Mischformen der Reaktion, also wenn mein Hund mir Verhaltensweisen aus mehreren Funktionskreisen anbietet, frage ich in aller Ruhe so lange weiter, bis klar ist, welcher Funktionskreis dominiert. Zeigt er beispielsweise Passivität und ist dabei festgehalten, dann werde ich erst erörtern, ob es sich um Passivität im Sinne der Abwehr handelt oder ob es einfach nur eine leichte Trägheit ist, die den Dialog ins Stocken bringt. Erst, wenn ich sicher bin, welcher Funktionskreis den Verlauf des Dialoges aufhält, konzentriere ich mich auf die klare Veränderung in die gewünschte Richtung.

Anschließender Kontakt wird mit Zuneigung gewürdigt.

HILFE ZUR SELBSTHILFE

Bei Hunden, die bereits ein unerwünschtes Verhalten manifestiert haben, beispielsweise devot als Abwehr oder aggressives Bedrängen, arbeiten wir noch langsamer und lassen auch mal Fünfe gerade sein (siehe das Gesetz der Kompromissbereitschaft, Seite 128). Wir vermeiden es, den Hund zu überfordern. Denn die gelungene Gesprächsführung lernt weder der Mensch noch der Hund in nur einer Sitzung. Vielmehr ist es ein Prozess, der eine neue Erfolgsstrategie anlegt. Vierbeiner wie Zweibeiner müssen zunächst verstehen, dass sich jede Form von Veränderung füreinander lohnt. Manchmal bedarf es etwas Ruhe und Zeit sowie eines reduzierten Arbeitens, das im Kopf der beiden Schüler neue Dimensionen eröffnet. Mit Druck, toxischer Spannung und unter Stress ist die Bereitschaft zu einer Veränderung der Lernstruktur nur schwer zu erreichen. Mit Zeit und einem guten Überblick jedoch schon. Und das wirkt sich dann auch nachhaltig auf die Beziehung aus. Das macht viel Spaß und hilft den Menschen aus dem Irrgarten der Hilflosigkeit und der Emotionen heraus. Die Menschen bekommen Hilfe zur Selbsthilfe und den Überblick darüber, wie Missverständnisse entstehen und ausgeräumt werden können.

IN KÜRZE

- **Es obliegt dem Teampartner Mensch, die Verhaltensweisen als Erfolgsstrategie zu etablieren, die er für sich, seinen Hund und die Ausbildung als günstig erachtet.**
- **Überfordern Sie den Hund nicht und lassen sie ruhig auch mal fünfe gerade sein.**

IM ZEICHEN DER ZEITEN

Hunde haben keinen Kühlschrank und planen nicht für eine Woche. Sie leben im Hier und Jetzt. Manchmal beneide ich sie darum. Sie können unglaublich schnell das Davor und das Danach einschrumpfen und reagieren mit voller Energie im Jetzt.
Wenn ich mit den Tieren trainiere und arbeite, dann schaffen sie es, mich in dieses Jetzt zu entführen, und ich vergesse schon mal mein Davor und denke nicht an das Danach. Ein fast meditatives Gefühl mit sehr großem Erholungswert. Im planenden Handeln sind sie uns zum Glück unterlegen, in Geschwindigkeit und Timing aber sind sie nicht zu toppen. Alle Bemühungen unsererseits, ihr Tempo zu treffen, werden scheitern. Wir denken einfach zu viel und zu lange nach und beschäftigen uns gern mit überflüssigen Fragen, anstatt direkt auf das Wahrgenommene zu reagieren. Die gute Nachricht ist: Wir müssen das auch nicht. Denn die Hunde können lernen, auf uns etwas langsamere Wesen zu warten. Und so entsteht auf wundersame Art ein entschleunigter Dialog.

DAS GROSSE JETZT

Die Kunst des Langsamseins im Jetzt lässt dieses Jetzt tatsächlich größer werden. Störende Faktoren in dieser wunderbaren Zeitmaschine sind Hektik, Unruhe und die daraus entstehende Spannung bis hin zur Aggression.
Fördernde Faktoren sind in jedem Fall die Fähigkeit, sich absolut auf das Gegenüber einzulassen, ehrliches und aufrichtiges Interesse aneinander zu haben sowie innere Ruhe.

VON GUTEM ZUHÖREN

Gewiss genießen Sie es, wenn Ihnen jemand zuhört und nicht ins Wort fällt, Sie ausreden lässt und Ihren Redefluss nicht mit seinen eigenen Bildern zerstört. Ebenso geht es Ihrem Gegenüber. Gutes Zuhören ermöglicht einen echten Informationsaustausch. Und wenn man etwas nicht richtig verstanden hat oder nicht sicher ist, wie es gemeint ist, kann man noch einmal nachfragen oder seine eigene Frage etwas anders formulieren. Es kann durchaus von Vorteil sein, nicht sofort

Viele Charaktere und ein einziges Ziel: Im Hier und Jetzt am schnellsten bei ihrem geliebten Menschen sein!

zu zielorientiert zu sein; so bleibt der Dialog lebendig und fließend. Das bedeutet, im Jetzt zu sein. Ich habe häufig erlebt, dass es genau das ist, was den Menschen guttut. Und wenn sie es gelernt und verstanden haben, ja sogar anwenden können, dann tun sie damit auch anderen gut. Das ist gewiss auch eines der Geheimnisse, warum wir die Tiere so lieben, denn wir können ihnen alles sagen, ihnen alles anvertrauen. Und sie lügen nicht, denn sie sind im Jetzt. Haben sie jetzt einen Konflikt, dann will der jetzt gelöst werden. Ist er gelöst, dann ist es jetzt auch wieder gut. Ein absolut bestechender Trick der Natur.

In Kürze

Es hat etwas Meditatives, sich von den Tieren ins Hier und Jetzt entführen zu lassen.

DIE NAVIGATION IN DAS DANACH

Einen Plan, ein Konzept zu haben, ist ein gutes Gefühl, um zu wissen, wohin man möchte und welche Beschlüsse einen dem Ziel näher bringen. In einem Dialog aber sollte man keine vorgefertigte Meinung haben, sondern sich auf die Reaktionen, auf die Antworten des Gegenübers einlassen, um während des Dialogs im Hier und Jetzt sein zu können. Kenne ich mein Gegenüber gut, haben wir eine gute Bindung und ist unsere Beziehung von Respekt gekennzeichnet, werde ich meinen Plan im Gespräch vorantreiben können. Sind Bindung und Respekt noch nicht vorhanden, sollte ich meinen Gesprächspartner erst näher kennenlernen.

DIE SKALA DER AUSBILDUNG

Mein planendes Handeln im Rahmen der Ausbildung bezieht sich stets auf eine Ausbildungsskala (siehe Seite 114), auf den derzeitigen Wissensstand von Mensch und Hund und auf den physischen und psychischen Entwicklungsstand des Hundes. Wann ich welches Ziel erreichen werde, ist unerheblich und im Voraus auch schwer zu sagen; es entscheidet sich immer im Team mit dem Menschen und seinem Tier. Ich steuere immer zuerst die vier Säulen der Kommunikation (siehe Seite 14) an. Es ist das Fundament, die Basis jeder Beziehung und auch jeder Ausbildung. Ist diese erste Etappe geschafft, habe ich ein Gegenüber, das zuhört, das ich lesen und verstehen kann. Das nächste Zwischenziel sind die Pflichtübungen (Seite 164) und von da aus geht es auf direktem Weg zur Kür (Seite 170).

DIE FRAGE NACH DEM WIE UND WAS

Um offen zu sein für den Dialog, um in diesem Jetzt zu landen und es mit Geschick bedienen zu können, sollte man sich immer wieder mit der Frage nach dem WIE befassen. Wie kann ich die nächste Situation gestalten? Wie kann ich meinem Gegenüber helfen? Ebenso ist die Frage nach dem WAS entscheidend. Was sehe ich? Was nehme ich wirklich wahr? So habe ich eine echte Chance, das Jetzt zu treffen und meine Tier oder auch meinen menschlichen Gesprächspartner da abzuholen, wo er gerade steht. Das, was aktuell sichtbar und spürbar ist, soll die treibende Kraft des Dialogs sein.

Die Frage nach dem WARUM stellen wir während des Dialoges nicht, denn eine Analyse würde den Fluss im Jetzt stören. Außerhalb eines Dialoges hingegen reflektieren wir sehr viel über den gesamten Zustand und die Lebensbedingungen sowie Möglichkeiten der Optimierung. Die treibenden Fragen sind jedoch immer: Was sehe ich? Und: Wie kann ich es verändern?

DAS REFLEKTIEREN ÜBER DAS DAVOR

Fragen Sie Ihren Hund bei gegebenem Anlass mal: „Warum machst Du das?" Sie werden keine Antwort bekommen. Und wenn Sie glauben, eine Antwort zu wissen, dann wird es Ihre Antwort sein. Andersherum hat noch kein Hund seine Pfote auf meine Schulter gelegt und gefragt: „Anne, warum machst Du das? Hattest Du eine schlechte Kindheit?" Diese Fragen bringen einen nicht weiter, sie führen im Dialog ins Nichts. Dennoch sollten wir außerhalb des Dialoges sehr viel Zeit mit der Reflexion über die Lebensfaktoren des Hundes verbringen, versuchen, sie zu ergründen und über Optimierung nachdenken. Faktoren wie Ernährung, Sozialkontakte, Lob und Würdigung sowie Geisteswissenschaft und Sport kann man variieren und sehr viel damit erreichen. Es macht unbedingt Sinn, über die Erlebnisse der Menschen zu sprechen, und zu versuchen, sie in ihre Einzelteile zu zerlegen, um

Erfahrene Hunde mit guter Vergangenheit geben Kindern eine glückliche Gegenwart.

mögliche Fehlerquellen im Umgang herauszufiltern. Über diese Aufarbeitung kann man gute Konzepte für ein gelungenes Danach entwickeln.

DIE VERGANGENHEIT RUHEN LASSEN

Die HarmoniLogie® verzichtet darauf, sich an schwierigen Vorgeschichten festzuklammern und diese dadurch festzuhalten. Das aktuelle Fehlverhalten eines Hundes mit Vorkommnissen aus der Vergangenheit zu erklären oder zu entschuldigen, hilft dem Mensch-Hund-Team nicht weiter. Im Gegenteil, dieses Festhalten an dem Davor verhindert nur, das Verhalten oder die Signale, die der Hund im Augenblick sendet, unvoreingenommen zu lesen und zu erkennen. Häufig dient dieses Kleben an der Vergangenheit nur dazu, aktuelles Fehlverhalten zu entschuldigen. Damit legt man, um ehrlich zu sein, auch ein wenig die Verantwortung für das Jetzt ab.

EIN PARADEBEISPIEL

Ein Paradebeispiel ist der Hund, der mit hocherhobener, strammer Rute steil in der Leine steht und den Kollegen auf der anderen Straßenseite angiftet wie ein Waschweib. Hundertprozentig werden Sie von seinem Menschen erfahren, dass er als Welpe gebissen wurde und seitdem keine anderen Hunde mehr mag.
Blöderweise passieren im Wilden Westen der Hundehalter tatsächlich ständig üble Übergrifflichkeiten, die einen ziemlich aus der Spur bringen können. Zurück zu unserem Beispiel, müssen wir aber feststellen, dass der da auf der anderen Straßenseite aber eigentlich ganz freundlich ist. Weil der Mensch sich mit diesem Exkurs in die Vergangenheit beschäftigt, möglicherweise selbst leicht traumatisiert ist von dem Vorfall damals und Verständnis, ja, Mitleid mit sich und seinem Hund verspürt, versäumt er leider, dem kleinen Kollegen zu verdeutlichen, dass das, was er da gerade abzieht, totaler Mist ist! Im besten Fall denkt der Zwerg schon gar nicht mehr an den bissigen Hund von damals, sondern hat abgespeichert, dass Herrchen oder Frauchen immer mit sanfter Stimme auf ihn eingeredet und ihn gestreichelt haben, wenn er giftig wurde. Meistens haben sie gesagt, es sei schon gut, manchmal hat es sogar etwas Käse gegeben. Das Giftigwerden hat sich demnach gelohnt und auch noch gut geschmeckt. Schlussfolgerung des Wichts: Dieses Verhalten ist sehr erwünscht und macht seinen Menschen froh. Wegen der sprachlichen Barriere zwischen Mensch und Hund und besonders wegen der unterschiedlichen Zeiten, im Jetzt, Davor oder Danach, in denen Menschen und Hunde denken, ist es leider sehr leicht, Missverständnisse zu erzeugen. Aber es lohnt sich, sie zu identifizieren und zu sortieren.

EINE GUTE GEGENWART

Tiere, die eine schlechte Vergangenheit hatten, nun aber bei Menschen voller Fürsorge sind, haben die Möglichkeit auf eine gute Gegenwart, und wenn sie sich diese nicht durch schlechtes Benehmen verbauen, sogar allerbeste Chancen auf eine rosige Zukunft. Es gilt also, erlerntes Fehlverhalten in der Gegenwart zu sortieren und neue Lernmuster anzulegen. Das funktioniert mit Empathie, Mitgefühl und Einfühlungsvermögen; Mitleid ist ein schlechter Ratgeber.

Respekt erzeugt Vertrauen und ein tolles Miteinander.

DIE SPUR – DAS ÜBERLEBENSPRINZIP DER SÄUGETIERE

Beobachten Sie Schafe oder Kühe auf einer Weide, wird Ihnen auffallen, dass alle Tiere in dieselbe Himmelsrichtung ausgerichtet sind, während sie friedlich weiden. Auch in der Wildbahn ist das so. Alle Zebras oder Antilopen stehen beim Fressen immer in dieselbe Himmelsrichtung. Und das ist extrem schlau. Denn wenn Gefahr droht, muss man sich nicht erst sortieren und „Auffahrunfälle" oder ähnliche „Karambolagen" in Kauf nehmen. Muss man fliehen, kann jede Zehntelsekunde lebenswichtig sein. So ist das Prinzip des Spurhaltens ein Überlebenstrick der Natur. Und dieser Trick wird bereits am ersten Lebenstag der Fluchttiere geübt und verstanden.

DAS SPURHALTEN

Dieses Spurhalten ist dermaßen durchorganisiert, dass die tiefgreifende Struktur dieses Systems verblüfft. In unserer Schafherde ist nichts dem Zufall überlassen. Welches Tier mit wie viel Abstand zu den anderen läuft, wer an welchem Fressplatz speisen und wer an welchem Liegeplatz ruhen darf, wie sich die Herde aufstellt, wenn es zu einem Umtrieb geht, wer vorne und wer hinten läuft – alles ist organisiert. Oder wenn ein Schaf zum Beispiel Zwillinge bekommt, bestimmt das Mutterschaf, welches Lamm auf ihrer rechten und welches auf ihrer linken Seite läuft. Auch das Euter der Mutter ist aufgeteilt. Jedes Lamm bekommt eine Euterhälfte. Sollte nach einiger Zeit eines der beiden Lämmer versterben, kommt das überlebende nicht auf die Idee, auf der anderen Seite zu trinken. Das kann zu Problemen wie einer Euterentzündung führen. Direkt am Tag der Geburt eines Fluchttieres beginnt das Einnorden in die Spur, da es sofort äußeren Bedrohungen ausgesetzt ist.

DAS GESETZ DER SPUR

Bei den Raubtieren beginnt das Erlernen der Spur erst etwas später. Als Nesthocker befinden sie sich noch lange im Schutz der Höhle oder des Baus. Sie erlernen die Spur erst mit ihrer kognitiven Reife und der körperlichen Entwicklung. Hier erleben wir deutlich eher, dass das Spurhalten durch die „innere Bedrohung", also die familiäre Erziehung erwirkt wird.
Im Rudel jagende Raubtiere wie Löwen, Hyänen oder Wölfe haben ein extrem ausgeklügeltes und sehr strenges Gesetz der Spur. In welcher Reihenfolge, in welchem Abstand zueinander, in welchem Winkel zur Beute sie sich anschleichen – all das ist sehr genau geregelt.

INDIVIDUALITÄT UND UNIFORMITÄT

Um als Jäger draußen überleben zu können, sind die Fertigkeiten des Spurhaltens und -vorgebens von existenzieller Bedeutung. Die Natur hat die Kreatur so geformt, dass es eine Individualität und eine Uniformität gibt. Diese Uniformität bezieht sich nicht nur auf das Äußere, sondern auch auf die angelegten Lernmuster, die Art der Wahrnehmung sowie angeborene Überlebenstricks. Es ist nicht so, dass ein Leitzebra bestimmt, in welche Richtung gefressen oder gelaufen wird. Vielmehr wird dieses Verhalten vom Wind, von der Witterung, der Sonneneinstrahlung, der drohenden Gefahr durch Raubtiere sowie vom Nahrungsangebot beeinflusst. Alle Tiere sind mit demselben Grundinteresse ausgestattet und halten in der Gruppe ihre Individualzonen aufrecht. Daraus entsteht Spur.

In der Spur: Das System der Herde basiert auf dem Naturgesetz der Sprache.

VON TANZBEREICHEN UND WARZENSCHWEINEN

Dass das Ganze in einer großen Herde funktioniert, ist wiederum eine Folge der regulierten Nähe- und Distanzzonen der Tiere zueinander. Jedes Tier hat seinen eigenen „Tanzbereich" und sorgt als Individuum dafür, dass er eingehalten wird. Das können Sie sich so vorstellen, als ob eine Gruppe Menschen mit Hula-Hoop-Ringen ausgestattet ist und sich gegenseitig an diesen Ringen führt. So kommt keiner dem anderen zu nahe und die Dynamik der Gruppe erzeugt die Richtung der Bewegung.

Wenn wir Menschen mit Tieren zusammenleben und sie in ihrem Verhalten beeinflussen wollen, dann sollten wir das Grundgesetz der Spur beherzigen und anwenden.

Nehmen wir die Zebras, die das System der Spur perfektioniert haben. In der Symbiose, in der Sie mit Ihrem Tier leben, sind Sie kein Artgenosse, also kein Zebra, vielmehr stehen Sie wie ein Warzenschwein zu der Zebraherde – ein Wesen einer anderen Gattung. Aber Sie werden die Spur vorgeben und maßgeblich dafür sorgen, dass sie eingehalten wird. Solange Sie die Rente für Ihr Tier bezahlen, sollte selbstverständlich sein, dass Sie auch die Spur bestimmen. Und genau das gibt den Tieren Halt und Sicherheit. Diejenigen, die in der Natur nicht gut Spur halten, Linien nicht respektieren und die Geometrie der Sprache nicht beherrschen, werden recht schnell Löwenfutter. Summa summarum wird derjenige schnell gefressen, der nicht gut rechnen kann. Zum Glück wusste das mein Mathelehrer nicht …

NEBEN DER SPUR

Wenn Menschen zu Beginn ihrer Ausbildung in unser Kommunikationszentrum für Mensch und Tier kommen, dann wissen die Tiere, die zu ihnen gehören, oftmals nicht, in welchem Winkel, in welcher Position zu ihrem Menschen sie sich aufhalten sollen, sie sind unruhig, kreiseln um ihren Menschen, sind nach außen orientiert oder zerren an der Leine. Sie haben eben einfach noch keine Spur. Und hier finden wir die Ursache für eine große Einsamkeit der Hunde, denn wenn sie niemand führt, dann müssen sie führen. Das bedeutet, sie müssen ständig nach Gefahr, Beute und der besten Möglichkeit zu überleben Ausschau halten. Das ist stressig.

Diese Hunde wirken häufig aufgeregt, angespannt, nervös und ruhen selten. Sie erinnern mich an Rotkehlchen. Wenn ich diese zauberhaften kleinen Vögel beobachte, bemerke ich stets ihre nie enden wollende Unruhe. Sie leben nicht in einem Schwarm, sie sind allein unterwegs. Ununterbrochen blicken sie sich um. Sie scheinen nicht mal Zeit zum Dösen zu haben oder sich zu putzen. Wo ist der Feind? Wo finde ich Fressen? Wo ist der Feind? …

Die Welpenzeit ist ein schönes Abendteuer für Mensch und Hund.

HUNDE BRAUCHEN EINE SPUR

Es ist ein hoher Preis, den diese Freiheit kostet. Hunde sind Rudeltiere und benötigen eine Spur. Wenn Hunde artgerecht geführt werden, dann lassen sie innerlich los, kommen zur Ruhe, können warten und für sich sorgen. Sie schlecken entspannt ab, nehmen ihre Umwelt wahr, ohne auf jeden Reiz zu reagieren, sie sind gesprächsbereit und friedvoll.

DER NOTFALLKOFFER

Jedes Wesen trägt nach meiner Wahrnehmung ein Schächtelchen in sich. Es ist wie ein Notfallkoffer, der aufspringt, wenn es an der Zeit ist. In diesem Köfferchen findet es alles, was es braucht, um Führung zu übernehmen und Beschlüsse zu fassen. Auch Sie tragen dieses Schächtelchen in sich. Sollte bei einer Gruppe von Raubtieren bei einer Jagd die Führung verunfallen, dann steht sofort eine neue Führung da. Weggegangen, Platz vergangen. So einfach, wie dieses Naturgesetz ist, so klug ist es. Das ist arterhaltend und die beste Absicherung für das Überleben der Gemeinschaft. Dieses Bestreben nach oben ist naturgegeben. Und wenn Sie sich fragen, warum testet mein Hund dies oder das immer wieder an, dann ist genau das der Grund dafür. Denken Sie an das Schächtelchen, das er in sich trägt; es ist anscheinend nicht ganz geschlossen und veranlasst ihn auszuprobieren, ob seine Zeit gekommen ist. Es ist der Drang zu überleben, der in unseren Hunden ebenso schlummert wie in uns. Und das ist gut so. Genau an dieser Stelle ist nun das Gesetz der Spur gefragt.

DIE SPUR GIBT HALT

Hunde sind so unendlich klar im Denken und fein im Handeln und sie haben meistens einen so beneidenswerten Überblick. Sie drehen und wenden ihre Menschen so, wie sie es brauchen. Das nennen wir „die stille Dominanz der räumlichen Organisation, der körperlichen Sprache". Sie manipulieren unser Verhalten ohne schlechte Absicht, sie trainieren uns ohne Gewalt und Verführung. Sie sind bereit, Beschlüsse zu fassen und Spur zu geben, da, wo es keine Beschlüsse gibt und die Spur fehlt.

In der Spur sein, der spurt aber, da habe ich meine Spur verloren, im Straßenverkehr die Spur halten oder wechseln – das sind Begriffe, die wir immer wieder verwenden. Eine Familie gibt Spur so wie ein Rudel oder auch eine Herde. In der Symbiose, in der wir mit unseren Tieren leben, sollten wir die Notwendigkeit der Spur erkennen und uns stets bemühen, mit viel Empathie Spur zu geben. Ich verstehe diese Spur als Halt, Orientierung und Sicherheit. Sie regelt das Miteinander und verschafft gemeinsames Glück.

IN KÜRZE

Spur zu haben ist überlebensnotwendig und gibt dem Hund Halt, Orientierung und Sicherheit!

SPUR HALTEN, SPUR GEBEN

Seit nunmehr dreißig Jahren begleite ich jedes Jahr aufs Neue (junge) Tiere und Menschen im Größerwerden, in der Ausbildung und im Finden der Spur. Ich erlebe immer wieder das Bild einer wunderbaren wilden Quelle, die sich zu einem ungestümen Bach sammelt und dann zu einem feinen, fließenden Gewässer formt.
In dem Moment, in dem wir einen jungen Hund beim Heranwachsen begleiten, sollten wir einen Plan haben, diesen mit Feingefühl verfolgen und den Fähigkeiten des Schützlings anpassen. Das Maß unserer Erwartungen an das Tier wird sich bemessen an dem Maß der Kritik, die notwendig ist, um ihm Spur und Halt zu geben. Es spielt keine Rolle, nach welchen individuellen Kriterien Sie Ihren Hund erziehen, und es gibt keinen festgelegten Standard. Ihr Hund soll ja Ihr Partner werden und nicht der Partner eines Ratgebers.

EIN PLAN, WO ES LANGGEHT

Dennoch, Sie sollten einen Plan haben und diesen auch konsequent verfolgen. Schauen Sie, ob sich Ihr Hund in dieselbe Himmelsrichtung ausrichtet wie Sie, ob er anhält, wenn Sie anhalten, und ob er zur Ruhe kommt, wenn Sie zur Ruhe kommen. Stellen Sie hier Defizite fest, dann geben Sie ihm Spur, verlangen Sie, dass er sich ablegt, wenn Sie stehen bleiben, und ruht, wenn Sie ruhen.

Meist geht es zu Beginn der Schulung eines Tieres darum, dass der Mensch ein Gefühl für die Spur bekommt. Ohne gleich zu Beginn auf die eigene Spur zu pochen, sollte einem bewusst sein, wo man buchstäblich langgehen möchte und wie man mit seinem Tier einen Weg, eine Situation oder einen Tag gestalten möchte. Es ist die räumliche Organisation oder, wenn Sie so wollen, die stille Dominanz über Raum und Zeit.

ERSTE ZIELE BEIM WELPEN

Handelt es sich um einen Welpen, ist die Spur zunächst ein dehnbarer Begriff. Die Erwartung an den kleinen Kerl sollte nicht zu groß sein. Akzeptiert er die Leine, wird das nächste Ziel der Weg, also die Fortbewegung, sein. Später möchte ich, dass der Hund nicht dauernd meinen Weg kreuzt. Er soll an lockerer Leine an der Seite laufen, an der ich die Leine trage.
Soweit die Theorie, in der Praxis aber wuselt so eine kleiner, junger Wicht anfangs voller Neugier und Wissensdurst wie ein Staubsaugerroboter um seinen Menschen herum. Solange Ansprechbarkeit (siehe Seite 15), und Störbarkeit (siehe Seite 16) noch nicht gegeben sind, „verwalte" ich den Hund nur über die Begrenzung mit der Leine und verfolge langsam aber stur meine Richtung. Wichtig ist hier bereits meine stehende Hand, also eine Hand, die weder rückwärts einwirkt noch wie ein Gummiexpander nachgibt, sondern dem Tier eine messbare Grenze anbietet.

Junge Hunde stellen immer die Frage nach der Spur.

Die Momente, in denen sie die Spur annehmen, sind herrlich.

Erst, wenn das reibungslos funktioniert, werde ich beginnen, den Kreis, den der Zwerg um mich zieht, in zwei Hälften zu teilen. Eine links und eine rechts von mir. Will der kleine Hund die Seite wechseln, blockiere ich ihn mit der Leine, sage „Nein" und setze meinen Weg fort, so, dass der kleine Wicht mir ausweichen muss. Orientiert er sich dann wieder an meine Seite zurück, werde ich ihn so tüchtig loben, bis er wedelt und im besten Fall das Mäulchen öffnet.
Ist dieses Ziel erreicht, wähle ich den „anderen Weg". Drängelt der Hund nach rechts, dann gehen wir nach links. Durch dieses Umlegen der Spur sind wir für die Hunde nicht so berechenbar und es entwickelt sich etwas, das wir in der Reiterei mit „Durchlässigkeit" bezeichnen. Hier durchkreuzen wir den Plan des Hundes, die Spur vorzugeben, und signalisieren, dass wir den Weg bestimmen. An diesem Punkt der Ausbildung macht es unbedingt Sinn, die Fortbewegung nicht berechenbar zu gestalten, also nicht ziel-, sondern wegorientiert zu sein, vielmehr den Hund für unsere Spur zu aktivieren.

IN DEN KÖPFEN DER MENSCHEN

Spur erkennen und halten beginnt in den Köpfen der Menschen. Überhaupt zu erkennen, dass die Spur nicht die eigene, sondern vielleicht die des Hundes ist, wäre der erste Schritt. Und es geht gar nicht darum, ständig zu dominieren. Nein, Ihr Hund darf ruhig auch Spur vorgeben. Sie sollten es allerdings merken. Erst dann beginnen wir, das in dem notwendigen Maß zu manipulieren. Ein Beispiel: Wenn Sie Ihren Hund zu sich rufen und er setzt sich brav vor Sie und schaut Sie an, fühlt sich das richtig gut an. Nun haben Sie Ihrem Hund das vielleicht schon gut erklärt, dann testen Sie, ob er das auch noch macht, wenn in Ihrer Nähe ein Objekt der Begierde ist, eine Katze, ein anderer Hund, ein spielendes Kind. Schaffen Sie es, Ihren Hund so auszurichten, dass er dem Objekt der Begierde den Rücken zukehrt? Oder dreht er Sie so, dass er Sie und sein „Hobby" anschauen kann? Hier kann man gut feststellen, wie geschickt, mit welcher Leichtigkeit und wie sanft die Hunde uns erziehen und absolut im Griff haben. Und genau das können Sie auch!

Im 24-stündigen Geleit der Bodyguards Mama und Papa erlernen die kleinen Wildgänse das Gefüge der Familie …

Sie gehen – im genannten Beispiel – nur einen Schritt rückwärts, von seinem Hundehobby weg, und laden Ihren Hund ein. Dreht er sich Richtung „Hobby“, stellen Sie sich ihm an der Seite, zu der er schaut, in den Weg und sagen: „Nein.“ Sofort gehen Sie wieder einen Schritt zurück, und laden ihn ein.

DIE DREI „K“

Zu Beginn dauert das vielleicht ein wenig, aber haben Sie die Spur einmal erkannt, dann können Sie sie auch mit Kontinuität, Konsequenz und Konzentration, den drei „K“ (nicht Kinder, Küche, Kirche) herstellen. Mehr hierzu lesen und mehr hierzu erfahren Sie in dem Kapitel „Die Geometrie der Sprache“ (siehe Seite 78). Auf diese Weise gelingt es mir, mit gut einem Dutzend Hunden unterschiedlichen Alters und verschiedener Rassen frei in der Landschaft unterwegs zu sein – zu Fuß, mit dem Rad oder zu Pferd. Die Tiere folgen meinem Weg und orientieren sich an meiner Spur und das erzeugt die Leichtigkeit im Umgang mit ihnen.

Im Tierreich ist das Spiel aus Nähe und Distanz normal.

Wunderwerke der Natur: kleine Gössel.

... und das System der Spur.

DAS GEHEIMNIS DER WILDGÄNSE

Sie kreisen laut schreiend am Himmel. Ich kann sie schon von Weitem hören. Mein Herz schlägt Purzelbäume und da kommen sie. Es ist Februar und sie sind pünktlich. Ich zähle sie durch und es sind alle dabei. Neun wunderschöne Kanadagänse. Letztes Jahr haben sie sieben Junge großgezogen und sie verließen uns im November. Nun werden sie wieder Stippvisite machen und im März die Rangordnungen und die Brutplätze ausfechten und bis zum Herbst bleiben.
Zu unserem kleinen Anwesen gehören eine Menge Teiche, die ein wunderbares Revier für diese schönen Vögel bieten. Schon seit 15 Jahren kommen sie hierher und sind dem Standort treu. Seither können wir ihr Familienleben, ihre Struktur, ihre Gesetze und ihre Sprache aus dem Küchenfenster beobachten und studieren. Und in dem Moment, in dem ich diese Zeilen schreibe, es ist Mitte Februar, fliegen sie auf unsere Teiche und kehren zurück. Es ist unglaublich!

Das Überleben im Team durch die faszinierende Struktur aus Nähe und Distanz ist ein Erfolgskonzept der Natur.

FESTE FAMILIENSTRUKTUREN

Wildgänse bilden feste lebenslange Partnerschaften und haben eine unerschütterliche Familienstruktur. Sie halten zusammen und schaffen es so, unglaubliche Leistungen zu vollbringen. Eine einzelne Gans wäre nicht sehr lange in der Lage zu überleben. Aber durch ihr ausgeklügeltes System der Kommunikation und die extrem gute Strukturierung ihrer Familie sind sie eine sehr starke Spezies. Die Rangeleien um die Brutplätze sind ein ständiges Spiel aus Nähe und Distanz. Das Spiel „Wer bewegt wen?" will kein Ende nehmen. Es wird getrieben, bis das Gegenüber die Flanke präsentiert, und dann wird wieder gemeinsam gegrast.

Und plötzlich ist Ruhe. Die Gänse sitzen auf ihren Nestern und die Ganter wachen. Das Jungvolk ist abgezogen und sammelt sich zu Junggänseschulen, denn jetzt sind die Eltern nicht mehr für sie da und sie selbst brauchen noch ein Jahr, um fruchtbar zu werden.

FRISCH GESCHLÜPFT

Es ist mucksmäuschenstill an unseren Teichen. Ende April ist es dann so weit. Meist fünf bis sieben kleine Gössel werden zum Wasser und auf die Wiesen zum Weiden geführt. Eine Altgans geht vor der Familie, eine geht hinterher. Die Jungtiere, so zart und zerbrechlich, haben stets, 24 Stunden am Tag, volle Aufmerksamkeit und absoluten Geleitschutz. Droht Gefahr, attackiert eines der Elterntiere den Eindringling mit atemberaubender Massivität. Und für die Kleinen heißt es vom ersten Tag an: Spur halten. Wenn geschwommen wird, dann schwimmen alle, es kann nicht eines sagen, dass es nicht ins Wasser oder nicht wieder hinauswill. Es wird angezeigt, wann geruht, wann das Gefieder gepflegt wird und wann man frisst. Wie in Schuluniformen gleich gekleidet marschiert die kleine Gänseschar mit ihren Bodyguards umher.

Eines Tages fanden wir ein verletztes Gössel. Es war unterkühlt, und so brachten wir es in den Stall, um es unter der Wärmelampe mit gutem Futter aufzupäppeln. Und ich traute meinen Augen nicht: Die komplette wilde, scheue Gänsefamilie marschierte hoch zu unserem Hof und gastierte unter dem Stallfenster, hinter dem das Jungtier untergebracht war. Sie hielten ständig akustisch Kontakt zu ihrem Kind und nach wenigen Tagen brachten wir den Kleinen genesen wieder hinaus. Sofort wurde er von seiner Familie umschlossen und sie wanderten zurück zu ihrem Revier.

Im August kommen die Gouvernanten, die Geschwister aus dem Vorjahr, um mit den Kleinen das Fliegen und die Formationen zu üben. Es werden Kurz- und Langstrecken geflogen und dann sind sie so weit, dass sie auf ihre große Reise gehen können, um hoffentlich im nächsten Jahr wohlbehalten zurückzukehren.

VON DEN GÄNSEN GELERNT

Gelernt habe ich von den Gänsen, wie wichtig es ist, Spur zu halten und vorzugeben, dass Uniformität nicht die Individualität ausschließt, dass das Spiel aus Nähe und Distanz zum Gesunderhalten einer Gemeinschaft notwendig ist, gutes Gedeihen ermöglicht und dass Liebe anscheinend Unmögliches möglich macht.

Die Feinheit der Sprache und die Klarheit der Struktur in einer Gemeinschaft ist der Nährboden für ein harmonisches Miteinander. Teamfähigkeit bedeutet, dass auch die führenden Positionen sich dem Ziel der Gemeinschaft unterordnen. Warum erzähle ich Ihnen in einem Hundebuch etwas über Wildgänse? Weil ich erkannt habe, dass Erziehung ein ständiges Spiel aus Nähe und Distanz ist, dass Erziehung eine Folge von klarer Spur ist und dass es ohne Gewalt und Strafe ebenso ohne Lohnverhandlungen möglich ist, eine extrem leistungsbereite Partnerschaft aufzubauen.

IN KÜRZE

- **Die Feinheit der Sprache und die Klarheit der Struktur in einer Gemeinschaft ist der Nährboden für ein harmonisches Miteinander.**
- **Teamfähigkeit bedeutet, dass auch die führenden Positionen sich dem Ziel der Gemeinschaft unterordnen.**

ERFOLGSPRINZIPIEN DER NATUR ENTDECKEN

Es ist verblüffend, wie die Natur mit ihren festen und manchmal unnachgiebigen Gesetzen immer wieder Entwicklungen und Veränderungen einfordert, damit eine Weiterentwicklung des Gesamten überhaupt möglich ist. So vielfältig das Reich der Natur auch ist, so sind wir doch immer demselben Grundprinzip unterworfen: Fressen und Gefressenwerden – oder auch das Suchen und Finden immer neuer Nischen und das Entwickeln neuer Überlebenstricks und Strategien.

Jedes Wesen ist mit einem perfekten Bauplan ausgerüstet, der die kompletten Informationen einer ganzen Art enthält. Jede Kreatur versucht, für sich und damit für seine Gattung das Optimum herauszuholen. Dabei spielt das Schaffen von Komfortzonen eine bedeutende Rolle. Und es ist verblüffend, dass auch jede Kreatur einen Notfallplan in sich trägt, der ihr ein hohes Maß an Anpassungsfähigkeit verleiht.

Das Kommunikationsprinzip „Wer bewegt wen?“, das Überlebensprinzip „Wer frisst wen?“ und das Optimierungsprinzip „Suchen von Komfortzonen“ ist also unser aller Grundbausatz.

TATSACHEN SCHAFFEN

Beim Verfolgen der genannten Prinzipien geht es erst einmal recht emotionslos zu. Es werden in kürzester Zeit Tatsachen geschaffen, die keiner basisdemokratischen Entscheidung unterliegen. Nehmen wir den Honigdachs. Ein kleines Wesen, etwa so groß wie ein Dackel, das mit großer Vorliebe Bienenstöcke ausräumt und Schlangen frisst. Diese kleine Kreatur hat ein Selbstbewusstsein, das seinesgleichen sucht. Stellt der Honigdachs ob seiner Größe doch eher eine warme Vorspeise beispielsweise für einen Löwen dar, hat er die Fähigkeit, Funktionskreise zu durchbrechen und verblüfft den Löwen, der sich schon die Lefzen leckt, mit dem Ausbleiben des Fluchtverhaltens. Er stellt sich dem König der Raubkatzen einfach in den Weg und versichert ihm glaubhaft, dass er von nun an vegan leben solle. Weil er nicht davonrennt, wie die Beutetiere des Löwen es im Allgemeinen tun, und dadurch nicht das Jagdverhalten des Raubtieres antriggert, sondern den Spieß umdreht, wendet sich der Löwe ab und denkt möglicherweise tatsächlich über die empfohlenen Diätmaßnahmen nach ...

FUNKTIONSKREISE DURCHBRECHEN

Eine ähnliche Situation gab es in einem Sibirischen Tiergarten mit Amor und Timor. Amor, ein stattlicher Sibirischer Tiger, bekam einmal wöchentlich eine lebendige Ziege zu fressen. Und dann kam Timor, ein Ziegenbock, der einfach auf den Tiger zuging und den Funktionskreis der Jagd durchbrach. Die Ziege fing an, den Tiger zu treiben, der fügte sich und war sogar bereit, der Ziege zu folgen. Diese zog daraufhin in seine Hütte ein, während er obendrauf schlafen „durfte“. Die beiden lebten eine lange Zeit in Freundschaft und durchstreiften das Gehege von da an gemeinsam.

Durch die Kraft seiner Augen lenkt der Border Collie diese Schafsböcke.

In meiner Tätigkeit als Schäferin habe ich auch immer wieder Situationen erlebt, in denen die Fluchttiere die Funktionskreise der Raubtiere durchbrochen haben. Beispielsweise die Lämmer, die einem Hund zunächst furchtlos entgegentreten und mit einer infantilen Leichtigkeit auf den Hütehund zuspringen. Dieser muss in dieser Situation vorwärtsgehen und das Lamm bedrohend bedrängen. Tut er das nicht, wird er bald umschulen, denn als Hütehund ist er dann nicht zu gebrauchen – es sei denn, er erlernt die erforderliche Bewegung nach vorne noch durch geduldiges Training.

WER BEWEGT WEN?

In meiner Tätigkeit als Pferdetrainerin habe ich es zu oft erlebt, dass Menschen durch Ausweichen ihrem Pferd immer wieder suggerieren, dass sie unterlegen sind. Eigentlich will der Mensch nur höflich sein oder seinen Körper in Sicherheit bringen, wenn der Koloss auf ihn zugeht. Man hat da ja schnell mal 600 kg Lebendmasse vor sich. Hätten diese Menschen in dieser Situation etwas mehr vom Honigdachs, dann würde es viele folgenschwere Missverständnisse nicht geben und Konflikte würden sich absolut ruhig und gewaltfrei lösen lassen.

Das Gesetz „Wer bewegt wen?“ ist in den Köpfen der Tiere ständig präsent und wird von ihnen deutlich ernster genommen als von uns Menschen. Wir denken oft: Das meint der nicht so. Aber wie jemand es tatsächlich meint, kann niemand so genau wissen. Ähnlich verhält es sich bei der Frage, „Wer frisst wen?“ Nun haben wir ja nicht ernsthaft vor, unseren Schützling zu fressen, aber manche Menschen unterschätzen bisweilen, dass es durchaus Kandidaten gibt, die das ihrerseits in Erwägung ziehen. Die Zahl schwerwiegender Übergriffigkeiten, ausgelöst von Hunden, nimmt stets zu und es scheint sich in dem Wirrwarr von Erziehungsmethoden keine Spur ausreichend durchzusetzen, die diese Grundgesetze der Natur verständlich erklärt und nachhaltig an und mit ihnen arbeitet. Sind die Zonen von Nähe und Distanz einmal geklärt, ist die innere Haltung des Tieres korrekt angelegt, dann kann es keine Übergriffigkeiten geben. In dem Moment, in dem ich ein Tier nur über Bedrängen aufbaue, ist es ihm aber nicht möglich, über ein Angebot, ein Sich-Einordnen oder einen Rückzug nachzudenken. In der Natur der Tiere sind sechs Verhaltensgrundmuster angelegt, die im folgenden Kapitel erklärt werden:

Es kann

- drängen – zum Menschen hin oder weg von ihm, in positiver wie in negativer Form,
- Fluchtverhalten zeigen,
- devot reagieren,
- passiv bleiben,
- abwehrend reagieren oder
- Angebote machen und für sein Gegenüber aktiv werden.

ERFOLG BAUT DIE GRÖSSE DES FUNKTIONSKREISES AUS

Lernt es, nur und ausschließlich über Drängen/Bedrängen Erfolg zu haben, dann baut sich dieser Funktionskreis besonders groß aus. Das heißt, dass das Tier in neuen Situationen am ehesten mit einem Verhalten aus dieser Richtung reagieren wird. Nehmen wir beispielsweise einen Straßenhund, der viele Jahre auf sich selbst gestellt war. Er hat möglicherweise viele Situationen durch Flucht lösen können. Heimlich an die Mülltonne, und

Das Hüten ist eine genetisch selektierte Jagdsequenz. Mit Scheinattacken kann der Hund widerspenstige Tiere in die Spur bringen.

wenn jemand kommt, schnell weglaufen. Dies sind meist Hunde, die dann als eingefangener Haus- und Familienhund recht schnell diese Karte wieder ziehen und versuchen, Konflikte so zu lösen. Das macht es den neuen Besitzern teilweise schwer, daraus einen entspannten und angeschlossenen Hund zu entwickeln.

Nehmen wir einen Hund, der jahrelang in einem Zwinger gelebt hat und von vorbeigehenden Kindern geärgert wurde. Er hat vielleicht gelernt, auf einen Außenreiz mit aggressivem Bedrängen zu reagieren. Warum soll ihm nun plötzlich einfallen, in ähnlicher Situation ein Angebot zu machen? Oder nehmen wir den Hund, der stundenlang Bällchen gespielt hat und so seinen Trieb entladen konnte. Warum soll dieser Hund einem davonlaufenden Hasen, Reh oder im schlimmsten Fall einem Kind nicht hinterherjagen?

Von Natur aus gibt es die genannten sechs Grundmuster/Funktionskreise und im Leben in der Natur werden alle gleichermaßen geschult und genutzt – im Zusammenleben mit Menschen oft nur einige wenige. Ist der Hund beispielsweise immer mit Be- oder Wegdrängen erfolgreich (an der Leine ziehen, Menschen anspringen, außerhalb des Leinenradius schnüffeln, betteln usw.), wird dieses Verhalten für ihn immer erste Wahl bleiben.

Der Mensch muss lernen, alle sechs Möglichkeiten bewusst und wertfrei abzufragen, denn nur so gibt er dem Tier die Chance, auf verschiedene Fragen unterschiedlich antworten zu können.

Das Suchen und Nutzen von Komfortzonen wohnt Menschen und Tieren gleichermaßen inne. Im Frühjahr stehen die Pferde in der Sonne, im Sommer suchen sie den Schatten, wenn es regnet, stellen sie sich unter die Bäume, und wenn es stürmt, suchen sie den Windschatten. Die Hunde haben schnell verstanden, wie gemütlich ein Sessel ist, und wissen, wie man sich Streicheleinheiten organisieren kann. Wir machen es ja auch nicht anders. Gute Nahrung, frisches Wasser, soziale Kontakte und ausreichend Ruhezonen sind für jedes Wesen ein Muss. Bieten wir es unseren Tieren doch einfach ständig an und schaffen uns und unseren Gefährten auf diese Weise einen angenehmen Nährboden für gutes Gedeihen.

IN KÜRZE

- **Mutter Natur hat jedes Wesen mit einem perfekten „Bauplan" und einem „Notfallplan" ausgestattet.**
- **Die Naturgesetze „Wer bewegt wen?" und „Wer frisst wen?" sind den Tieren immer präsent, den Menschen leider seltener.**

TWO IN ONE

— von der Schwierigkeit, Freund und Lehrer zu sein

SPRECHEN, ZUHÖREN, LESEN UND LAUFEN LERNEN

Die Arbeit mit den Tieren bringt uns unweigerlich zu den Menschen, die zu ihnen gehören oder, wenn wir uns selbst betrachten, auch unweigerlich zu uns. Es ist stets ein Dialog zwischen zwei Gattungen – und die Möglichkeit, innerhalb einer Gattung, Missverständnisse zu erzeugen oder zu erleben ist ja schon unglaublich groß …
Als Mensch stehen Sie dem Hund auf zwei verschiedenen Ebenen gegenüber: auf der Bindungs- und auf der Respektsebene. Sie sind für Ihren Hund einerseits Lebenspartner voller Emotionen und Mitgefühl und andererseits Coach voller Weitsicht und Sachlichkeit. Auf jeder dieser Ebenen können Missverständnisse entstehen. Versteht der Mensch den Zusammenhang dieser Ebenen, wird es ihm immer leichter fallen, sich in diesem Zwiespalt zurechtzufinden und den Dialog in der gesamten Bandbreite, die die körperliche Sprache bietet, zu führen.
Diesen Weg zu gehen, ist wunderbar, denn Sie können die Feinheit, die Tiefe und die ganze Tragweite der innerartlichen und der artübergreifenden Verständigung erlernen und erleben. Sie lernen die Signale und Grundmuster der körperlichen Sprache und das Zuhören mit allen Sinnen. Was für ein Gewinn.

SPRECHEN LERNEN – WAS UNSER KÖRPER SAGT

SPRACHBARRIEREN

2011 reisten wir mit unserer Show in den Oman. Der mächtige Sultan Qubos lud zu dem größten, spektakulärsten Kamel- und Pferdefestival ein. Wir waren für all die Proben und das Training drei Wochen vor Ort. Es war gewiss eines der aufregendsten Erlebnisse im Rahmen unseres Showbusiness.
Wir lebten dort mit unseren Tieren in einem riesigen Camp, das ständig von Soldaten bewacht wurde. Eines Tages trafen wir auf eine Gruppe Soldaten, die in Begleitung eines etwas kleineren Mannes war. Er trug die gleiche Uniform, war aber nicht so schwer bewaffnet wie die anderen. Es war, wie sich herausstellte, ein taubstummer Mann. Die Situation war fast skurril. Um uns herum waren nur arabisch sprechende Menschen, und dann dieser fröhliche, kleine, etwas dickliche Mann, der nur quietschende und glucksende Geräusche von sich gab.
Wir hatten unter anderem zehn unserer Hunde dabei und wurden natürlich ständig beäugt. Die Omanis haben absolut tief sitzende Furcht vor und Abneigung gegen Hunde. So fing auch dieser kleine Mann bald an zu quietschen. Aber neugierig war er auch und lugte immer wieder hinter einem etwas größeren und gut bewaffneten Soldaten hervor. Die Omanis wollten anscheinend wissen, ob sie die Hunde anfassen durften.

Spiel und Spaß sind der Nährboden für gutes Gedeihen.

Rechte Winkel wirken schnell bedrohlich …

… gebrochene Winkel hingegen freundlich.

Sie sprachen Arabisch und hatten unklare, etwas von Furcht geprägte Gesten – zunächst verstanden wir sie nicht. Dann fragte der kleine Mann. Er war es gewohnt, anderen Menschen zu zeigen, was er wissen wollte, und wir verstanden ihn sofort. Es hat keine fünf Minuten gedauert, da saß er inmitten all unserer Hunde, gluckste vergnügt und ließ sich von dem Soldaten fotografieren. Dieser Mensch konnte so sehr reduziert, so einfach und so klar international kommunizieren, dass ich mich für unsere so komplizierte Sprache fast schämte. Ebenso konnte er über seine visuelle Wahrnehmung wahnsinnig gut zuhören. Und all das ist Sprache, und noch vieles mehr.

WAS KÖRPERSPRACHE AUSMACHT

Es ist im visuellen Bereich das Lot, die senkrechte Linie unseres Körpers, dargestellt durch die Wirbelsäule und die Beine, ebenso wie die Achse, die horizontale Linie, die sich über Schulter – Brustbein – Schulter sehr gut lesen lässt sowie über die waagerechte Linie, die durch unsere Beckenknochen erzeugt wird. Über die visuellen Signale werden meist auch gut sicht- und lesbare Spannung bzw. Entspannung transportiert. Dazu gehören auch Bewegungsrichtungen, auch die visuell noch nicht sichtbaren, aber bereits spürbaren Bewegungsrichtungen, die Bewegungsintention, sowie sehr leicht wahrnehmbar die deutlichen Sichtzeichen. Und spätestens hier bekommt die Sprache eine wirklich große Dimension, denn sie läuft nicht mehr nur über einen Kanal, z. B. akustisch, sondern die visuelle, die sichtbare und die gespürte Sprache über Spannung und Entspannung wird hier sensibel wahrnehmbar und dadurch auch deutlich. Es ist die körperliche Sprache, die die Tiere so gut beherrschen, und hier haben sie uns Menschen gegenüber einen sehr großen Vorsprung.

VON BATMAN UND WINNIE THE POOH

Stellen Sie sich aufrecht hin und spannen Sie Ihre Muskeln an, straffen Sie Ihren Körper, und vielleicht beugen Sie sich auch noch ein wenig nach vorn, dann wirken Sie wie die Comicfigur Batman; versprühen Sie dann noch aggressive Energie, erinnern Sie eher an King Kong. Es sind rechte Winkel in Ihrem Körper zu erkennen, die

Sich Kleinmachen wirkt einladend wie eine offene Tür.

sich aus der senkrechten Linie der Wirbelsäule und den waagerechten Linien von Schultern und Beckenknochen ergeben. Diese rechten Winkel erkennen Tiere sogar, wenn Sie einen dicken Wintermantel tragen, fast als hätten die Hunde einen Röntgenblick.
Lassen Sie einmal eine Schulter fallen, beugen Sie ein Knie leicht und lassen die Bewegung durch Ihr Becken hindurch, sodass die Hüfte etwas schräg wird. Nun sind gebrochene Winkel zu erkennen und Sie stehen da wie der bärige Kinderstar Winnie the Pooh. Diesen finden wir auf den T-Shirts unserer Kinder, bis sie etwa zehn Jahre alt sind und mit Höflichkeitssignalen Fuß fassen wollen. Erreichen unsere kleinen Zweibeiner das juvenile Alter von elf Jahren, werden sie fortan Batman-T-Shirts tragen – ein Ausdruck ihres wachsenden Selbstbewusstseins.
Entscheiden Sie, wie Sie Ihrem Hund entgegentreten wollen oder vielleicht sogar mal sollten, und üben Sie gern einmal vor einem Spiegel, der schräg auf dem Boden steht und Ihnen aus der Froschperspektive zeigt, wie groß die Wirkung kleiner Winkelveränderungen ist.

WECHSEL ZWISCHEN SPANNUNG UND ENTSPANNUNG

Beide haben recht, Batman ebenso wie Winnie the Pooh, und jeder bekommt zur rechten Zeit seinen Auftritt. Sie können einstudieren, wann es Sinn macht, 90-Grad-Winkel zu zeigen und Ihren Körper zu straffen, und wann die Winkel unbedingt gebrochen sein sollten. Ich setze die Veränderung der Winkel bewusst als Werkzeug ein und benutze sie als Impuls, um zum Beispiel meiner Forderung nach mehr Distanz etwas Nachdruck zu verleihen. Wird dieser Forderung nachgekommen, breche ich die Winkel meist umgehend wieder und führe den Dialog mit entspannten Bewegungen weiter. Dieser Wechsel der visuellen Signale ist Teil der HarmoniLogie®, denn ich kann sehr gezielt zwischen Spannung und Entspannung wechseln.

EINSATZ VON AKUSTISCHER SPRACHE

Ebenso bedienen wir Menschen uns untereinander der gesprochenen Sprache, die verbal oder melodisch sein kann oder sich auf einfache, reine Lautgebung beschränkt.
Sprechen Sie den Namen Ihres Hundes leise und entspannt aus, so, dass Sie eine sanfte Vibration der Stimmbänder spüren können. Das Sprechen darf keine Kraft kosten und das Wort soll weich, melodisch und klar artikuliert sein. Die Lautstärke darf unbedingt dem Geräuschpegel der Umgebung angemessen sein. So lernen Sie, sich bei Regen oder Wind anzupassen und dass es tatsächlich „Funklöcher" geben kann, in denen die normale oder auch gewohnte Lautgebung das Hundeohr nicht erreicht.

LAUTSTÄRKE UND MELODIE

Ich übe mit meinen Hunden oft an den leisen Tönen und der klaren Sprache, dadurch, dass ich den Lautstärkeregler in mir soweit wie möglich runterdrehe. Denn so kann ich das Hundeohr schulen, mir zuzuhören. Nur so kann ich meine Hunde an den Herden auf Distanzen von bis zu einem Kilometer oder in einer großen Showarena mit lauter Musik und Applaus noch gut erreichen. Es gibt unter ihnen gute Zuhörer ebenso wie echte Dickköpfe. Beide auf dasselbe Niveau zu bringen, macht den Reiz aus.

Ebenso wie um den richtigen Ton mache ich mir Gedanken um die Sprache als solche. Soll es eine verbale Sprache sein, dann wähle ich die Signale gerne der Bewegung angepasst. Ich habe von den Tieren gelernt, dass zwei- oder mehrsilbige Signale, die eine kleine Melodie erzeugen, leichter verstanden werden, so z. B. „Lie down" oder „Leg Dich, bitte". Durch die Melodie wird dem Signal jede Form von Spannung genommen und sie ist selbst bei schlechter Akustik noch in Teilen transportierbar und gut differenzierbar. Die Klarheit der Sprache vermeidet Missverständnisse.

„SAGE, WAS DU MEINST, UND MEINE, WAS DU SAGST."

Das ist eine meiner Maximen. Und die kognitive Auseinandersetzung mit dieser Thematik bin ich meinen zwei- und vierbeinigen Schülern schuldig, denn nur, wenn die Informationen glaubwürdig und eindeutig sind, kann mein Gegenüber sie auch umsetzen. Befreien Sie sich in Ihrem Sprachgebrauch von Doppelungen und lautmalerisch verwandten Worten wie „Nein" und „Fein". Hier müsste der Hund jedes Mal raten, ob das, was er gerade tut, besonders gut oder eher kritikwürdig ist. Beherzigen Sie das Prinzip der Eindeutigkeit und legen ein kleines Vokabelheft für den Hund an, dann können Sie sich dem Hund sehr schnell und logisch aufgebaut verbindlich verständlich machen.

DIE SPRACHE DER GERÜCHE

Ja, und dann gibt es da noch eine Sprache, die wir nicht beeinflussen können, die jedoch sehr authentisch ist und manchmal vielleicht sogar die entscheidenden Informationen transportiert: Es ist die olfaktorische Sprache. Es sind die Signale, die unser Körper über unseren Geruch aussendet. Diesen Geruch können wir nicht manipulieren und die feine Hundenase wittert (im Wortsinne) oft schon vor der Wahrnehmung und Realisierung seines Menschen die Stimmungslage. Jemanden nicht riechen zu können, ist nicht nur ein Sprichwort, sondern auch eine Tatsache, die gewiss einen sehr archaischen Ursprung hat. Und spätestens der Geruch verpetzt den Menschen, der vor Wut kocht, weil sein Hund abgehauen ist, und er dem Ganoven beim Zurückkommen vorgaukeln will, dass alles gut sei. Der Hund glaubt, er macht mit der Heimkehr von der herrlichen Jagd alles richtig und versteht die aktuelle Dunstglocke seines Menschen nicht. Er reagiert auf den Stressgeruch mit devotem Verhalten und der Mensch behauptet, das sei sein schlechtes Gewissen. Dabei ist es nur die Beschwichtigung auf den Gestank. Tja, so schnell kann man aneinander vorbeireden.

TORSIGNALE UND DER DIALOG VOR DEM DIALOG

In dem Moment, in dem Sie sich straffen, räuspern, das Becken bewegen oder tief Luft holen, geben Sie Ihrem Hund bereits das Signal, dass Sie etwas sagen möchten. Solche Signale nennen wir Torsignale, denn sie wirken wie ein Tor vor dem eigentlichen Signal. Versuchen Sie einzuüben, ein Signal einfach und unvermittelt ohne Torsignale zu geben, denn nur so können Sie erreichen, dass der Hund wirklich auf das eigentliche Signal reagiert, und nicht schon aus der Vorahnung, dass etwas passieren wird, handelt. Durch das Abstellen

Freundliches Distanzeinfordern erzeugt Achtsamkeit.

der Torsignale bekommt die Schulung einen Echtheitscharakter und eine Eindeutigkeit. Ebenso kann ich so erreichen, dass der Hund wirklich zuhört und sich nicht ständig damit beschäftigt, mich zu lesen und womöglich die Antworten auf noch nicht gestellte Fragen vorwegnimmt.

SPRACHE IN FORM GEBRACHT

Betrachten wir die akustische und visuelle Sprache und beginnen wir, sie in Form zu bringen. Leise und höflich, das gilt für die Stimme wie für den Körper. Langsame, gleichmäßige, entspannte Bewegungen, klare Bewegungsmuster, die sich an unserem Ziel orientieren. So bewegt sich ein Körper, der mehr Abstand einfordert, zum Beispiel nicht rückwärts, sondern tendenziell eher vorwärts auf sein Gegenüber zu. Ein hockender Mensch vermittelt seinem kleinen Gegenüber eher Entspannung und ein weiche und freundliche Rückwärtsbewegung lädt zum Folgen ein. Dies sind geometrische Laufmuster, die sich der Naturgesetze bedienen. Die Geometrie der Sprache ist für den wertvollen Dialog mit dem Partner Tier ein eigenes Lehrfach, begegnen wir uns doch auf ebendieser ursprünglichen, der Natur abgeschauten Ebene und entdecken sie neu.
In der Grundschulung spielen die Richtungen vorwärts und rückwärts eine große Rolle, die Sichtzeichen jedoch noch nicht. Es macht Sinn, einem Hund zunächst die verbale Sprache zu erklären und die ganz natürliche Körpersprache (Lot und Achse) dabei mit zu berücksichtigen. Danach erst stehen die detaillierten Sichtzeichen auf dem Lehrplan. Wer möchte, kann seinen Hund später dreisprachig schulen, mit Worten, Zeichen und kleinen Melodien.
Nur durch Eindeutigkeit besticht unsere „Sprache" (visuell, akustisch oder olfaktorisch). Wertvoll und lesbar wird sie erst aufgrund der Bereitschaft unseres Gegenübers, zuzuhören bzw. hinzuschauen.
Nach der HarmoniLogie® legen wir die Signale erst fest, wenn der Hund die Lösung anhand unserer Hilfen leicht und eigenständig findet. Nimmt er die Hilfen nicht an, erarbeiten wir erst die Akzeptanz der Hilfe, bis der Hund sie leicht versteht, und kehren dann erst wieder zurück zu den Signalen.

Die Körpersprache lädt den Hund zum Kommen ein.

Sich Aufmerksamkeit schenken ist ein schönes Gefühl.

DIE STIMME

Neben der visuellen Sprache dient die Stimme als wichtiges Informationsmittel. Sie kann allerdings neben der gewünschten objektiven Information unbeabsichtigt sehr viele emotionale Signale transportieren und ungewollte Spannung mitliefern. Die Menschen, die mit dieser „Hundestimme" – damit meine ich diese hohe, unechte „Baby"-Stimme – sprechen, bedenken nicht, dass sie für diese Töne Druck im Brustkorb brauchen. Aber je authentischer die Stimme, je klarer die Signale und je entspannter der Mensch, um so greifbarer der Erfolg. Ein Hund hört nicht besser, nur weil man gestelzter oder lauter spricht. Er hört besser, wenn er gelernt hat, zuzuhören. Doch um klar sprechen zu können, muss man wissen, was man sagen möchte. Und das wiederum macht den Dialog mit dem Tier so faszinierend. Wir müssen unsere Sprache auf ein Minimum reduzieren. Langatmige Argumente bewirken hier nichts.

ZU MIR HIN UND VON MIR WEG

Die Schulung nach diesem sprachlichen Konzept beginnt immer damit, dass das Tier zunächst zwei Richtungen erlernt: zu mir hin und von mir weg – ich ziehe oder schiebe es (ziehende und schiebende Hilfen, siehe Seite 15 und 19). So entsteht Kommunikation mit dem Tier auf der Ebene der körperlichen Sprache und der räumlichen Organisation. Das haben sogar meine Schafe begriffen. Es gibt einen Lockruf, bei dem ich alle Köpfe sehen will. Wenn er ertönt, erhebt sich die ganze große Herde und viele Hundert Schafe wenden sich mir zu, schauen mich an und sind bereit, mir zu folgen. Das ist immer wieder ein atemberaubendes, erhebendes Gefühl. Das andere Signal bedeutet, dass sie sich von mir abwenden sollen, weil ich sie irgendwo hintreiben möchte, dann sehe ich all ihre Hinterteile.

Bei der Schulung der Hunde und Pferde läuft es vergleichbar ab. Mit den Hilfen für Nähe oder Distanz erkläre ich den Tieren die Richtung, in der sie nach der Lösung der Aufgabe suchen sollen. Ich kann ihnen hiermit räumliche Orientierung geben. Erst, wenn sie das zuverlässig annehmen können, kombiniere ich die Lösung mit dem dafür vorgesehenen Signal. Beginnen die vierbeinigen Schüler, das Signal zu assoziieren, werden die Hilfen reduziert und nur noch zur Unterstützung oder auch Versicherung eingesetzt.

ARTÜBERGREIFEND VERSTÄNDLICH

Die körperliche Sprache ist archaisch, leicht les- und spürbar und wird von Gazellen ebenso benutzt und verstanden wie von Löwen. Sie regelt das friedliche Funktionieren eines Familienverbandes und dient in jeder Form der Arterhaltung. Sie ist phänomenal einfach und wirkungsvoll.

Ein freundliches Fordern von Distanz ...

... ermöglicht eine wunderbare Nähe.

„Sprich mit mir, ich hör Dir zu", ist das Ergebnis einer korrekten inneren Haltung.

IN KÜRZE

- **Jemand, der mehr Abstand einfordert, bewegt sich vorwärts auf sein Gegenüber zu. Ein hockender Mensch vermittelt seinem Gegenüber eher Entspannung und Rückwärtsgehen lädt zum Folgen ein.**
- **Ein Hund hört nicht besser, wenn man gestelzt oder laut spricht. Er hört besser, wenn er gelernt hat, zuzuhören.**
- **Die körperliche Sprache ist archaisch, leicht les- und spürbar und wird von Gazellen ebenso benutzt und verstanden wie von Löwen.**

SPRICH LEISE, DENN ER HÖRT DIR ZU

Wenn es sofort still wird, wenn jemand einen Raum betritt, und alle dieser Person freundlich und aufmerksam zuhören, dann hat sie eine stille Präsenz. Das hat immer etwas mit Respekt zu tun und auch mit echtem Interesse füreinander. Die stille Präsenz ist der Schlüssel dafür, dass man nicht laut werden muss, um Gehör zu finden. Kann man sich darauf verlassen, dass das Gegenüber sich die akustischen oder visuellen Signale bei einem abholt, benötigt man keine zusätzliche Energie, um sie aufwendig von sich zu geben. Hört mir jemand nicht zu, brauche ich weder lauter zu werden noch weiterzusprechen. In dem Moment muss ich ihn stören, um mir seine Aufmerksamkeit zurückzuholen, damit ich danach leise weiterreden kann. Natürlich gehört auch dazu, dass ich als Redner nicht einschläfernd bin, sondern meine Worte interessant genug sind bzw. die Informationen nicht zu komplex und leicht zu erfassen sind. Lange Monologe ermüden das Gegenüber.

- Punkt 1 ist also das ruhige, selbstbewusste Auftreten.
- Punkt 2 ist die Fähigkeit, die Unaufmerksamkeit des anderen zu stören, um mit der neu gewonnenen Aufmerksamkeit im ruhigen Modus fortzufahren.
- Und Punkt 3 ist die Fähigkeit, seinem Gegenüber die Informationen mundgerecht und seinem Wissen/Können entsprechend aufzubereiten.

Diese Punkte sind absolut notwendig, um leise sprechen zu können.

Leicht lesbare Mimik: Kontakt mit geschlossenem Mund

Kontakt mit einem Lächeln öffnet unweigerlich Türen.

ZUHÖREN KÖNNEN

Lernen, zuhören zu können, ist die Kehrseite der Medaille. Wir sollten stets bemüht sein, langsamer zuzuhören, als der Sprecher spricht. Eilen wir ihm mit unserem vermeintlichen Verständnis voraus, können wir nicht mehr wahrnehmen, was er sagt, sondern befassen uns bereits mit unseren Schlussfolgerungen. Sind wir aber langsamer als der Sprecher, können wir mit allen Sinnen erfassen, was er sagt. Und ich meine tatsächlich mit allen Sinnen. Wir müssen unsere olfaktorische Wahrnehmung schärfen und riechen und müssen die visuelle Wahrnehmung auf vollen Touren laufen haben, um Winkelveränderungen und Spannungsfelder, Gestik und Mimik unseres Gegenübers wahrnehmen zu können. In der Arbeit mit den Tieren ist die visuelle Wahrnehmung die wichtigste, denn Tiere „sprechen" durch ihre Taten. Das nennen wir dann: das Tier lesen.

LESEN

Wir lesen es losgelöst von unserer eigenen Wirklichkeit; wohlwollend und aufmerksam achten wir auf jede Bewegung, nehmen jede Geste wahr, um sie in Ruhe in ein Gesamtbild einzuordnen. Gelungenes Zuhören bedeutet, dass wir uns zu keiner Interpretation oder Erwartung bezüglich der (Re-)Aktion des Tieres hinreißen lassen. Es entsteht auf diese Weise ein vorwurfsfreier Raum, in dem ein ehrlicher und friedlicher Dialog möglich ist. In der HarmoniLogie® schaffen wir eine ruhige Atmosphäre und nehmen uns genügend Zeit und Raum, um einen Gedanken zu Ende zu denken und mit Gelassenheit auszusprechen. Welch schöner Luxus.

IN KÜRZE

- **Erwartungshaltungen und Interpretationen des Hundeverhaltens verhindern das wertfreie Lesen des Hundes.**
- **Es ist nicht notwendig, laut zu sprechen, damit der Hund zuhört; wir müssen uns seiner Aufmerksamkeit versichern, dann werden wir auch zu ihm durchdringen.**

LESEN LERNEN – DAS MONAROSADELLA-PRINZIP

Sollte sich im Unterricht eine angespannte Körpersprache bei einem Menschen zeigen, bitte ich ihn, das Wort „Monarosadella" zu sagen. Das ergibt unterschiedliche Reaktionen. Auf die Frage wie es wirkt, antworten sie z. B. mit: „Wie eine weiche Melodie oder Welle". Meine langjährige und liebe Schülerin und Freundin platzte direkt heraus: „Was soll ich sagen? Rosamortadella?" (Man muss wissen, dass sie ein echter Gourmet ist ...)
Sehr häufig sehe ich ein Lächeln im Gesicht meiner Schüler, zuweilen begleitet von einer deutlich reduzierten Spannung im Körper. Dann bitte ich sie, ihren Hund mit dem gleichen Lächeln oder vielleicht im Geiste „Monarosadella" sagend, noch einmal wahrzunehmen.

Das Lächeln eines Hundes ist immer ehrlich. Hunde meinen, was sie signalisieren.

DIE INNERE EINSTELLUNG ZUM HUND

Wenn Sie sich nun Ihren Hund anschauen und schauen, wie er auf sie wirkt, versuchen Sie doch einmal Ihre innere Einstellung zu ihm mit wahrzunehmen. Da gibt es sicherlich viele Emotionen, Bilder und Erinnerungen, die der Blick auf Ihren Hund in Ihnen weckt. Viele davon sind gewiss positiv belegt. Manche Erinnerung an mühsame, vielleicht spannungsgeladene Situationen könnten in sehr subtiler Form körperliche Spannungen oder eine „verspannte" Wahrnehmung Ihres Vierbeiners in Ihnen wachrufen. Wenn Sie so etwas feststellen, dann versuchen Sie einfach mal, das Wort „Monarosadella" weich, vielleicht fast gesungen zu sagen (oder zu denken), während Sie Ihren Hund anschauen. Wenn Sie jetzt lächeln, sind Sie in der richtigen Verfassung, Ihren Hund wertfrei zu lesen.

DEN HUND WERTFREI LESEN

Das wertfreie Lesen des Tiers ist eine Grundvoraussetzung für eine gelingende Kommunikation. Es lohnt sich, sich genauso darin zu üben, wie Sie als sechsjähriges Kind das Lesen von Buchstaben geübt haben. Wenn Sie das Wort Monarosadella nun buchstabieren, ebenso wie Sie Ihren Hund buchstabieren, filtert sich plötzlich die Emotion heraus. Sie nennen die Buchstaben, ohne das Wort zu interpretieren oder zu verändern: M-O-N-A-R-O-S-A-D-E-L-L-A. Ein langes Wort, und man ist froh, wenn man am Ende angekommen ist. Ja, und genauso ist das beim Buchstabieren eines Hundes auch. Er weckt Emotionen, Bilder in Ihnen und wenn Sie ihn einfach nur buchstabieren, all seine Signale wertfrei und sachlich wahrnehmen, dann kommen Sie auf eine andere Ebene mit ihm.

Also beschreiben Sie nur ganz genau, was Sie sehen, und nicht mehr:

- Was machen die Tasthaare? Stehen sie auf 90 Grad oder sind auf sie 45 Grad angelegt?
- Ist das Maul geöffnet oder geschlossen?
- Schleckt der Hund mit der Zunge seitwärts ab oder züngelt er nur mit der Zungenspitze durch die Schneidezähne, wie eine Schlange?
- Sind seine Augen groß und entspannt oder zu einem schmalen, langen Schlitz geformt?
- Hat er einen ruhigen, gleichmäßigen Lidschlag oder starrt das Auge, lange geöffnet?
- Sind die Augenbrauen beweglich oder fest?
- Und die Ohren? Sind sie verspielt und beweglich oder stramm nach vorne gestellt, oder fest nach hinten angelegt?
- Ist die Nackenmuskulatur des Hundes weich und beweglich oder angespannt?
- Und was machen seine Schultern? Sind sie nach unten oder nach oben gedrückt?
- Haben Sie schon einmal darauf geachtet, wie Ihr Hund die Pfoten aufsetzt? Setzt er sie von der Zehe zum Ballen (Zehen-Ballen-Fußung) oder vom Ballen zur Zehe auf?
- Und das Vorderbein? Ist es steif oder bewegt er alle Gelenke weich und elastisch?
- Was macht der Rücken? Bewegt er sich geschmeidig oder ist er aufgewölbt oder drückt Ihr Hund den Rücken nach unten durch?
- Und nun wandern wir mit unserem Blick zum Becken. Ist es beweglich und locker oder stramm, sodass sich die Hinterbeine nicht konform zu den Vorderbeinen bewegen?
- Können Sie das Hinterbein sehen und können Sie es lesen – ähnlich wie das Vorderbein?
- Was macht Ihr Hund mit seiner Rute? Trägt er sie oberhalb der Rückenlinie oder darunter? Und was macht sie da? Wedelt sie aus dem Rutenansatz oder zuckt sie nur an der Spitze?

Und das sind nur die Großbuchstaben, die wir gerade gelesen haben. Wenn Sie jetzt sagen: „Puh, das ist anstrengend!“, kann ich Ihnen nur beipflichten: „Ja, das ist es.“ Aber es lohnt sich, das Wesen, mit dem Sie die nächsten 15 Jahre Seite an Seite verbringen möchten, gut kennenzulernen und es wertfrei lesen zu können; es wird Ihre Beziehung unglaublich bereichern.

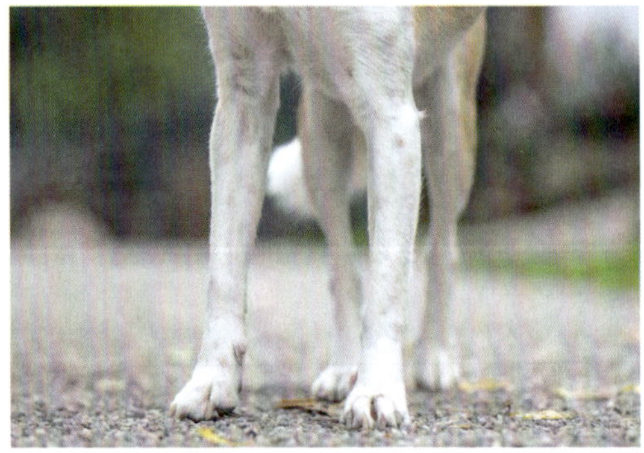

01

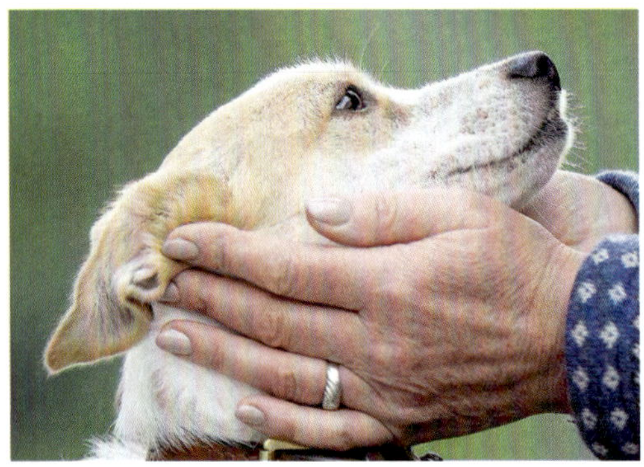

02

01 Es braucht Übung, um die Gliedmaßen zu lesen.

02 An der Beweglichkeit der Gesichtsmuskulatur können wir sehr viel erkennen.

03 Ob der Hund züngelt, schleckt oder sich putzt, kann man schon bald leicht differenzieren.

04 Gähnen kann Müdigkeit, Konzenztrationsabfall, Loslassen einer Spannung oder echte Entspannung signalisieren.

NUR ERFASSEN, NICHT VERÄNDERN

Es geht hier tatsächlich nur darum, den eigenen Hund zu erkennen, nicht darum, ihn verändern zu wollen. Sie müssen auch nicht sofort alles erkennen können. Tasten Sie sich langsam heran. Und denken Sie daran, wie es war, als Sie lesen lernten. Da sind Sie mit Ihren kleinen Fingern unter jedem Buchstaben entlanggefahren, um das Wort zu identifizieren – heute erfassen Sie die Wörter mit einem Blick. Genauso wird es Ihnen beim Lesen Ihrer Tiere ergehen. Und denken Sie daran, beim Lesen von Worten wollen wir nur das Wort erfassen und es nicht verändern.

03

04

Das Wort „Monarosadella“ habe ich übrigens nicht erfunden. Es stammt aus einem wunderbaren Kinderbuch, „Der Zauberer Kotzmotz“. Es erzählt eine Geschichte von einem wuscheligen kleinen Hasen, der einen bösen Zauberer mit diesem Wort verändert hat. Diese Geschichte erinnert mich daran, wie unsere Hunde es immer wieder schaffen, unsere Stimmung und unser Sein dadurch zu verändern, dass sie einfach immer wieder Kontakt zu uns suchen und uns Nähe bieten. Sie zaubern vielen Menschen mit ihrer einzigartigen Art ein Lächeln ins Gesicht, wo vorher Sorge oder Spannung war.

MIT FRISCHEM UND PRÄZISEM BLICK BEGEGNEN

Lesen lernen nach dem „Monarosadella-Prinzip“ bedeutet, sich selbst in die Lage zu versetzen, dem Gegenüber eine freundliche, spannungsarme, lächelnde, wertfreie und sehr genaue Aufmerksamkeit entgegenzubringen, sodass wir die Zeichen lesen, wie sie sind, ohne etwas zu vergrößern oder zu verkleinern. In dieser Weise können Sie die tatsächlich vorliegenden Informationen so einsammeln, dass Ihnen die Botschaft des Tieres gewissermaßen von allein in den Schoß fällt. Vor allem können Sie so verhindern, den Hund immer wieder durch die Brille zuvor gesammelter Erfahrungen wahrzunehmen, was zu den immer gleichen Reaktionen auf beiden Seiten führen würde. Das „Monarosadella-Prinzip“ erlaubt Ihnen, Ihrem vierbeinigen Gesellen immer wieder mit einem frischen und doch präzisen Blick zu begegnen. Und genauso macht er es mit Ihnen! Hier finden Sie in der HarmoniLogie® eine Parallele: sein Gegenüber ohne Interpretationen, ohne Emotionen wahrnehmen, genau zuhören und nicht gleich alles auf sich beziehen; die Aussage des Gegenübers bei ihm belassen und ihm das Recht auf eigene Empfindungen und einen eigenen Charakter geben.

IN KÜRZE

- **Den eigenen Hund erkennen, wie seinerzeit, als wir lesen lernten.**
- **Lassen Sie Ihrem Hund das Recht auf seine eigenen Empfindungen und interpretieren Sie nicht Ihre Gefühle in ihn hinein.**

Die ersten Schritte der geometrischen Störung …

… werden langsam und mit Leinenbegrenzung geübt.

LAUFEN LERNEN – WER BEWEGT WEN?

Es ist vielleicht das primitivste, klarste und für jeden verständlichste Grundgesetz der Sprache: „Wer bewegt wen?" Diese so unmissverständliche Dialogform entspringt eins zu eins dem natürlichen System, das Tiere jeder Gattung mit- und auch untereinander pflegen. Ein rein räumliches Denken und eine einfache Form der körperlichen Sprache sind der Grundbausatz dafür.
Da sind wir Menschen in der Tat anders gestrickt, und das führt hier tatsächlich in die Irre. So entfernen Menschen sich gern von jemandem, zu dem sie mehr Abstand möchten, und bewegen sich zu jemandem hin, wenn sie seine Nähe suchen. Aber genau das Gegenteil ist im Sinne der körperlichen Sprache erforderlich.

DOMINANZ IST KEINE EINBAHNSTRASSE

Wenn Sie ein Tier für sich aktivieren möchten, überprüfen Sie, ob Sie es um Abstand bitten oder zur Nähe einladen können. In einem Dialog auf gleicher Augenhöhe bewegt jeder jeden. Im Tierreich ist Dominanz keine Einbahnstraße, sondern ähnlich wie beim Spielen (siehe Seite 133, Spielen) ein Vorgang mit beweglichen und wechselnden Rollen.
In den meisten Mensch-Tier-Beziehungen ist genau das nicht der Fall. Entweder will der Mensch immer dominieren oder er verläuft sich im Feld der körperlichen Sprache und zielt meist aus Höflichkeit bei der Forderung nach Distanz am Gegenüber vorbei.

UM ABSTAND BITTEN

Kommt Ihnen in einer Menschenschlange jemand zu nah, dann sollten Sie standhaft bleiben, sich freundlich und ruhig umdrehen und mit weicher, aber bestimmter Stimme sagen: „Entschuldigen Sie bitte, das ist mir zu nah. Ich möchte Sie bitten, mehr Abstand zu halten." Das ist tatsächlich gar nicht so einfach, aber man kann es üben. Gerne auch im Rollenspiel. Und genauso üben wir in der Tierschule, dass der Zweibeiner den Vierbeiner freundlich und bestimmt um etwas mehr Abstand bittet.
Es ist nicht detailverliebt, wenn ich Sie jetzt bitte zu üben, sich im Kreis zu drehen und dabei immer den äußeren Fuß vor den inneren zu stellen – so führen Sie eine Vorwärtsbewegung aus. Stellen Sie jedoch den inneren Fuß dabei hinter den äußeren, drehen Sie sich zwar immer noch im Kreis, allerdings mit einer Rückwärtsbewegung. Das wäre kontraproduktiv. Denn tatsächlich wird im Tierreich das Nachgeben um wenige Zentimeter bereits als Nichtstandhalten bewertet. Und es ist notwendig, dass der Mensch auch lernt, den Fuß, den er in den Radius des anderen gesetzt hat, wieder herauszunehmen, sobald er bei seinem Gegenüber eine Veränderung erreicht hat.

Seitwärtsstellung und Blickkontakt werden eingefordert.

GRUNDRICHTUNGEN DES LAUFMUSTERS

Die Grundrichtungen des Laufmusters sind sehr einfach: Sie haben ein Zentrum und Ihr Gegenüber hat ein Zentrum. Um jedes Zentrum befindet sich ein Kreis. Nun fragen Sie höflich nach Distanz und bewegen sich dabei einen Fußbreit in den Kreis ihres Gegenübers hinein. Stellt dieser die alte Distanz wieder her, weicht also zurück, dann treten Sie den Rückweg an und entspannen durch das Einnehmen der alten Position sofort die Situation. Wird dieses Verhalten Ihres Gegenübers später auf leise, weiche Signale hin abrufbar, steht einem rundum höflichen Dialog nichts mehr im Weg.

BEWEGEN SIE IHREN HUND

Das Gesetz „Wer bewegt wen?" ist ein absolut interessantes und tiefgreifendes System. Wollen Sie das mit Ihrem Hund in Ruhe besprechen, dann nehmen Sie Ihren kleinen Kollegen bitte an eine kurze Leine und suchen sich ein geräumiges und ruhiges Ambiente. Sie stehen frei und Ihrem Hund gegenüber. Im Sinne der Störbarkeit sagen Sie leise und freundlich: „Nein, nein, nein." Nun schauen Sie, ob Ihr Hund im oder gegen den Uhrzeigersinn steht. Sie selbst sind das Zentrum der Uhr und die Richtung, in die die Nase des Hundes zeigt, gibt Aufschluss über die Antwort auf diese Frage. Möchten Sie also gerne Ihren Hund etwas verändern oder überprüfen, ob Sie Raum und Zeit dominieren können, dann wenden Sie ihn immer in die Richtung der Uhr, in die er nicht gerichtet ist. Sie nehmen die Leine an die Seite Ihres Körpers, in die der Hund sich drehen soll, denn so verschließen Sie sanft und klar die andere Seite. Sie haben jetzt ein Standbein und ein Spielbein. Das Bein der Seite, auf der Sie die Leine halten, ist das Standbein, das andere ist Ihr Spielbein. Mit dem Fuß des Spielbeins bewegen Sie sich auf die Schulter des Hundes zu, so, dass er ihm ausweicht und in die „geöffnete Tür" hinein findet. Er hat sich also gewendet und respektiert, dass Sie die Richtung angegeben haben. Durch das Wenden allein nehmen Sie bereits sehr viel Einfluss auf ihren kleinen Freund und signalisieren, dass Sie einen Plan haben über Zeit und Raum.

In vollem Kontakt ist der Hund aufnahmebereit.

WÄHREND DER MENSCH NOCH LESEN LERNT, KANN DAS TIER BEREITS RECHNEN

Räumliche Organisation durch körperliche Sprache ist bei den Tieren stets präsent. Sie sind sozusagen Spezialisten auf diesem Gebiet. Sie sind in der Lage, uns Menschen so zu drehen und „hinzustellen", wie sie es möchten, damit sie am besten auch noch alles andere Interessante im Auge behalten können. Hunde können Menschen in die Enge locken oder genau dorthin, wo sie sich mit einem Schritt unter oder hinter etwas verdrücken können. Sie haben nicht nur den Durchblick, sie haben auch den Überblick und sind einfach die besten Menschentrainer – gewaltfrei und ohne Leckerli. Beneidenswert. Genau das hat die HarmoniLogie® sich abgeschaut. Wir lernen die Gesetze der körperlichen Sprache, die grundlegenden Bewegungsmuster (Geometrie der Sprache) und die räumliche Organisation im Rahmen dieser Sprache, um eben selbst still und fein zu dominieren – ohne Gewalt und ohne Verführung.

IN KÜRZE

- **Hunde sind die besten Trainer; sie erziehen ihre Menschen völlig gewaltfrei und ohne Futterbelohnung.**
- **Dominanz ist im Tierreich keine Einbahnstraße – mal bewegt der eine sein Gegenüber, mal der andere.**

DIE GEOMETRIE DER SPRACHE

In unserer Show, in der wir mit Pferden, Hunden und Laufenten auftreten, bin ich selbst stets amüsiert. Denn ich habe eine Aufgabe, von der das Publikum nichts mitbekommt, die mich aber immer wieder herausfordert. Ich muss nämlich besser rechnen können als eine Ente. Sie denken gewiss, dass das durchaus glücken sollte, bin ich doch Tierwirtschaftsmeisterin mit Abitur. Doch die Geometrie der Sprache ist es, die mir bei meinen Berechnungen einen Strich durch selbige machen kann. Eine Ente hat, wie jedes Individuum, quasi einen Hula-Hoop-Ring um den Bauch. Das ist ein kreisrunder Abstand, den sie von ihren Artgenossen einfordert und selbst auch einhält. Die gesamte Entenschar, meist 20 Tiere, bilden auch wieder eine Einheit mit einem großen Hula-Hoop-Ring. Dieser Kreis ist deutlich größer als der individuelle. Es ist die Verteidigungszone, oder auch Kampfdistanz. Ein Betreten dieser Zone würde ein extremes, erregtes Verhalten auslösen. In gewohnter Umgebung beträgt diese Distanz zu der Tiergruppe meist fünf bis acht Meter. Außerhalb dieser Zone gibt es einen weiteren deutlich größeren Kreis. Diese Linie nennen wir Fluchtdistanz. In dieser Zone muss ich agieren, wenn ich das Verhalten der Enten in Ruhe und Gelassenheit beeinflussen will.

VON KREISEN, WINKELN UND TANGENTEN

Nun haben wir bei unseren Darbietungen Aufgaben: zum Beispiel das Treiben durch einen Slalomparcours, über eine Brücke oder unter den Pferdebäuchen hindurch. Damit das klappt, muss ich in diesen Kreisen denken und die Laufwege der Hunde so berechnen, dass die Winkel, die Radien, die Tangenten und Kreislinien exakt eingehalten werden. Manchmal gelingt es einer Ente am Pferd vorbeizulaufen oder sie drückt sich an der Brücke vorbei, dann hat sie besser gerechnet als ich, und ich muss jedes Mal schmunzeln: Der Punkt geht an das Federvieh. Agieren meine Hunde in zu großer Distanz, dann

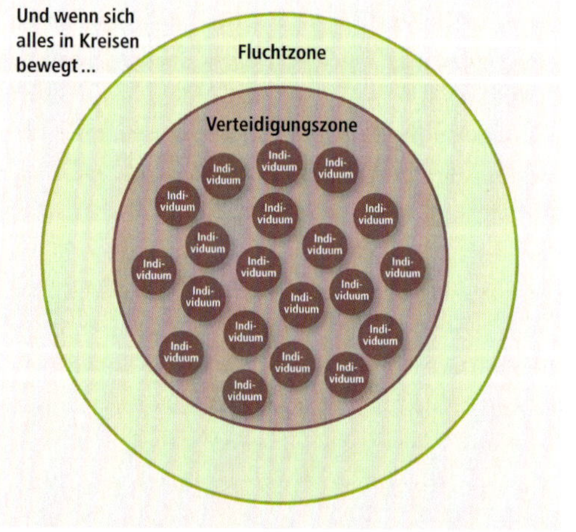

Geometrie der Sprache – Kampf-/Fluchtdistanz

Besser rechnen zu können als eine Ente, kann für uns Menschen eine Herausforderung darstellen.

büßen sie an Respekt ein und verlieren die Kontrolle. Den Dialog zwischen Ente und Hund muss ich genau so coachen, dass die Hunde immer die richtige Distanz zu der Schar haben, sie müssen also mit der passenden Laufgeschwindigkeit und in den richtigen Winkeln agieren, um die Aufgabe erfolgreich zu meistern.

DIE ARBEIT AN DER HERDE

In der Arbeit mit Schafen oder Rindern und Hunden sieht es nicht anders aus. Der einzige Unterschied ist, dass das Abwehrverhalten dieser Tiere deutlich größer und massiver sein kann. Die Kreise, Flucht- und Kampfdistanz sind aber ebenso vorhanden.
Nun lernen die jungen Border Collies in ihrer Ausbildung am Vieh zunächst, auf einer Kreislinie um die Herde herumzulaufen – und das mit und gegen den Uhrzeigersinn. Sie lernen, an jedem Punkt dieser Linie anzuhalten. Und dann lernen sie, von dort aus gerade auf das Vieh zuzugehen. Die Herde versucht, die Distanz zum Hund gleich zu halten und weicht zurück. Sowie sie das tut, wird der Hund gestoppt, damit die Herde sofort zur Ruhe kommt. Aus dem Stopp soll der Hund, um die Herde nicht zu beunruhigen, nun in einem rechten Winkel zu seiner Radiuslinie von der Herde wegflankieren, denn damit vergrößert er den Abstand zu den Tieren wieder, und der Dialog entspannt sich sofort enorm.

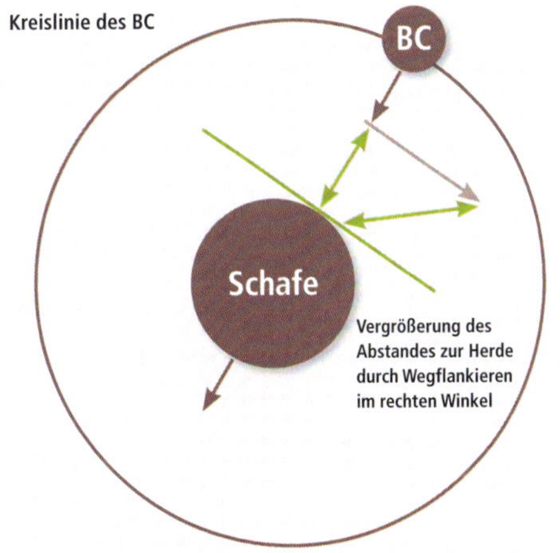

Geometrie der Sprache – von der Herde wegflankieren

Mit stiller Dominanz, Kraft der Augen und perfekter Körpersprache …

… überzeugt dieser Hund den kapitalen Zuchtbock, …

FLANKEN

Diese Flanken nennen wir rechtwinklige Flanken, oder auch Square Flanks. In einem zwischenmenschlichen Gespräch wäre das vergleichbar mit einer oberflächlichen Frage, während das Daraufzugehen eher einer direkten Frage gleicht. Zusätzlich zu dieser entspannenden Art der Flanken gibt es auch die Tight Flanks, also die engen Flanken, die ein Hund beherrschen muss, um schnell und effektiv auf den Druckpunkt der Herde einwirken zu können. Welche Flanke notwendig ist, hängt von der Reaktion der Herde und dem geplanten Manöver ab.

DAS KLEINE 1 × 1

Zunächst lernen die jungen Hunde nur diese Bewegungsmuster. Es ist, als ob ich ihnen erkläre, wie sie sich an der Herde bewegen oder auch mit der Herde „sprechen" sollen. Hier finden wir eine Parallele zu meinem Unterricht, in dem ich den Menschen das Naturgesetz der Sprache und dessen Anwendung erkläre. Wer bewegt wen? Zunächst üben wir das Sprechen, bevor wir mit der Sprache etwas bewirken. Sie erlernen zu fühlen, wie nah Sie an Ihr Gegenüber herandürfen. Wo ist die Grenze seines Hula-Hoop-Ringes? Wo genau beginnt die Aktivierungszone und wo die Verteidigungszone? Also wie nah darf ich an mein Gegenüber heran, damit es reagiert? Und ab wann ist es zu nah, sodass sich das Abwehrverhalten in Gang setzt?

Dann finden Sie heraus, wie Sie den Gesprächspartner in Bewegung setzen und auch wieder beruhigen können. Sie studieren das Treiben und die Square Flanks. Und somit lernen Sie, das Gespräch voranzutreiben oder zu beruhigen oder integrative Fragen zu stellen, bei denen Ihr Gegenüber Zeit und Raum bekommt zu antworten, und Sie erkennen die stille Dominanz der räumlichen Organisation der körperlichen Sprache und können sie geschickt anwenden.

GRUNDMUSTER DER KÖRPERLICHEN SPRACHE

Sie erlernen die Grundmuster der leiblichen oder auch körperlichen Sprache vor dem Hintergrund der Frage: Wer bewegt wen? Und verstehen, wie man sich absolut gewaltfrei mit Hilfe der Grundmuster der Natur miteinander verständigen kann. Sie werden erkennen, dass eine rechtwinklige Flanke die Distanz sofort vergrößert und einer oberflächlichen Frage wie: „Na, scheint bei Euch auch manchmal die Sonne?" ähnelt. Und der integrative Teil der Gesprächsführung wird Ihnen in Leib und Seele übergehen. Denn an dieser Stelle wird unmissverständlich klar: Ist mein Gegenüber bereit, auf mich zu reagieren, muss ich immer so viel Abstand – räumlich oder inhaltlich – halten, dass mein Gesprächspartner Zeit und Raum findet, nach einer angemessenen Antwort zu forschen. Treibe ich mein Gegenüber mit meinen Fragen in die Enge, dann wird vermutlich

... sich abzuwenden und der Herde zu folgen.

Ein gewaltfreier Dialog zwischen zwei Gattungen.

ein Abwehrverhalten entstehen, bin ich zu oberflächlich, dann wird es nicht weitergehen. Wirke ich im Dialog bedrohlich, dann wird mein Gegenüber der Gefahr immer in die Augen schauen und sich nach keiner anderen Lösung als Flucht oder Verteidigung umschauen. Der Dialog würde ins Stocken kommen. Vielleicht wäre passive Abwehr die Lösung gewesen. Durch freundliches, aber bestimmtes Weiterfragen und die erhabene Ruhe im Dialog kann der Gesprächspartner gute Antworten entwickeln. Es ist die körperliche Sprache, die die Natur vorgibt, mit der alles gesagt werden kann und die von jeder Gattung und Spezies verstanden wird.

DAS GEHEIMNIS DER RUHE UND DER STILLEN DOMINANZ

Und von den Hunden habe ich gelernt, dass der wirklich starke Hund nicht der ist, der diese Linien mit Aggression betritt. „What a strong dog, what a bloody strong dog, this guy", sagte einmal ein alter britischer Farmer auf einem englischen Trial zu mir, als wir am Wettkampffeld standen und das Turnier beobachteten. Und ich sah einen Hund, der mit unglaublicher Ruhe, stiller Dominanz und enormem Überblick die teils wehrigen, teils hysterischen Schafe in sehr ruhigem Tempo über den Parcours trieb. Und genau diese Stärke, seinem Gesprächspartner mit Dominanz und Freundlichkeit, ohne jede Aggression zu begegnen, haben mich meine Hunde gelehrt.

Das Einhalten der Linien, das kluge Einfügen der rechten oder auch 45-Grad-Winkel und die stete Aufforderung, Platz zu machen (= freundliches Aktivieren), das ist etwas, was den Dialog immer friedlich und friedschaffend weiterentwickeln wird und wunderbar belebt.
Ob in der Arbeit mit Pferden, mit Hunden, mit Menschen oder anderen Tieren, es geht um das Einhalten der Distanzzonen, das ruhige Aktivieren auf dem Radius und das kluge Entwickeln der richtigen Flanken, um den Partner zu aktivieren oder zu beruhigen. Die Tiere lehrten mich die Grundlagen der HarmoniLogie®, sie brachten mir ein tiefes Verständnis für die artübergreifende Verständigung bei.

DIE KLEINE JANE

In diesem Zusammenhang möchte ich Ihnen noch die Geschichte von Jane erzählen. Sie war die kleinste in dem Wurf und niemand wollte sie haben. Also blieb sie bei mir. Es war mein allererster Border-Collie-Wurf. Sie sah immer eher langweilig aus und blieb auch später ein kleiner Hund. Ihre Ausbildung verlief unspektakulär, wir mochten uns sehr und wuchsen zusammen. Dieser kleine, nur zwölf Kilo schwere Hund hatte etwas Besonderes. Jane konnte mit den Tieren umgehen, wie ich es in dieser Feinheit nie wieder erlebt habe. Sie war immer zur rechten Zeit am rechten Ort, sie war immer freundlich und unaufwendig und sie war immer effektiv.

Zu dieser Zeit züchteten wir noch Angus Rinder und hatten eine beachtliche kleine Herde von diesen wunderschönen Mutterkühen. Eines Tages wollte ich den Zuchtbullen, ein wunderbares, 800 Kilo schweres lackschwarzes Tier, zu einer anderen Kuhherde transportieren. Hierfür musste ich ihn auf einen Anhänger verladen. Jane und ich separierten ihn von der Herde. Auf einer benachbarten Weide stand mein Transporter. In Ruhe trieben wir den Burschen dorthin. Mein Herz klopfte bis zum Hals, war ich mir doch nicht sicher, ob dieser Plan gelingen würde. Jane blieb immer unauffällig am richtigen Punkt. Sie war so entspannt und doch so dominant zugleich, dass der Bulle sie respektierte, aber Ruhe und Zeit fand, nach Lösungen zu suchen. Er sah die Öffnung des Anhängers, berechnete die Fluchtwege, die Laufgeschwindigkeit des kleinen Hundes und entschied sich einzusteigen.

Der Ring hilft, die räumliche Distanz besser zu erkennen.

AUF DEN EIGENEN HUND ÜBERTRAGEN

Möchten Sie dies auf das Leben mit Ihrem Hund übertragen, dann macht es Sinn, die Zonen zu erkunden, in denen Sie Ihren Hund aktivieren oder auch bedrängen. Ebenso dürfen Sie sich vorstellen, dass auch Sie, so wie meine Enten, einen Hula-Hoop-Ring um den Bauch tragen und Sie dürfen erwarten, dass der Hund diese Zone verlässt, wenn sie ihn dazu auffordern. An dieser Stelle beginnt die Beziehung, an Tiefe zu gewinnen. Denn dadurch, dass Sie Nähe jederzeit mit Distanz tauschen können, dass Sie unmittelbar wieder Nähe herstellen und Harmonie erzeugen können, haben Sie eine stille Dominanz von Raum und Zeit übernommen und Ihr Hund wird Ihnen gern folgen.

ABER ACHTUNG

Es gibt sehr viele Hunde, die bis zu dieser Fragestellung extrem über den Funktionskreis Drängen/ Bedrängen entwickelt wurden. Wenn auf einen solchen Kandidaten nun sein Mensch zugeht, ist damit zu rechnen, dass dieser Hund die Frage nach mehr Distanz zunächst mit Drängen beantwortet. Möglicherweise stellt sich der Hund frontal vor seinen Menschen, schaut ihn mit stramm aufgestellten Ohren und angehobener Rute an; sein Maul ist geschlossen und die Tasthaare stehen im rechten Winkel vom Maul ab. Sein Rücken wird dann ebenso fest sein wie seine Vorderbeine. An dieser Stelle ist Obacht geboten, denn der Weg zum aggressiven Bedrängen ist nicht weit. Nun kommt es darauf an, wer wen bewegt, damit unser Lieblingsvierbeiner eine bessere Lösung finden kann. Es wäre unklug, frontal auf ihn zuzugehen, denn das würde ihn ausweglos bedrängen, und die Wahrscheinlichkeit, dass er gegen seinen Menschen geht, wäre sehr groß. Rufen Sie sich die oben beschriebenen Kreise ins Gedächtnis, und dass Sie das Zentrum der Uhr sind. Nun gehen Sie nicht frontal auf den Hund zu, sondern mit dem treibenden Spielbein in einem Winkel von 45 Grad, denn so eröffnen Sie ihm die Möglichkeit, mit einem Schritt zur Seite zu gehen und der Frontalstellung zu entgehen.

Durch eine freundliche Frage nach Distanz …

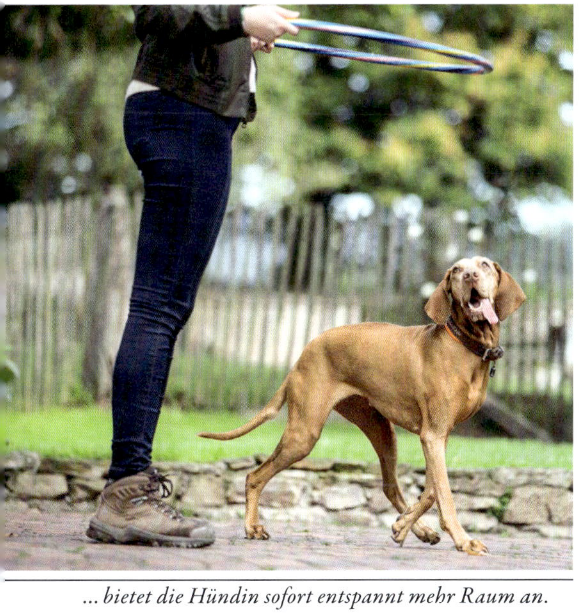

… bietet die Hündin sofort entspannt mehr Raum an.

WENN HUNDE DROHEN

Ein Hund, der noch gar nicht gelernt hat, höflich zu sein, neigt hier dazu, zuzustoßen und das geschlossene Maul fast ruckartig mit aufgestellten Tasthaaren in den Kreis des Menschen hineinzubewegen. Das ist tatsächlich eine klare Drohung; er müsste seinen Kopf ja nicht ruckartig in seinen Menschen hinein bewegen, er könnte ihn auch weich wegdrehen, um dem Menschen Platz zu machen. Die wenigsten Menschen erkennen diesen Moment als Bedrohung und doch ist er so entscheidend. Hunde, die das tun, sind nicht böse oder gefährlich, sie sind nur ganz normale Hunde mit allen Möglichkeiten und dem fehlenden Respekt gegenüber dem Menschen. Hier offenbart sich die wahre Beziehung zwischen Mensch und Hund und ich muss nicht selten feststellen, dass der Hund seinen Menschen zwar duldet, aber nicht respektiert.

UNBEIRRT WEITERFRAGEN

Befinde ich mich in einer solchen Konversation, dann habe ich nur die Möglichkeit, genauso weiterzufragen, bis mein kleiner Kollege sich verändert. Ich werde weder aggressiv noch gebe ich nach. Er wird merken, dass es sich sofort wieder richtig gut anfühlt, wenn er etwas verändert und nicht mehr weiter droht. Durch die Eindeutigkeit meiner Bewegung (45-Grad-Winkel) versteht der Hund, dass ich die Übersicht und einen Plan habe. Er kann die Störung (das Betreten seines Individualbereichs) durch das Finden der richtigen Lösung selbstständig abstellen. Er wird lernen, dass es sich nicht lohnt, gegen den Menschen zu gehen, und er wird entdecken, dass er mehr Handlungsmöglichkeiten als Drängen/Bedrängen hat. Ein Riesengewinn für den Hund und unsere Beziehung. Das Nutzen der geometrischen Laufmuster sorgt spannungsfrei für ein friedvolles Miteinander.

IN KÜRZE

Das Einhalten der Linien, das kluge Einfügen der rechten Winkel und die stete Aufforderung, Platz zu machen (= freundliches Aktivieren), das ist etwas, was den Dialog immer friedlich und friedschaffend weiterentwickeln wird und ebenso positiv wie aktiv bereichert und belebt.

KOMPROMISSE – DAS BESSER-ALS-PRINZIP

Beweglichkeit bedeutet Lebendigkeit, Stillstand hingegen Rückschritt. Und genau das sind die Punkte, die wir im Umgang mit dem Dialog beherzigen. Das Gesetz der Kompromissbereitschaft ist der Garant dafür, dass es in der Auseinandersetzung miteinander stets weitergeht. Und ganz gewiss bestimmt auch die wohlwollende Art der Gesprächsführung den Fluss eines Dialogs; sie basiert immer darauf, dass das Glas halb voll ist und die positiven Aspekte im Vordergrund stehen.

MUT MACHEN

Ich verfolge in der Arbeit mit dem Tier ein meist klar definiertes Ziel. Beginne ich den Dialog mit dem Tier, geht es mir primär aber nicht darum, das Ziel direkt und ohne Umwege zu erreichen, sondern darum, dass das Tier sich in die von mir angestrebte Richtung verändert. Erkenne ich ein „Besser als ...“ vorher, dann markiere diesen Moment mit einem großen Lob.

Die Idee dahinter ist, dem Tier Mut zu machen, etwas zu verändern, und es nicht mit der Forderung nach der richtigen Lösung zu blockieren. Es darf durchaus alle sechs Karten ziehen und ausprobieren, welche Antwort ich sehen möchte – zu Beginn der Ausbildung können sie das ja noch gar nicht wissen. In meiner täglichen Arbeit beobachte ich häufig, dass das Tier beginnt, die Karten zu wechseln; allein das ist für mich schon Grund genug, mich zu freuen und großzügig zu loben. So ist passiv besser als aggressiv Bedrängen, Drängen besser als devotes Verhalten, und natürlich das Angebot besser als die Abwehr ...

WAS ERFOLG IST, LIEGT IM ERMESSEN

Stehe ich beispielsweise einem Hund gegenüber, der ganz fern im Off ist, nicht ansprechbar ist und außer der Leine, die ihn an mich bindet, keine Verbindung entstehen will, dann freue ich mich einfach nur darüber, dass ich dieses Leben leben darf und nun am Start einer neuen Entdeckungsreise mit einem faszinierenden Geschöpf einer anderen Gattung stehe. Es ist der pure Luxus und das darf man nie vergessen. Ich strahle Optimismus und Wohlwollen aus, denn ich will dem vierbeinigen Kollegen am anderen Ende der Leine ja wohl. Ich suche nicht den Fehler, sondern den Erfolg. So gestalte ich das Training glücksorientiert und nicht fehlerorientiert. Zu gern baue ich auf Dinge auf, die dem Schüler oder dem Team Spaß machen und versuche dabei, Fehler zu vermeiden. Wenn ich den Kollegen nun anspreche und er dreht nur ein Ohr in meine Richtung, ist das besser als gar nichts und besser als vorher. Hunde lernen über Erfolg, und was ein Erfolg ist, das liegt in meinem Ermessen.

ERFOLGE MÜSSEN ERREICHBAR SEIN

Klug ist, den Erfolg erreichbar zu gestalten. Wenn ich zunächst nur die Tatsache, dass das Tier sich verändert, also auf mich reagiert, als Erfolg definiere, dann kann ich schnell loben und ein Teilziel erreichen, um von da aus die nächste Stufe zu erklimmen. Mit dem „Besser als…"-Prinzip komme ich gewöhnlich schneller und nachhaltiger zu einem guten Ergebnis, als mit sturer unnachgiebiger Konsequenz. Nicht falsch verstehen: Konsequenz an sich ist natürlich keinesfalls ein Fehler, nur manchmal kommt man mit vielen kleinen Schritten schneller und sicherer zum Ziel als mit einem großen. Ich treibe mein Training mit den Hunden zielstrebig und unehrgeizig voran.

IN KÜRZE

Das „Besser als"-Prinzip besagt, dass wir dem Tier mit Wohlwollen gegenüberstehen – nicht den Fehler suchen, sondern auch kleine Erfolge feiern.

Spielerisch den Weg zum Erfolg gehen, bringt Spaß auf beiden Seiten. Man darf auch mal fünfe gerade sein lassen.

GARANTIE AUF ERFOLG

Erfolg erzeugt eine unglaublich positive Energie, kann süchtig machen und ist entscheidend für den Lernerfolg. Man geht gerne wieder dorthin, wo man Erfolg hatte. Auch Tiere lernen rasend schnell über Erfolg. Und das sowohl im positiven als auch im negativen Sinne. Haben sie einmal Wurst vom Tisch geklaut, dann werden sie es mit Genuss wieder tun.

Bei der Schulung setzen wir Erfolg gezielt als Motivation ein. Aber wir arbeiten nicht mit Wurst, sondern mit Lob, Freude und Anerkennung, also mit echter positiver Verstärkung – ohne Belohnung oder Bestechung, in der HarmoniLogie® gibt es keine Währung. Es liegt am Menschen, wie gut er die Lösung versteckt, wie schwierig es sein wird, erfolgreich zu sein. Es ist unser Credo in der HarmoniLogie®, den Tieren (und damit auch den Menschen) eine Erfolgsgarantie zu geben. Der Trick daran ist, dass wir den Erfolg stets zum Greifen nah platzieren. Es darf nicht schwer sein, im Team mit dem Menschen erfolgreich zu sein. Stellt der Mensch die Anforderungen zu hoch, wird der Erfolg nicht spürbar.

DER DIALOG IM MITTELPUNKT

Das Gesetz der Kompromissbereitschaft (Seite 128) hilft uns genauso dabei wie die Fähigkeit zu loben, bis das Lob wirkt. Und ganz besonders ist es das Arbeiten in kleinen (methodischen) Schritten, das wir verfolgen, um stetig und zügig voranzukommen.

Wir Menschen lernen, bei Schwierigkeiten auf den kleinsten gemeinsamen Nenner zu kommen. So sind manche ehrgeizige Menschen oft in der Lektion verhaftet und haben als Ziel nur vor Augen, sie voranzutreiben. In der HarmoniLogie® regen wir alle Menschen an, unehrgeizig und zielorientiert den Dialog in den Vordergrund und Mittelpunkt zu stellen.

KONTAKT ALS KLEINSTER GEMEINSAMER NENNER

Trainiere ich beispielsweise mit einem Hund das Herankommen, und es will gar nicht klappen, dann überprüfe ich in ruhigem Ambiente und mit innerer Losgelassenheit zunächst die vier Säulen der Kommunikation (Seite 14). Erst stelle ich also sicher, dass der kleine Kollege mir zuhört. Habe ich diese Teiletappe geschafft, dann feiere ich das mit dem Hund und erzeuge darüber eine gute Atmosphäre. Hieraus kann ich mit der Lektion, die ich eigentlich vorhatte, fortfahren. Und schon habe ich den Erfolg dem derzeitigen Vermögen angepasst. Der kleinste gemeinsame Nenner ist, dass das Tier mit mir in Kontakt tritt und mir zuhört. Ist das erreicht, klappt der Rest immer.

An der Stelle, an der es problematisch wird, verlassen wir also die Lektion und wechseln in das Abfragen/Erarbeiten der korrekten inneren Haltung. Haben wir diese hergestellt, beginnen wir wieder mit der ursprünglichen Fragestellung und feiern das dann erreichte Ziel sehr groß. Gehorsam soll Spaß machen und Erfolg muss greifbar sein!

IMMER NUR EINE VARIABLE VERÄNDERN

Der Mensch lernt dann, das Training durch das Verändern immer nur einer Variablen weiterzuentwickeln. Dieser Punkt wird noch einige Male in diesem Buch auftauchen. Soll der Hund beispielsweise die Ablage erlernen, dann lernt er dies zunächst in ruhiger Atmosphäre und lernt erst das Das und dann das Wie. Wir schulen also erst einmal schlicht die Bewegung des Hinlegens. Hat der Hund das verstanden, ändern wir entweder die Dauer des Hinlegens oder den Ort oder die Distanz zu ihm usw. – eben nur eine Variable. „Erst das Das und dann das Wie" garantiert den Erfolg und vermeidet, dass der Hund überfordert wird. So lässt sich die Frage „Kann er nicht oder will er nicht?" stets leicht beantworten, denn die kleinen methodischen Schritte ermöglichen das Können in jedem Fall und stärken den Hund. Habe ich im Training einen Hund, der gut zuhört, trainiere ich dennoch von Klein nach Groß. So garantiere ich ihm schon in der Warm-up-Phase den Erfolg.

STUFE UM STUFE

Wie auf einer Treppe gehe ich dann Stufe für Stufe nach oben. Ich stelle mir vor, eine Trainingseinheit ist wie eine Knospe, die sich im Lauf des Trainings zu einer schönen Blüte entfalten soll. Unter Berücksichtigung der Leistungskurve und der Kondition bzw. Konzentrationsfähigkeit entwickle ich meine neue Fragestellung an dem kleinen Schüler und höre tatsächlich immer dann auf, wenn es am besten ist. Mit diesem positiven Gefühl gehen wir in die Pause und starten das nächste Mal voller Eifer und Freude neu. Zudem garantiert die Sandwichregel (= es gibt stets mehr Lob als Kritik) den Erfolg. So binden wir die Kritik in zwei Lobschichten ein. Ich vergleiche das gern mit Kindern, die schreiben lernen sollen und noch sehr unsicher sind mit all diesen Buchstaben und Worten. Ich markiere zunächst mit einem grünen Stift die richtigen Stellen und dann mit einem roten die wichtigsten Fehler; ist deutlich mehr Grün als Rot vorhanden, wird die Motivation für die nächste Stunde gewiss mit an Bord sein.

IN KÜRZE

- **Tiere lernen rasend schnell über Erfolg; manches braucht nur eine einzige Wiederholung (beispielsweise ein Käsebrot vom Tisch zu klauen). Dieses Prinzip macht sich die HarmoniLogie® zunutze; allerdings verzichtet sie auf Belohnung oder Bestechung, sondern arbeitet mit echter positiver Verstärkung.**
- **Kleine methodische Schritte ausgerichtet am Potenzial der Schüler garantieren Erfolg und damit primäre Motivation. Lob und Bindungsrituale beschleunigen das Lernen.**

Garantie auf Erfolg

DAS TEMPO DES DIALOGS

Beginnen Sie den Dialog mit Ihrem Hund schlicht mit dem Nennen seines Namens, haben Sie bereits einen Wunsch im Kopf. Sie möchten etwas von ihm. So soll das auch sein. Nun aber lernen Sie ein anderes Tempo und ein anderes Verständnis für den Dialog kennen. Sie sprechen den Hund an und schlüpfen in die Rolle eines Biologen, der ein Tier beobachtet und einfach nur Protokoll führt. Überprüfen Sie im Warm-up mit Ihrem Hund immer wieder die vier Säulen der Kommunikation sowie die drei Aspekte der Antwort (siehe Seite 14).

Haken wir die 1. Säule der Kommunikation, die Ansprechbarkeit ab:

- Wie hat der Kollege reagiert? Unmittelbar? Ja oder nein? Dann notieren Sie.
- Wie war das Maul? Geöffnet oder geschlossen?
- Hatte er Lidschlag?
- Und was haben die Ohren gemacht? Waren sie beweglich oder stramm?

Sie überprüfen den gesamten Hundekörper, ohne die Reaktion des Hundes zu bewerten oder zu manipulieren. Sie nehmen sich Zeit, der Antwort des Hundes auf Ihre Frage einfach mal zuzuhören und sie wirken zu lassen. Selbst wenn er gar nicht reagiert, lesen und studieren Sie ihn. Dann erst wiederholen Sie die Frage und haben für sich einen Plan. Auch wenn Sie vorher schon ahnen, dass die Antwort unbefriedigend sein wird, lassen Sie sich nicht von Ihrer Vorahnung leiten, sondern von den Signalen, die Ihr Hund aktuell sendet. Vielleicht reagiert er ja anders und so lernen Sie Ihren kleinen Freund noch besser kennen. Kommt beispielsweise ein Hund total überkonzentriert herbeigeeilt und versucht, alles richtig zu machen, allerdings mit geschlossener Schnauze und festgeklemmter Rute, wäre der nächste Schritt, die Lobbarkeit zu überprüfen. Ich hätte das Bedürfnis, dem Hund erst einmal einen Witz zu erzählen, damit er wedelt, das Maul öffnet und lacht.

Die Hunde sind uns im Tempo stets überlegen.

Durch Zeitlupe kann man den Dialog gut erkennen …

DER NÄCHSTE SCHRITT

Kommt mein Kollege allerdings gar nicht, schaut an mir vorbei oder ist eher übergriffig in seiner Reaktion, dann würde ich als Nächstes die Störbarkeit überprüfen, und aus dem Zusammenhang herausgelöst, situationsunabhängig das Nein und die angemessene Reaktion einüben. Erst danach würde es wieder mit der Lobbarkeit weitergehen. Wir wollen doch alle nur das Eine: Spaß, Freude und die Leichtigkeit des Miteinanders.
Genau mit diesem Prozedere beginnen wir jede Unterrichtsstunde in meiner Tierschule.

ALLES IN ZEITLUPE

Allzu gerne nehme ich hierbei die Slowmotion-Funktion meines Handys zur Hilfe und filme das sechsbeinige Paar. Dann unterbrechen wir den Dialog und schauen uns die Aufnahmen an. Nach all den Ahs und Ohs beginnen wir erneut. Erstaunlich ist, dass die Menschen nach dem Film viel langsamer sprechen, laufen und agieren ... und plötzlich klappt alles wunderbar. Der Mensch ohne Spannung, geometrisch korrektes Laufen, ruhiger Dialog, perfekte Antworten des Hundes. Der kleine Film wird sofort gelöscht und das Erlernte im Kopf gespeichert.

Ein sich Verstehen bringt Stabilität in die Beziehung.

... und entschleunigen. Dann klappt es schon viel besser.

Wieder einmal darf ich erkennen, wie schön es ist, sich Zeit zu lassen für gelungenes Zuhören und freundliches Sprechen. Gewinnen die Menschen im Rahmen der gelungenen Gesprächsführung an Sicherheit, beginnen wir, das Erlernte in den Alltag zu transportieren. Es ist wie bei der Ausbildung meiner Hütehunde. Erst einmal lernen die Hunde die richtigen Bewegungsmuster an der Herde, und dann bewege ich mit den Hunden die Herde: Erst erlernt der Mensch die körperliche Sprache und erst dann beginnen wir, das Gespräch in das Leben und die Anforderungen hineinzusetzen.

IN KÜRZE

- **Es ist wichtig, sich auch für das Zuhören ausreichend Zeit zu nehmen!**
- **Die Entdeckung der Langsamkeit: Langsam sprechen, laufen und agieren kann Wunder wirken.**

DIE DREI B – BEGRENZEN, BINDEN, BEDROHEN

Verflixt schnell sind diese kleinen Kerle – sind sie doch gerade erst zwölf Wochen alt. So flink, dass ich als Erwachsener, zwar sportlich, aber offensichtlich unbeholfen, nicht mehr hinterherkomme. Da sausen diese kleinen Hundewelpen durch die Gegend und ich bin in puncto Geschwindigkeit total unterlegen …

BEGRENZEN

Da hilft nur eins: begrenzen! Also kommt die Leine an den kleinen Strolch.
In der Arbeit mit der Schafherde ist es ebendiese Geschwindigkeit, die das gesamte System mit Hund und Herde so erfolgreich werden lässt. Die Hunde müssen deutlich schneller sein als die Schafe. Diese berechnen die Laufgeschwindigkeit der Hütehunde und stellen schnell fest: Flucht ist zwecklos. Werden meine Hütehunde alt und schaffen dieses Tempo nicht mehr, kann es sein, dass sich die Schafe einen Scherz erlauben und einfach schon mal gehen. Das ist wirklich frustrierend für einen Veteran, hat er die Herde doch zeitlebens dominiert. Also nehmen wir immer einen jungen flinken Hund mit dazu, der kann dann das Begrenzen erledigen, und so können die alten Hunde immer noch ihrer Leidenschaft nachgehen und mit uns an der Herde arbeiten.
Begrenzen zu können bedeutet, die räumliche und zeitliche Organisation zu dominieren. Im Zusammenleben innerhalb der Hundefamilien (Hundegruppen oder gewachsenen Rudeln) übernehmen die adulten Tiere, die den Jungen körperlich überlegen sind, die Erziehung. Dabei geht es weniger um ein Kräftemessen im Sinne von Rangeleien, sondern eher darum, den Weg, die Laufrichtung des anderen zu dominieren; es geht darum, die (meist rein räumliche) Spur vorzugeben. Wenn die Symbiose von Mensch und Hund funktionieren soll, dann ist Begrenzung in der Aufzucht und Ausbildung extrem wichtig. Die meisten Menschen können von sich behaupten, dass der Umgang mit dem Hund im häuslichen Bereich tatsächlich ganz bald gut funktioniert. Hier haben wir Wände und Türen und ein sicheres Umfeld, in dem Erziehen erlaubt ist. Draußen allerdings fehlen diese Begrenzungen und es herrscht meist eine Atmosphäre des Beobachtetseins. Das Training an der Leine, die schlicht die Begrenzung nach außen darstellt, ist also extrem wichtig.

Aus der Verbindung durch die Leine wird bald eine Bindung zwischen Mensch und Hund.

BINDUNG

Die Bindung zu einem anderen Geschöpf entsteht durch Zuneigung und Zeit, durch Vertrautsein miteinander und gegenseitigen Respekt. Es gibt extrem bindungsfähige Hunde und ebenso welche, die recht unabhängig sind. Je konstruktiver die Kritik ist, je weniger vorwurfsvoll eine Beziehung ist, umso tiefer kann die Bindung werden. Bindung entsteht durch gelungene, verbindliche, gemeinsame Rituale, durch geteilte Komfortzonen und durch Verbindlichkeit im Umgang miteinander. Vertrauensverlust schränkt Bindung ein. Und hier stellen wir fest, dass Begrenzung ein Nährboden für Bindung ist. Sie sollten es als Symbiose verstehen, in der wir dem Tier einen räumlichen Rahmen vorgeben und es ihm in diesem Rahmen gut und angenehm gestalten. Bindung entsteht durch Liebe und Geduld.

BEDROHUNG

Bedrohung ist ein sehr wichtiger Punkt in dieser Dreier-Beziehung. So hält eine Herde von Fluchttieren gut zusammen, weil die Bedrohung von außen kommt; je näher sie kommt, umso dichter rückt die Herde zusammen; die Tiere suchen in der Herde Schutz vor der Bedrohung von außen. Aber in der Herdenstruktur bedarf es auch einer inneren Bedrohung, und hier spreche ich lieber von Aktivierung. Das Spiel aus Nähe und Distanz, ein nicht enden wollendes Abgrenzen des individuellen „Tanzbereichs“ führt dazu, dass die innere Struktur gesund bleibt – sich gegenüber anderen Individuen abzugrenzen, die anderen zu aktivieren und selbst aktiviert zu werden, schlicht ein ewiges „Wer bewegt wen?“ stärkt den Zusammenhalt.

GLEICHBERECHTIGUNG DER 3 B

Beziehen wir dieses System von Begrenzen, Binden und Bedrohen/Aktivieren auf unseren Hund, dann heißt es, dass Bindung entstehen kann, wenn der Mensch über Raum und Zeit dominiert und seinen vierbeinigen Kumpel für sich aktivieren kann – also seine ganze Aufmerksamkeit erreicht. Haben sich diese drei B gleichberechtigt entwickelt, hat der Hund verstanden, dass er innerhalb meines räumlichen Rahmens bleibt. Leistet er selbst Bindungsarbeit, sucht er immer wieder Kontakt zu mir und reicht die leiseste Ansprache, dann habe ich gewiss einen guten Gefährten an meiner Seite, mit dem ich im Team auch schwierigere Situationen bestehen kann.

IN KÜRZE

- **Bindung entsteht durch Zuneigung, gelungene, verbindliche, gemeinsame Rituale und Komfortzonen und durch Verbindlichkeit im Umgang miteinander.**
- **Man sollte immer nur so viel aktivieren, wie man auch begrenzen und positiv verstärken kann.**

Zu den Bindungsritualen gehören Körperkontakt und Schmuseeinheiten. Das ist nicht nur für Welpen wichtig.

VON KÖRPERLICHER SPRACHE UND RÄUMLICHER DISTANZ

Am deutlichsten ist es bei den Laufenten zu beobachten. Wenn sie in einer Schar in eine Richtung laufen, dann hält jede exakt denselben Abstand zur nächsten ein. Wie einstudiert wirkt das Auftreten dieser kleinen Armee, wenn sie in dieselbe Richtung blickend mit derselben Haltung und derselben räumlichen Distanz zueinander dahermarschiert.

MIT HULA-HOOP-RING UM DEN BAUCH

Auf mich wirkt es, als hätte jede einzelne Ente einen Hula-Hoop-Ring um den Bauch, der die Distanz zur nächsten Ente sichert. Und so kam ich auf die Idee, meinen Schülern einen solchen Hula-Hoop-Ring umzuhängen, denn es ist doch häufig schlicht ein Distanzproblem, das die Menschen mit ihren Hunden haben. Dieser Ring hilft dem Menschen, eine Grenze wahrzunehmen, hinter die er seinen Hund einfach einmal kurzzeitig bringen soll, um ihn sogleich wieder einzuladen, ganz nah zu kommen. So beginnen wir langsam, an der räumlichen Organisation zu arbeiten.

Den entspannten Hund auf räumlicher Distanz zu halten …

SPIEL MIT DER RÄUMLICHEN DISTANZ

Anfangs ist es für die meisten Menschen echt schwierig, diese Zone wahrzunehmen; durch den Ring wird sie quasi sichtbar. Der Hund soll ja nicht weggehen, sondern auf Wunsch des Menschen nur etwas mehr Abstand halten. Ebenso soll der Hund auf Wunsch des Menschen den Abstand wieder verringern. Wir spielen hier also mit der Dominanz von Raum und Zeit. Die schlichte Möglichkeit, entspannt mit der räumlichen Distanz zu spielen, ist die Erfolgsstrategie für eine gelungene Partnerschaft. Verblüffend ist immer wieder, wie viel Bindung wir damit erzeugen. Die stille Dominanz über die räumliche Organisation mithilfe der körperlichen Sprache steckt hier zwar noch in den Kinderschuhen, ist aber eindeutig auf Erfolgskurs, wenn die Zweibeiner es schaffen, sich leicht und freundlich abzugrenzen, um dann erneut Nähe zu erzeugen.

LANGSAM ANS ZIEL

Mit einem Hula-Hoop-Ring um den Bauch, mit einer Leine in der Hand, an der der Hund befestigt ist, kann der Mensch sich einen Überblick verschaffen, wie er ohne Kraft, ohne Gewalt und

... die Sicht auf die rechte Schulter ...

... ebenso wie auf die linke Schulter einzufordern ...

... um ihn dann einzuladen, ist gut für die Beziehung.

ohne Bestechung ein Tier von seiner Führungskraft überzeugen kann. Bitten Sie jemanden, Sie dabei zu filmen und schauen Sie sich die Aufzeichnung in Zeitlupe an; das ist unglaublich hilfreich. So können Sie die Reaktionen Ihres Hundes ganz in Ruhe studieren und werden feststellen, dass Sie etwas langsamer oft schneller zum Ziel kommen. Arbeiten Sie in Ruhe, lassen Sie Ihrem Hund Zeit, zu denken und zu reagieren, aber bleiben Sie konsequent in Ihrer Forderung. Und es ist überhaupt nicht schlimm, wenn der Hund auch mal still dominiert. Die Fähigkeit der Hunde, uns zu drehen und zu wenden, wie es ihnen gefällt, ist per se nicht schlecht. Wichtig ist nur, dass wir sie durchschauen und überprüfen, ob wir es den Tieren gleichtun können.

NOCH EIN BLICK AUF DIE GÄNSE

Meine Wildgänse (siehe Seite 57) sind Meister in den 3 B. Ständig grenzen sie sich voneinander ab, regeln die Größe des individuellen Tanzbereiches und fordern von ihren Jungtieren ein hohes Maß an Spur. Schauen wir im November an den Himmel, können wir sehen, wie sie in großen Formationen gemeinsam in den Süden ziehen. Dabei müssen sie unter anderem auch die Alpen überqueren. Das würde eine einzelne Gans nie schaffen, dieses große Abenteuer können sie nur im Team bewältigen. Jede Gans ist in der Lage, die Schar anzuführen und sicher ans Ziel zu navigieren. Es gibt nicht eine Leitgans, die über die ganze Strecke anführt, es gibt keinen Wahlkampf in der Luft und auch keinen Krieg. Ist die Vordergans erschöpft, nimmt eine andere diese Position ein. Die Art erhalten und dem Team zum Vorteil handeln bedeutet, dass die Gesetze aus Nähe und Distanz, das Spiel mit wechselnder Dominanz und das intelligente System der Sprache von allen akzeptiert werden.

IN KÜRZE

Der Hund darf seinen Menschen ruhig auch mal still dominieren; wichtig ist nur, dass der Mensch es bemerkt. Schauen Sie Ihrem Hund dabei bewusst zu und lernen Sie von ihm, wie gewaltfreie Erziehung ohne Leckerli funktioniert. Erleben Sie, welch wunderbare, ehrliche Bindung hier entsteht.

Rutscht der Hund in ein Funkloch, können wir ihn leicht aktivieren, um den Kontakt wieder herzustellen.

AKTIVIEREN STATT BEDROHEN

Das Wort Bedrohen ist für mein Verständnis im Umgang mit unseren Haustieren zu groß. Tiere untereinander (be-)drohen sich durchaus, aber wir sollten im Umgang mit unseren Tieren genau erfühlen, wieviel Störung oder Aktivierung es braucht, um die gewünschte Reaktion zu erreichen. Die benötigte Intensität richtet sich dabei immer und ausschließlich nach demjenigen, der gestört werden soll – bemisst sich also ausschließlich an seiner Dickfelligkeit bzw. Sensibilität.

ER MUSS IMMER REAGIEREN

Manchmal ist es klug, einmal etwas deutlicher zu stören, als sich immer nur an der Oberfläche der Wahrnehmung zu bewegen. Es sollte allerdings bei jeder Form der Aktivierung oberstes Ziel sein, so wenig wie möglich und nur so viel wie nötig zu tun.

Ein Beispiel: Sie sind unerfahren und haben einen jungen Hund an der Leine, der sich extrem für die Außenwelt interessiert. Sie halten die Leine hüfthoch an der Seite Ihres Körpers fest in einer Hand, ohne sie nach hinten zu ziehen. Sie sprechen Ihren Hund mit seinem Namen an; der sitzt allerdings im Funkloch und reagiert nicht. Nach dem Prinzip der Ampel (Seite 124) sagen Sie leise: „Nein". Das reicht jedoch nicht, um den Hund aus seinem Funkloch zu holen. Nun stampfen Sie einmal mit dem Fuß auf. Der kleine Kumpel dreht sich um, nimmt Sie wahr und wundert sich, dass Sie auch mitgereist sind. Sie gehen sofort einen Fußbreit zurück und hocken sich hin, um ihren zukünftigen Partner einzuladen und zu feiern. Sie erzeugen spürbar Harmonie. Es ist so klug, den Tieren in Ruhe und im Zusammenhang zu erklären, dass sie immer reagieren müssen, dass sie sich immer aktivieren lassen müssen – egal, welcher Reiz in ihrem späteren Leben auf sie zukommt. Je konsequenter Sie diese Form der Aktivierung einfordern, umso schneller kommen Sie in der Ausbildung voran. Auch eine schlichte Aufforderung, den Weg freizugeben, beispielsweise wenn der Hund im Hausflur im Weg liegt, ist eine Aktivierung. Sie können gerne auch mal um ihn herumgehen oder über ihn steigen, aber ebenso auch den Kollegen freundlich auffordern, Platz zu machen.

KNOCHEN ABGEBEN

Ist die Aktivierung generell erst einmal „eingebaut“, dann reicht es normalerweise aus, den Hund beim Namen zu nennen, damit er Kontakt mit Ihnen aufnimmt und aktiv wird.
So arbeite ich zum Beispiel das Abgeben von Ressourcen wie etwa einen Knochen. Ich überprüfe immer wieder bei meinen Hunden, ob sie ihren Knochen bereitwillig hergeben, wenn ich nur ihren Namen sage. Ich würde niemals zu einem Hund hingehen, um ihm den Knochen wegzunehmen; ich würde ihn immer zu mir rufen und ihn auffordern, mir den Knochen zu geben – auch wenn es zu Beginn vielleicht etwas länger dauert. Er bekommt ihn selbstredend wieder zurück, aber ich halte diese Rituale für sehr wichtig und weiß ihre tiefe Wirkung auf unsere Beziehung sehr zu schätzen. Ebenso schimpfe ich nicht von hinten in einen Hund, der gegen einen anderen „prollt“ hinein, sondern rufe ihn mit seinem Namen aus der Situation heraus und aktiviere ihn für mich.

HOLS DIR!

Ich aktiviere sehr viel über positives Verstärken wie Spiel und Lob, aber ebenso auch über intelligentes emotionsfreies Kritisieren. Aktivieren heißt den anderen zu überzeugen, also zu veranlassen, das der andere etwas tut.
So kann ich meinen Hund auch dazu aktivieren, sich das Lob bei mir abzuholen. Sitzt er vor mir und ich lobe ihn, dann tue ich das so lange, bis sehr deutlich wird, dass er es gerade richtig genießt. Spüre ich das, dann höre ich auf, und gehe ein ganz kleines Stück von ihm weg. Rückt er nach und drückt seinen Kopf wieder in meine Hand, geht es sofort weiter. Ich gehe nicht zu ihm, um ihm sein Lob zu bringen, sondern er lernt, dass er es sich bei mir abholen kann. Und das immer und kostenlos. So lernt er, aktiv zu werden.

PASSIV MACHEN

Viele Menschen können Hunde unglaublich gut passiv machen. Das geschieht meist schleichend und unbewusst sowie durch ein total nettes, entgegenkommendes Wesen der Zweibeiner.

— Sie rücken das letzte Stück zu ihrem Hund, wenn er vorsitzen soll, damit es dann schön nah ist. Das ist kein Aktivieren. Fordern Sie Ihren Hund auf, näher zu rücken, um die Lücke zu schließen.
— Diese Menschen gehen auf die rechte Seite ihres Hundes, damit er bei ihnen links bei Fuß geht. Und wieder haben Sie ihn passiv gemacht. Aktivieren Sie Ihren Hund, auf Ihre linke Seite zu gehen und bleiben Sie dabei standhaft.
— Der Hund zieht an der Leine, sie ziehen zurück, damit er bei ihnen bleibt. Das ist sehr starkes Passivmachen, denn hier lernt der Hund nur, dass Sie stärker sind. Es gibt keinen Lernerfolg für ihn, sondern nur Überwinden durch körperliche Überlegenheit. Begrenzen Sie Ihren Hund mit der stehenden Hand und ruhigen, stillen Leine und stören Sie ihn mit dem „Nein“ so, wie Sie es in der Basis erlernt haben, bis er sich gestört zeigt und bereit ist, die Spannung aus der Leine zu nehmen. Dann wird gelobt!!! Machen Sie, dass er macht. Das ist die Devise.

IN KÜRZE

— **Aktivieren heißt: das Gegenüber dazu zu bringen, etwas zu tun.**
— **Schon der junge Hund muss lernen, immer zu reagieren, wenn er angesprochen wird.**

Mit positiver Energie macht der Kontakt beiden Freude.

POSITIVE ENERGIE – HUNDE ZUM LACHEN BRINGEN

„Treffen sich zwei Jäger, beide tot", sagt der junge Mann zu seinem Hund und rennt lachend los. Der Hund weiß nicht, was mit den armen Jägern passiert ist, aber er hat die positive Energie in seinem Menschen gespürt und einfach mal mitgemacht. Ja, er hat, meine ich, sogar mitgelacht, denn sofort öffnete er sein Maul, wedelte, wurde total aktiv und wirkte freudig.

Echte Freude macht echte Freunde!

ERZÄHLEN SIE EINEN WITZ

Der Unterricht hatte so ernst begonnen, die beiden waren so fest am Anfang der Stunde – getrieben von Missverständnissen. Ich sagte zu ihm: „Nun erzählen Sie Ihrem Hund doch mal einen Witz." Ich war verblüfft, als er es tatsächlich gleich tat. Und die Wirkung war umwerfend. Einfach mal den anderen zum Lachen bringen, die Konzentration mit Freude durchbrechen, Freude und Spaß erzeugen, einfach mal loslassen, lustig sein – das entfacht eine unglaublich schöne und kreative Energie, die ansteckend ist. Mein Trick mit den Witzen hilft den Menschen, tatsächlich zu lachen und nicht nur so zu tun, als wäre es komisch.
Es kann dann schon mal passieren, dass wir im Unterricht noch mehr Witze austauschen.

TRAINING SOLL SPASS MACHEN

Dem Menschen und dem Hund zur Freude, so soll es sein. Und auch Training oder Unterricht soll Spaß machen, haben wir in unserer Wohlstandsgesellschaft doch das absolute Privileg, ein solches Leben führen und es aus purer Freude mit den Tieren teilen zu dürfen.
Es geht um echte Freude, die wir mit unseren Tieren teilen, um die wirkliche Fröhlichkeit, die wir versprühen können, wenn es richtig Spaß macht. Damit meine ich nicht das ständige Erzeugen von Triebverhalten, bei dem der Mensch den Hund bespaßt, sondern die Energie, die wir beim herzhaften Lachen freisetzen, die so unendlich wertvoll ist, dass sie andere ansteckt.
Also, trauen Sie sich, erzählen Sie Ihrem Hund einfach mal einen Witz, und teilen Sie die Freude und die positive Energie, die von Herzen kommt.

Die Kraft, die ein ehrliches Lachen freisetzen kann, ist absolut ansteckend.

VON RICHTIGEN UND FALSCHEN FEHLERN

Wir haben in dieser Stunde das Ablegen gelernt und der kleine Hund macht es schon wirklich gut. Nun soll er liegen bleiben und sein Frauchen soll sich ein wenig von ihm entfernen. Auch das klappt schon ordentlich. Und da passiert es: Der Zwerg steht plötzlich auf und läuft zu seinem Menschen. „Nein, das ist falsch." Schimpft die junge Dame und will den kleinen Schüler sofort wieder zurückschicken. „Stopp", sage ich, „er hat doch eigentlich alles richtig gemacht. Falsch wäre gewesen, wenn er aufgestanden und weggegangen wäre, um zu schnüffeln oder meiner Katze nachzulaufen. Aber das hat er nicht gemacht. Er hat sich zu seinem Menschen orientiert. Ja, er ist nicht liegen geblieben. Das wird er schon noch lernen. Es war ein Fehler in unserem Sinne." Ich nenne diese Differenzierung „mütterliche Empathie".
Richtige Fehler lassen sich leicht identifizieren: Desinteresse, aus der Spur gehen, mangelnde Achtsamkeit, fehlende Aufmerksamkeit. Diese können wir kritisieren, korrigieren und dabei gerne auch die Achtsamkeit thematisieren. Fehlern in unserem Sinne begegnen wir stets mit Ruhe und Wohlwollen. Sie korrigieren wir mit einem Neustart; dabei wird die Aufgabe vereinfacht und anschließend mehrmals wiederholt.

IN KÜRZE

Fehler in unserem Sinne nehmen wir hin, korrigieren sie mit einem Neustart und vereinfachen dabei die Aufgabe.

ÜBER LIEBE, GEDULD UND MUT

Er saß im Publikum, stand leise auf, räusperte sich und sagte freundlich: „Geht auf eure Plätze." Daraufhin bildeten die unten in der Manege wild durcheinanderspringenden Hengste eine Reihe. Und erst dann war zu sehen, dass sie sich nicht nur nach der Fellfarbe, sondern auch nach den Nummern, die auf ihnen befestigt waren, sortierten. Das Publikum tobte vor Begeisterung. Fragte man den Künstler seines Faches nach seinem Geheimnis antwortete er: „Mit Liebe und Geduld."
So sprach der Meister der Zirkuskunst, Freddy Knie. Und es wollte nicht in meinen Kopf, was genau er damit meinte. Lange sann ich über diese Gleichung nach: Liebe und Geduld.

LIEBE = RESPEKT + VERTRAUEN

Nun sind Jahrzehnte vergangen, und in all den Jahren habe ich verstanden, was er gemeint haben muss. Liebe ist das Ergebnis aus Respekt und Vertrauen, ein Resultat, wenn Nähe und Distanz im Einklang sind und wenn man sich Respekt auf gleicher Augenhöhe entgegenbringt. Liebe ist spürbar, wenn die Vertrautheit zu tiefem Vertrauen wird. Geduld ist immer wieder eine der schwersten Prüfungen – auch für mich. Doch je mehr Erfahrung ich habe, umso leichter fällt es mir, mich in Geduld zu üben. Geduld brauche ich, um die Zeit des Reifens abzuwarten, um den Prozess des Lernens zu begleiten, um Kraft und Kondition aufzubauen und um Erfahrungen zu sammeln.

WANN GEDULD KEIN GUTER RATGEBER IST

Kein so guter Ratgeber ist Geduld, wenn es um die unmittelbare Gesprächsbereitschaft geht und eine prompte Reaktion eingefordert wird. Der Moment, dass mein Tier auf mich reagiert, soll von Ungeduld geprägt sein. Wie es reagiert, fällt jedoch in den Bereich der Geduld.

Ich glaube nun zu wissen, dass Herr Knie genau die richtige Formel benutzt hat. Er hat gewiss nicht gemeint, dass wir uns alle lieb haben und warten, bis der liebe Gott alles für uns regelt, sondern einen Prozess mit sehr viel Tiefe und fundiertes Arbeiten. Ein System, das der Natur entlehnt ist und das wir uns zu Nutzen machen können. Hat ein Tier gelernt, unbedingt unmittelbar auf mich zu reagieren, dann kann ich ihm alles Weitere erklären. Reagiert es aber erst gar nicht, ist kein Dialog möglich. Dieser Differenzierung sollten wir uns bewusst sein.

IN KÜRZE

Liebe ist das Ergebnis aus Respekt und Vertrauen.

VOM MUT, BESCHLÜSSE ZU FASSEN

Als ich mit der Ausbildung von Pferden anfing, begegnete mir ein Pferd, das mich damals an die Grenzen meiner Fähigkeiten brachte. Ich holte mir Rat bei einer Trainerin und sie empfahl, das Pferd mit längeren Zügeln zu reiten. Als sich daraufhin die Problematik nicht grundlegend änderte, suchte ich einen anderen Trainer auf, der mir riet, den Zügel sehr kurz zu nehmen. Was jetzt? Langer Zügel, kurzer Zügel – ich war verwirrt. Meine Fähigkeit, mich zu entscheiden, fiel meiner Verunsicherung zum Opfer. Hätte ich das Pferd gefragt, hätte es vermutlich vorgeschlagen: „Gar nicht reiten! Ich will auf die Weide." Das wäre zumindest mal ein Beschluss gewesen.

ENTSCHEIDUNGEN TREFFEN

Je mehr Ratgeber es gibt, umso verwirrter werden die Menschen. Und je verwirrter sie sind, umso weniger sind sie in der Lage, Beschlüsse zu fassen. Dieses Problem habe ich bei den Tieren fast nie festgestellt. Tiere fassen Beschlüsse – sie lesen

Mit Liebe, Geduld und einem guten Konzept, das den Hunden Spur gibt, findet man den Weg in eine gelungene Partnerschaft.

auch vorher keine Ratgeber. Und sie fassen diese Beschlüsse rasend schnell und sind überwiegend bereit, sie auch konsequent durchzusetzen. Das Leben in der Natur fordert diese Entscheidungsfähigkeit. Und ist es nicht auch so, dass die Bereitschaft, Beschlüsse zu fassen, ebenso dazu dient, Führungsbereitschaft zu demonstrieren und eine Führungsposition anzustreben?
Dieses Phänomen erfahre ich als Betriebsleiterin im echten Leben täglich und weiß, dass das Team verunsichert wird, wenn ich aufhöre, Beschlüsse zu fassen. Was ich auch gelernt habe, ist, dass Beschlüsse nicht immer hundertprozentig richtig sein müssen; man kann sie durchaus revidieren. Sofern man nicht fahrlässig handelt, kann man meist auf Reset drücken und neu entscheiden.

FEHLER VERZEIHEN

Das ist auch ein riesen Geschenk der Tiere an uns. Sie machen uns Menschen immer wieder ein neues weißes Blatt auf; sie starten neu und lassen sich neu auf unsere Anforderungen ein. Sie verzeihen fehlerhafte Entschlüsse. Und wir sollten ihnen fehlerhafte Entschlüsse ebenso verzeihen. Früher habe ich oft das Gefühl gehabt, dass es schade ist, dass wir Menschen uns bei den Tieren nicht entschuldigen können. Heute glaube ich, dass es gar nicht notwendig ist, denn sie haben so ein unfassbar großes, warmes Herz, dass Fehler unsererseits durchaus erlaubt sind.
Stehe ich vor meinem Tier und möchte es leiten und lenken, sollte ich es nicht nach dem Weg fragen. Häufig sind es die Kleinigkeiten, in denen sich entscheidet, wer die führende Rolle in der jeweiligen Situation innehat. Um führen zu können, um eine Präsenz zu haben, um Respekt zu bekommen, braucht es keine Gewalt oder Härte. Es bedarf nur eines Plans, viel Liebe und der Bereitschaft, sich zu entscheiden.

IN KÜRZE

- **Möchte ich mein Tier leiten und lenken, sollte ich es nicht nach dem Weg fragen.**
- **Tiere haben ein großes Herz und sind nicht nachtragend. Sie geben uns Menschen immer wieder eine neue Chance.**
- **Präsenz und Respekt äußern sich nicht in Gewalt oder Härte; es bedarf lediglich eines Plans, viel Liebe und der Bereitschaft, sich zu entscheiden.**

EINS, ZWEI, DREI – DIE MEHRHUNDEHALTUNG

„Hunde, kommt", rufe ich und dann wimmelt es um mich herum. Ich habe mich schon lange daran gewöhnt, dass es sich anfühlt, als würde ich mein Leben in einem Ameisenhaufen verbringen. Das einzig Ärgerliche ist, dass ich eindeutig zu wenige Hände habe, um sie alle gleichzeitig streicheln und knuddeln zu können.

GEWACHSENES RUDEL

Zum einen begleite ich ein gewachsenes Rudel. Das bedeutet, dass diese Hunde miteinander verwandt sind und als Familienverband seit nun schon sieben Generationen bei mir leben. Hierbei handelt es sich um die Leistungs-Border-Collies, die als Hütehunde unter anderem einen Job an den Herden haben. Hierzu gehören bei uns ca. neun Hunde im Alter von eins bis 14.

... UND HUNDEGRUPPE

Und dann haben wir noch eine Hundegruppe. Das bedeutet, dass es sich um Hunde unterschiedlicher Rassen handelt, die nicht als Familie zusammengehören. Es sind drei Border Terrier, ein Labrador und ein Fila Brasiliero, die als Apportier- und Suchhunde ausgebildet sind, sowie ein Pyrenäen Berghund, der auf dem Hof als Innenminister tätig ist.

All diese Hunde arbeiten mit mir über den Tag verteilt und jeder ist etwas ganz Besonderes. Tatsächlich ist es nicht so, dass man bei so vielen Hunden einen Favoriten hat und einen, den man nicht so mag. Da ist Pombär, der Entschleuniger, Dr. Watson, der immer Eifrige, Miss Sophie, alias Fräulein Niedlich, und Fuzzi, der Frauenversteher, genauso wie Peppino, der der immer lacht. Jeder hat seinen Charakter, seine Besonderheiten, seinen individuellen Charme und keiner ist wie der andere.

ETWAS DISZIPLIN ...

Es gehört etwas Disziplin dazu, wenn so eine Truppe einen begleitet, auch wenn wir auf Tournee sind und ein paar Tage in Städten wie Oslo oder München verbringen. Das kollektive Programm macht es mir leicht, die Hunde zu führen. Frei und ohne Stress können wir uns überall bewegen und ist die erste Skepsis der Menschen überwunden, sind wir auch bislang überall willkommen gewesen. Pikant waren immer die Situationen, wenn ich abends noch in einem Hotel eingecheckt habe, und den Portier fragte, ob denn ein Hund im Zimmer erlaubt sei, was meist bejaht wurde. „Und zwei? Sind auch klein und wohlerzogen." „Also gut." „... und drei?" „Ja, wie viele haben Sie denn?"

Für so eine Hundegruppe braucht man ein Konzept, ...

„Na, eins, zwei, drei, ganz viele …" Und genau an dieser Stelle ist es nicht mehr ganz so unkompliziert. Wenn man gerne viele Hunde halten möchte, sollte man das auch im Blick haben.

VOR- UND NACHNAMEN

Unkompliziert ist das Handling im bekannten Ambiente. So haben alle meine Hunde einen individuellen Namen sowie einen Kollektivnamen – ähnlich einem Familiennamen. Letzterer ist „Hunde". Jeder Hund wird individuell geschult, und lernt dann, dass alles ebenso in der Gruppe abrufbar ist. Bei „Hunde, lie down" legen sich alle ab. Rufe ich den einzelnen Hund aus der Gruppe heraus, dann benutze ich den individuellen Namen zweimal. Ich sage dann z. B.: „Watson, Watson zu mir." Das erste bedeutet für den jeweiligen Hund, dass ihm eine Information zukommt und für die anderen heißt es, dass sie nicht gemeint sind. Das macht es enorm einfach für alle Beteiligten, die Ansprache zu sortieren. So ist die individuelle Ansprache des einen die Wegfahrsperre der anderen.

KOLLEKTIVE SIGNALE

Zu den kollektiven Signalen gehören bei mir das Herkommen, links und rechts bei Fuß – am Fahrrad wie am Pferd –, das Hinlegen, das Bleiben, das Zur-Toilette-Gehen und der freie Anschluss. Muss ich einen Hund innerhalb der Gruppe kritisieren, dann löse ich das über die geometrischen Laufmuster, sodass ich denjenigen aus der Gruppe herausflankiere und den Namen negativ betont einsetze. Durch die Doppelbesetzung des Namens, ziehend, mit weicher, hoher Stimme oder kritisierend, etwas tiefer und ernster, kann ich im Kollektiv differenziert arbeiten. Zudem hänge ich an den tiefer ausgesprochenen Namen das Nein, welches alle Informationen transportiert, die ich in dem Moment brauche. Nämlich: Bitte verändere etwas. Während ich also den kleinen Übeltäter frontal vor mir habe und von den anderen separiere, sammeln sich die anderen Hunde einfach hinter mir und bleiben im Windschatten. Sowie mein kleiner Freund etwas verändert hat, lade ich ihn und natürlich alle anderen wieder zu mir ein und die Gruppe ist wieder geschlossen.

… eine fröhliche Disziplin und ein großes Herz!

Spreche ich einen Hund aus meiner Gruppe mit dem Namen an, dann schaut er zu mir, wedelt und öffnet sein Maul.

BEI SPANNUNGEN

Um kollektive Hysterie zu vermeiden, arbeite ich bei Spannungen unter den Hunden stets mit der ziehenden Hilfe und hole diejenigen, die Spannungen erzeugen oder halten, zu mir. Da die ziehende Hilfe immer das komplette Programm der Achtsamkeit enthält, ist hier Spannung ausgeschlossen. Die kleinen, lachenden Kollegen kommen zu mir, werden beide gestreichelt und weiter geht es mit Freude und Harmonie.

Spreche ich, während ich mit der gesamten Meute gehe, einen Hund individuell an, dann erwidert dieser meine Ansprache mit Blickkontakt, dem Öffnen des Mauls, einer Maulaktivität wie Schlecken oder Kauen, einer wedelnden Rute und einer entspannten Körperhaltung. Und ich kann Ihnen sagen, es macht unglaublich viel Spaß, jeden Einzelnen so einmal anzusprechen, wenn man so ein schönes Lachen zurückbekommt.

In der Spezialausbildung erlernt jeder Hund eine eigene Sprache. Diese entwickle ich immer mit dem jeweiligen Hund gemeinsam, denn sie muss zu seiner Art, seinem Charakter und seiner Funktion passen. Außerdem muss ich sie mir gut merken können bei so vielen Hunden.

FRESSGESCHWINDIGKEIT UND DIMENSIONSLÖCHER

Das Versorgen der Hunde ist so organisiert, dass es einfach praktisch ist. Am liebsten füttere ich alle Hunde gemeinsam. Klauen ist bei uns verboten, und so liegen die kleinen Kollegen alle auf einem Haufen und ich rufe sie einzeln zu mir. Hier können sie sich wie in einer Kantine das Futter abholen und es in Ruhe fressen.

Habe ich besondere Gourmets in der Truppe, die extrem langsam fressen, dann werden sie separiert, denn man muss bedenken, dass die Fressgeschwindigkeit eines Labradors und das Aufnahmevermögen des Dimensionsloches eines Fila Brasilieros nicht zu toppen sind. Beide scheinen das Futter zu inhalieren – gerade noch im Napf, ist es plötzlich verschwunden. Die Hunde müssen den Pansen sehr vorsichtig aus meiner Hand nehmen und sie dürfen die anderen nicht vom Futter wegdrängen. Mir ist es das Liebste, sie fressen in Ruhe und zerkleinern die Nahrung sorgfältig. Bei großen Fleischbrocken und Knochen klappt das. Aber etwas leicht zu Schluckendes im Rudel zu füttern, ist wie Schokolade in einer Jugendherberge zu verteilen. Es verschwindet einfach. Nahrung, die mehr Zeit braucht, um sie zu zerkleinern, wie getrocknetes Brot oder große Stücke, gebe ich dann lieber, wenn die Hunde es nicht gegen andere verteidigen müssen. So können sie in aller Seelenruhe alles so klein machen, wie es für ihren Magen passt. Außerdem kann ich mit dieser Art des Fütterns auch Zeit füllen und eine für den Hund langweilige Wartezeit gegen ein kulinarisches Erlebnis tauschen. Zugegeben, ich fühle mich bei den Pansenfütterungen schon manchmal wie ein Dompteur, aber es ist unendlich praktisch und rudelkonform, denn es schult wieder einmal mehr die Disziplin und den Kontakt zu mir.

DIE ETAGENSTRUKTUR DER HUNDEGRUPPE

Wenn ich die Hunde in den Zeiten, in denen ich nicht mit ihnen arbeite, unterbringen muss, dann gehen sie in kleinen Gruppen bis zu drei Hunden in die Gehege. Hier sortiere ich gerne Hunde aus den unterschiedlichen Etagen zusammen. Auf diese Art bin ich immer in der Lage, den Sozialkundeunterricht zu gestalten. Meiner Beobachtung nach gibt es keinen Leithund oder Anführer. Unsere Hunde leben in sogenannten Etagen.
In der ersten Etage finden wir die Hunde, die voll erwachsen sind und sich in die Chefabteilung eingelebt haben. Das sind alle Hunde meist ab dem dritten, manchmal auch vierten Lebensjahr. Diese Hunde zeichnen sich durch ihr besonders souveränes und überlegenes Auftreten aus. Man sieht sie nie in Konflikten, sie lösen alles friedschaffend und mit einer erstaunlichen Leichtigkeit.
In der zweiten Etage haben wir die Hunde, die sich für erwachsen halten, es aber noch nicht sind. Das sind die Kollegen, von denen am ehesten Spannungen ausgehen, denn sie drücken nach oben und grenzen sich nach unten ab. Meist sind es Hunde ab dem zweiten bis dritten Lebensjahr.
In der dritten Etage heben wir die halbwüchsigen Junghunde, die noch etwas infantil sind, meist bis zum Alter von zwei Jahren, diese spielen noch mit der vierten Etage, das sind die kleinen aus dem Kindergarten die noch keine sieben Monate alt sind. Die Rangordnung der Hunde untereinander ist etwas sehr Bewegliches. Es gibt eine eigene Futterrangordnung, Fortpflanzungsrangordnung oder auch eigene Gesetze, wenn es um die tollsten Liegeplätze geht. Aber es ist nie etwas in Stein gemeißelt, sondern immer beweglich und der Dynamik und Beweglichkeit der Gruppe unterworfen. In unserem Rudel herrscht Harmonie, und auch, wenn ich neue Hunde integriere, ist das ein unkomplizierter Prozess.

DER EINFACHSTE WEG, DAS GLÜCK ZU VERDOPPELN

Hunde sind Rudeltiere, und das werden sie immer bleiben. Dennoch gibt es auch in der Natur nicht kompatible Einzelgänger. Bei unseren Haushunden kann so ein Einzelgängertum auch auftreten und es kann Individuen geben, die sich nicht integrieren lassen. Das ist zum Glück recht selten. Wenn die Lebensumstände dies erlauben, macht es Sinn, mindestens zwei Hunde zu halten, sofern man in der Lage ist, mit einem gut klarzukommen. Die Sicherheit, die Gelassenheit, vielleicht sogar das Lebensglück, dass die Hunde, die in sozial aktiven Gemeinschaften gehalten werden, erfahren, ist ungleich höher. Es gibt kein Alleinsein mehr, es gibt so viel mehr Ansprache und Kontaktmöglichkeiten, soziale Fellpflege, aktives Spielverhalten. Und all das sind Dinge, die die Hunde untereinander regeln. Die Leere, der die Hunde im Zusammenleben mit uns Menschen oft ausgesetzt sind, da wir häufig mit anderen Dingen beschäftigt sein müssen, wird einfach gefüllt. Hat man eine gute Disziplin, wird das Leben mit zwei Hunden tatsächlich einfacher. Hat man bereits Probleme mit einem Hund, dann verdoppeln sich diese allerdings auch gerne bei zwei Hunden. Das Glück und die Freude sind aber ungleich höher, wenn der Hundemensch es schafft, eine funktionierende Hundegruppe zu bilden und zu führen. Und damit dieses Glück mit Weitsicht angelegt wird, sollte man die Hunde stets mit einem Altersabstand von vier Jahren zueinander einfügen, denn dann hat man nie das Pech, es nur mit jungen oder alten Hunden zu tun zu haben. Eine solche Familienplanung erhält das Glück immer juvenil.

DAS HANDWERKSZEUG
— *des Hundeführers*

DAS LOB – WÜRDIGUNG UND MOTIVATION

Es ist der Kern der Tierschule und das Herzstück der HarmoniLogie®. Außerdem macht es am meisten Spaß! Das Lob. Es ist die wirkliche positive Verstärkung und Dynamik, die das Leben und Lernen versüßt. In unserer Tierschule ist es ein so großes Thema, dass es dazu tatsächlich eine eigene Kursreihe gibt.

LOB UND LOBBARKEIT

An der richtigen Stelle zu loben, ist die eine Sache, aber das Lob ernst zu meinen, aus tiefstem Herzen, glaubhaft rüberzubringen und es solange durchzuhalten, bis es für alle ersichtlich auch beim Adressaten angekommen ist, das ist eine Kunst für sich und muss ein wenig geübt werden!
Unter Lobbarkeit verstehen wir die Fähigkeit desjenigen, der gelobt wird, das Lob auch anzunehmen und durchzulassen. Auch wenn man es nicht glauben mag, gibt es Tiere, die sich schlecht loben lassen; an ihnen perlt das Lob ab, sie scheinen es nur zu ertragen oder zu dulden.

EIN LOB KANN BERGE VERSETZEN

Beide Seiten müssen unabhängig voneinander betrachtet werden. Gelungenes Lob oder eben gelungene Lobbarkeit sind unbedingt ein Resultat von Vertrauen und Respekt. Jemanden, den ich nicht respektiere, kann ich nicht aufrichtig loben. Ebenso wirkt das Lob von jemandem, der mich nicht respektiert, eher lächerlich. Ein nicht ernst gemeintes Lob kann sogar einen gegenteiligen Effekt haben und abwertend wirken und ein übertriebenes Lob ist unglaubwürdig.
Manche Menschen loben gar, um Dominanz und Kompetenz zu demonstrieren, nicht um zu würdigen. Ein gutes, passendes Lob kann so viel positive Energie freisetzen, dass man Berge damit versetzen könnte.

Lob kann aber tatsächlich auch die Konzentration stören und von der Aufgabe ablenken. Im falschen Moment ausgesprochen, kann es in die Irre führen oder auch abstumpfen und langweilen.

GUT GELOBT IST HALB GEFÜTTERT

Sie sehen, Lob ist tatsächlich ein eigenes Unterrichtsfach und es macht riesigen Spaß, sich in dieses Thema einzuarbeiten. Im Pferdestall sagte einmal ein alter Stallmeister zu mir: „Gut geputzt ist halb gefüttert." Er erklärte, dass wir durch den Körperkontakt den Stoffwechsel des Tieres anregen können, und wie wichtig ein Aktivieren der Haut für das gesamte Wohl des Tieres ist. Tiere, die in einer entspannten und wohligen Atmosphäre gedeihen, die durch sanfte und häufige Berührungen, durch Würdigung und den Zauber des Lachens an den Menschen gebunden werden, wirken gesund, glänzend und stabil von innen heraus. Und so behaupte ich: Gut gelobt ist halb gefüttert.

WÜRDIGUNG ANGEKOMMEN?

Man kann sehr leicht erkennen, ob das Lob bei seinem Hund angekommen ist und man kann es sogar spüren. Tiere, die aktiv soziale Fellpflege betreiben (sich gegenseitig putzen, beknabbern, eng kontaktliegen und sich gegenseitig wärmen und schützen) wie Hunde, Katzen, Pferde und Kühe, haben eigene Signale, mit denen sie kundtun, ob eine Berührung, eine Würdigung, ein Kontakt gut ankommt oder nicht, sie haben ein Gespür für gelungene Berührungen und auch ein Verlangen nach Kontakt. Diesem Verlangen kommen wir in der HarmoniLogie® sehr gerne nach. Der Bauer, bei dem ich seinerzeit gelernt habe, hatte einen Milchviehbetrieb. Es war noch so ein richtig uriger, lebensfroher Bauernhof, wie aus dem Bilderbuch. Der Bauer, Hubert hieß er, brachte mir das Melken der Kühe bei. Immer, wenn das

01 Streichelrituale gehören zum aktiven Lob, wobei jeder Hund seine persönliche Lieblingsstelle hat.

02 Das Abstreichen des Kopfes erzeugt Entspannung, dieser Hund erwartet es schon mit Genuss.

03 Gemeinsam kuscheln: Herz an Herz bringt Harmonie und Ruhe in das aktive Miteinander.

01

Melkzeug angelegt war, dann sollte ich die Kühe etwas an der Schwanzrübe kraulen. Da würde Oxytocin freigesetzt, so Hubert. Das mache die Kühe froh und die Milch würde besser fließen. Und tatsächlich, immer, wenn ich sie dort kraulte, begannen sie, sich zu entspannen, wiederzukäuen und mich so gelassen und ruhig anzuschauen, dass offensichtlich war, dass es genau so richtig war. Am eindeutigsten war, dass sie die Schwanzrübe etwas anhoben und sogar aufhörten, nach lästigen Fliegen zu schlagen. Ich fragte ihn, ob ich mich so bei den Kühen für das Milchgeben bedanken könne. Er grinste und ließ mich gewähren. Wenn ich die Kühe beobachtete, während ich sie kraulte, dann hat sich ihr Gesicht verändert. Sie haben den Kopf gereckt, den Hals lang gemacht, sie schienen nach innen zu blicken und der ganze Körper war total losgelassen. Es ist schade, dass Hubert sein Wissen nicht an die heutigen Melkroboter weitergeben konnte.
Es gibt auch Tierarten, bei denen soziale Fellpflege keinen so hohen Stellenwert hat; sie sind durch Berührung nicht positiv zu beeinflussen. Der Hundekörper, die Mimik, ja der gesamte Ausdruck spiegelt unmittelbar wider, ob das Lob in die Tiefen der Hundeseele vorgedrungen oder an der Oberfläche abgeperlt ist, wie ein Tropfen Wasser an einem Pfund Butter.

03

02

LOBRITUALE MIT VOLLEM KONTAKT

Zu Beginn der Ausbildung findet jede Form von Lob unbedingt mit absolutem Kontakt statt. Das bedeutet, dass ich Blick- und Körperkontakt zu meinem Hund halte. Ich lobe die Neulinge gerne in der vorsitzenden Position und berühre mit beiden Händen den Kopf; ich streiche ihn langsam, warm und fest in langen Zügen aus, immer in Wuchsrichtung des Fells. Ich streiche über den Fang, über die Augen, die Ohren und, wenn ich es schaffe, auch noch bis über den Rücken runter zur Rute. Während ich dies tue, spreche ich weich und warm Lobworte aus wie „jawohl" oder „gut so". Ich vermeide das Wort „fein", denn es ist lautmalerisch zu nah an „Nein" und Sie wissen ja nun, dass es ein Ratespiel für den Hund wäre, weil er nicht weiß, ob das, was er gerade macht, toll ist oder ob er sich für mich verändern soll. Dieses Lobritual entwickle ich am allerliebsten außerhalb der Trainingssequenzen und versuche herauszufinden, welche Berührung dieses individuelle Kunstwerk am allerliebsten mag. Und genau das etabliere ich dann, um es abrufbar zu machen. So kann ich hierfür die gemütliche Wohnung, das abendliche Sofakuscheln oder das dem Hund eigene Körbchen nutzen.

DIE REAKTION DES HUNDES

Mit dieser ruhigen und entspannenden Art beginnen wir, das Lob zu schulen. In meinen Händen spüre ich eine entspannte Oberfläche der Muskulatur, der Lidschlag ist weich, entspannt, langsam und häufig, die Atmung ist entspannt und geht tief in den Bauch hinein, das Maul ist beweglich und schmatzt genüsslich ab, die Rute ist leicht zum Wedeln zu bewegen. Entferne ich eine Hand vom Hundekopf, folgt dieser mir sogleich, um sich wieder in meine Hand hineinzudrücken. Natürlich bekommt er sie dann wieder. Aber ich benutze das Wegnehmen der Hand immer wieder, um den Hund für den Kontakt zu aktivieren.
Ich höre auf, wenn es am schönsten ist. „Sagt" der Hund: Mach weiter, dann kann er der Hand folgen und hat damit Erfolg, denn es geht auch gleich weiter.

HUNDE, DIE DIESES LOB NICHT KENNEN

Diese Art des Kontaktes übe ich mit meinem Zwerg im häuslichen Bereich in einem ruhigen warmen Ambiente. Das Ganze etabliere ich und integriere es nach und nach in den Alltag. Und hier finden wir wieder die Wechselwirkung der Karten (Seite 42), denn viele Menschen sind davon überzeugt, dass ihr Hund es nicht mag und behaupten an dieser Stelle: „Aber mein Hund lässt sich nicht im Gesicht anfassen." Stimmt – vermutlich, weil aus eben dieser Hand bislang der Keks kam, Sie erinnern sich an die Situation, in der die Hunde erst einmal auf den Boden blicken, um den Keks zu suchen – er könnte ja heruntergefallen sein ... Danach ziehen sie meist den Kopf weg und die Menschen glauben, die Hunde mögen die Berührung am Kopf nicht. Also lassen Sie die Hände einfach warm und fest am Hundekopf und warten, bis die Abwehr weg ist. Dann beginnen Sie zu streicheln und lassen, sowie Sie die Entspannungssignale lesen können, los. Der Hund kennt es eben nicht und hat mit dieser Form der Abwehr (Kopf wegziehen) bislang Erfolg gehabt. Und schon wieder rangiert der Mensch die Beziehung in ein emotionales Missverständnis – blöderweise vorbei am gut gearbeiteten Lob.
Ein ehrliches Lob ist eine ehrliche Meinung, die mit Ruhe und Deutlichkeit freundlich transportiert werden soll.

Begeistertes Apportieren: Innere Motivation erzeugt Glück …

INTRINSISCHE UND EXTRINSISCHE MOTIVATION

Wir differenzieren zwischen Lob im Sinne der Würdigung, intrinsischer Motivation und Verführung im Sinne von Lohnverhandlungen, extrinsischer Motivation. Mit gelungener Würdigung kann man unter anderem auch den inneren Antrieb, die intrinsische Motivation steigern, Lernverhalten verstärken oder für Entspannung sorgen.

LOBEN, BIS DAS LOB ANKOMMT

Wichtig beim Loben – egal welche Art angewendet wird – ist, dass man lobt, bis das Lob beim Adressaten angekommen ist! Hier heißt es im Schulungsprozess: Durchhalten und auch aus dem Zusammenhang herausgelöst, situationsunabhängig üben, schauen, mit welchem Witz man seinen Hund zum Lachen bringt; was man tun muss, damit die Rute wedelt, wie lange es braucht, bis das Mäulchen sich öffnet. Das ist bei jedem Mensch-Hund-Team etwas anders. Meiner Erfahrung nach geht es, hat man einmal einen Zugang zu seinen Lachmuskeln gefunden, immer schneller, unaufwendiger, verbindlicher. Die spürbare Begeisterung für die gemeinsam erreichten Ziele gibt einem Team schnell Treibstoff für viele Hundert Kilometer. Diese Energie kann man bewusst erzeugen und demnach auch nutzen.

DIE HÄUFIGSTEN FEHLER

Zu den häufigsten Fehlern beim Loben gehört gewiss, dass Lektion beendend und nicht Lektion begleitend gelobt wird. Wenn Sie das Lob stets am Ende der Lektion platzieren, dann mutiert es bald zu einem Pausensignal und würde die Möglichkeit, ein aktuelles Verhalten zu fördern, einschränken. Das Lob soll ja nicht etwas beenden, sondern es verstärken.

Rufen Sie Ihren Hund zu sich, loben Sie ihn, gehen Sie noch einmal einen Fußbreit zurück, bis er wieder näher kommt; schweigen Sie und sagen dann in den wunderbaren Kontakt, den Ihr Hund zu Ihnen hält: „… und Pause …" Somit beendet nicht das Lob, sondern das Auflösesignal die Lektion. Und Sie heben sich das Lob auf, um die Leistung weiter zu steigern.

Egal, wie Sie loben, entscheidend ist es, ein Gefühl für das richtige Maß, ein gutes Timing und ein feines Auge für die gelungene Wirkung des Lobs zu bekommen.

Richtig loben ist dem Hund zur Freude und dem Menschen ein Glück und andersherum.

IN KÜRZE

- **Lob ist derart komplex, dass es bei uns ein eigenes „Unterrichtsfach" ist.**
- **Richtig loben ist dem Hund zur Freude und dem Menschen ein Glück.**

... *und Glück erzeugt wiederum Motivation.*

Jeder Mensch sollte seinen Hund in seinen Fähigkeiten gezielt fördern.

LOB IST NICHT GLEICH LOB

Grundsätzlich unterscheiden wir drei Arten von Lob, die alle für sich geübt und geschult werden: das passive Lob, das aktive Lob und das aktiv aktivierende Lob.

DAS PASSIVE LOB

Reden ist Silber, Schweigen ist Gold – dieses Sprichwort gibt es nun schon ewig und es ist so wahr. Es mag mit das wichtigste Lob sein, das wir unbedingt erlernen und beherzigen sollten. Missverständnisse im Umgang mit dem Hund entstehen oft, weil wir ihm menschliche Gefühlsregungen zuschreiben. Da heißt es beispielsweise hier und dort, den Hund zu ignorieren, bedeute, ihn zu strafen. Dann soll ich ihn also ignorieren, wenn er Wurst vom Tisch klaut? Ich behaupte, er wird es wohl wieder tun, denn es hat nicht nur gut geschmeckt, sondern es wurde auch noch unkommentiert geduldet.
„Man kann nicht nicht kommunizieren" (Watzlawik) bedeutet nicht mehr und nicht weniger, als dass keine Reaktion auch eine Reaktion ist und auf diese Weise das passive Lob einen hohen Wert haben kann. In der Arbeit mit Hüte- und auch Suchhunden ist das passive Lob, also das bewusste nicht Unterbrechen der Konzentration ein wichtiges Hilfsmittel.

EINSATZGEBIETE

Es macht Sinn, diese Art des Lobens, das ruhige und wohlwollende Dulden einer Handlung, einzusetzen, wenn es um Lektionen geht, bei denen der Hund sehr erregt ist, ebenso wenn er sich stark konzentrieren muss, sowie bei Lektionen, die einen selbstbestätigenden Charakter haben. Beispielsweise soll Ihr kleiner Hund das Hinlegen erlernen; er schafft es tatsächlich, sich abzulegen, aber sein ganzer Körper signalisiert, dass er nur darauf brennt, all die Energie wieder loszuwerden: die Rute zappelt, die Ohren spielen. Ein passives Lob ist in diesem Fall Gold wert.
Auch wenn ich in hohem Tempo mit viel Konzentration und Dynamik arbeite, macht es Sinn, den Hund gewähren zu lassen, wenn die Handlungen gut sind; denn das aktive Lob würde nur ablenken und die Konzentration stören.
Beim passiven Lob atmen wir ruhig und langsam, zeigen eine lockere Körperhaltung mit gebrochenen Winkeln und bewegen uns langsam und ruhig. Die meisten Hunde spüren das sofort und etliche reagieren auf diese kleinste und stillste Art der Bestätigung sogar mit einem Wedeln.

IN KÜRZE

Eine richtige Handlung mit Schweigen zu kommentieren ist in bestimmten Situationen sehr sinnvoll.

DAS AKTIVE LOB – LOBEN, BIS DAS LOB ANGEKOMMEN IST

Berührungen haben bei Hunden einen hohen Stellenwert, weil sie einer Spezies angehören, die besagte soziale Fellpflege betreibt. Die intensive Art, mit der Hunde sich gegenseitig putzen, abnagen, zärtlich ins Maul nehmen, und besonders das Kontaktliegen erfüllt das Zusammenleben einer Gruppe mit Nestwärme und Wohlbefinden. Es scheint den Hunden ein Zuhause-Gefühl, Sicherheit und Geborgenheit zu geben.
Das Fell der Tiere hat eine Wuchsrichtung und an die sollte man sich beim Streicheln halten. Auch wenn Ihr Hund Locken hat. Die Berührungen mit den Händen sind weich und warm, ruhig und fest. Gerne streichen wir in langen, ausdauernden Zügen über das Gesicht der Hunde. Im Gesicht befinden sich Reflexpunkte, die zum Beispiel Maulaktivität, Gähnen und auch Abschmatzen auslösen können. Bei einem zehn Tage alten Welpen können wir durch das Ausstreichen der Nasalfalte den Gähnreflex auslösen. Diese Art der Berührung erzeugt offenbar so viel Entspannung in den Hunden, dass sie ein Leben lang danach streben, ihren Kopf in die Hände des Menschen zu drücken.

LOBWORTE

Die Lobworte, die wir wählen, bewegen sich zwischen ruhig und weich bis fröhlich trällernd, je nachdem, wie viel Lebendigkeit das Lob ausstrahlen soll bzw. der Hund braucht, um darauf zu reagieren. Und das ist der wichtigste Punkt beim Loben: Es wird so lange und ausdauernd gelobt, bis der Hund eine Reaktion zeigt – wedeln, abschmatzen, tief durchatmen, seufzen oder einen ruhigen Lidschlag.
Aktives Loben bedeutet, dass der Hund dabei nicht unbedingt seine Position verlässt, sondern aktiv darauf antwortet.

HERZ AN HERZ

Die ruhigste Form des aktiven Lobens nennen wir Herzschlag an Herzschlag. Hierbei sind wir unserem kleinen Freund ganz nah, wir nehmen ihn fest in den Arm und streichen ihn ruhig aus. Es darf wie kuscheln oder schmusen wirken, denn es soll das Tier tief entspannen. Sehr gern verwende ich es bei Hunden, die hyperaktiv sind und vor lauter Gezappel gar keine Ruhe finden. Und so trotze ich dem Gezappel und bleibe ruhig und warm und weich und auch etwas stur. Ich halte meinen Kollegen mit vier Pfoten, bis selbige zur Ruhe kommen, die Atmung entspannt ist und er meine Berührung gelassen annimmt. Ich liebe Herz an Herz und mit Fuzzi übe ich es sogar von spät bis früh. Es ist definitiv unsere Lieblingsübung.

VOR DEM SPIEGEL

Damit Sie Ihren haarigen Kollegen dabei besser wahrnehmen können, ist es sinnvoll, diese Art des Lobens mal vor einem Spiegel zu machen, sodass Sie beobachten können, welche Veränderung Ihr kleiner Freund durchmacht. Hatte er zu Beginn vielleicht noch wenig Lidschlag, sein Maul war geschlossen und wirkte fest in den Gliedmaßen, wird er schon nach kurzer Zeit in Ruhe abschlecken und Maulaktivität zeigen, möglicherweise gähnt er, sein Lidschlag wird rhythmisch und entspannt, die Muskulatur der Beine erschlafft. Dann können Sie ihn wieder loslassen und mit dem fortfahren, was Sie vorher gemacht haben.
Üben Sie das Loben zu Hause in einem gemütlichen Ambiente und finden Sie heraus, welche Berührung Ihr Hund am liebsten mag. Lassen Sie sich Zeit dafür, aber arbeiten Sie dennoch das klassische Abstreichen und das „Herz an Herz". Das Lob zu üben, macht, so finde ich, am meisten Spaß. Es öffnet die Herzen, und wenn Sie es gut etabliert haben, dann können Sie es langsam mit nach draußen nehmen, in Lebenssituationen mit mehr Ablenkung.

DAS AKTIVIERENDE AKTIVE LOB

Es gleicht einer Party und ist das Ergebnis echter Losgelassenheit. Das aktivierende Lob ist unbedingt mit Bewegung verbunden. Laufen Sie mit Ihrem Hund los, rennen Sie immer wieder von ihm weg, springen Sie in die Luft, klatschen in die Hände und stoßen Sie Freudentöne aus. Seien Sie locker, nicht verkrampft. Glauben Sie mir, hier dürfen wir Menschen uns einmal richtig zum Affen machen und die infantile Ader in uns nach Herzenslust ausleben.

KLEINE UND GROSSE FESTE MÜSSEN GEFEIERT WERDEN

Beim Hund gibt es offensichtlich einen Zusammenhang zwischen der Beckenbewegung und der Aktivität des Maules. Wir kennen das aus unserer eigenen Welt. Wenn jemand mit festem Becken und geschlossenem Mund vor ihnen steht, erkennen Sie sofort, dass da etwas nicht stimmt. Bringen Sie diese Person dazu, sich zu bewegen und zu lachen, dann scheint die Welt in Ordnung.

Häufig ist es bei uns Menschen der Weg, dass wir lachen müssen und dann auch das Becken bewegen können. Bei Hunden mit zusammengepresstem Maul hilft es sensationell, wenn man einfach ein paar Hüpfer macht oder etwas rennt. Diese Möglichkeit, den Hund von innen heraus zu lösen, sollten wir einstudieren und abrufbar machen. Es gibt so viele Momente, in denen wir einen guten Grund finden, mit unseren Hunden große oder kleine Feste zu feiern.

Das körperbezogene, unterlegene Spiel ist der Garant für positive Energie.

Die Faszination der arbeitenden Border Collies resultiert aus der grenzenlosen Leistungsbereitschaft dieser Hunde.

DER INNERE ANTRIEB

Und auch Sie kennen es. Diesen Wahnsinn, was alles im Einkaufswagen landet, wenn man Hunger hat. Da sind die Augen meist größer als der Verstand. Es ist wie eine unglaubliche Motivation, die jede Shoppingbremse aushebelt. Auch bei unseren Hunden ist der innere Antrieb die beste Motivation überhaupt. Und ich kann aus dem Vollen schöpfen, wenn ich mit meinen Leistungs-Border-Collies an die Ausbildung zum Hütehund gehe. Es macht Spaß, Hunden das beizubringen, wofür ihr Herz schlägt, und die Dynamik nach vorne, die dabei freigesetzt wird, ist unbeschreiblich.
Aber nicht jeder hat so einen Hund, der nur für das Eine lebt. Und Leistungs-Border-Collies sollte man für nichts anderes ausbilden und halten, als für die Arbeit an zu hütendem Vieh. Diese Hunde sind unglücklich, wenn Sie nicht fünfzig bis hundert Schafe im Garten haben.
Ebenso engagiert agiert mein jagdlicher Labrador, wenn es um das Apportiertraining geht. Es ist, als ob ich Glück auf Rezept verteilen könnte und das nicht in homöopathischer Dosis.
Und ja, ich gebe Ihnen Recht, wenn Sie behaupten, die Frau Krüger macht immer das mit ihren Hunden, was sie am liebsten machen. Überwiegend ist das so und ich versuche, die Hunde in dem Bereich, in dem sie einen inneren Antrieb haben, zu fördern.

KOMFORTZONEN

Und wenn ich den Hunden die trockenen Dinge beibringe, wie Herkommen, Hinlegen, Bei-Fuß-Gehen oder Bleiben, dann benutze ich das Lob und die Würdigung, den Spaß am Gehorsam, um eine ausreichende Motivation zu schaffen. Wir Menschen sollten uns auch darüber im Klaren sein, dass Motivation nicht nur mit Lohnerhöhung gleichzusetzen ist, man braucht auch inneren Antrieb, um aktiv zu werden. Und nicht zuletzt ist es die Kunst, diesen inneren Antrieb zu bedienen, um an ein Ergebnis zu kommen. Der Hunger, den ich vielleicht vor dem Einkaufen verspüre, ist kein gutes Gefühl. Äße ich ein Käsebrot vor dem Einkaufen, dann würde der Wagen nur halb so voll, dafür aber nicht mit so vielen leeren Kalorien. Es ist ein Befinden außerhalb meiner Komfortzone, welches mich antreibt, diese wiederherzustellen. Ähnlich, wenn mich fröstelt, dann stehe ich auf und hole eine Jacke. Oder die Müdigkeit treibt mich, wenn sie sich beeilt, ins Bett, damit mein Kopf nicht auf dem Küchentisch landet.
Auch im Leben eines Hundes darf es ein echtes Empfinden für Komfortzonen geben und einen Anreiz, diese zu betreten oder zu etablieren. Und was nun für Ihren Hund individuell eine Komfortzone sein kann, das kann ich aus der Ferne nicht beurteilen. Da ist tatsächlich jeder anders.

DIE HILFEN

Sagt der Kutscher „Ho“, dann sollen die Pferde anhalten, sagt er „Hü“, dann sollen sie loslaufen. Ganz einfach. Genau wie ich es bei den Schafen mache, Sie erinnern sich. Gurre ich, dann sollen sie mir folgen, ich sehe all ihre Gesichter, sage ich „Busbusbus“, dann sollen sie von mir weggehen und ich sehe all ihre Hinterteile. Das klingt so schlicht und ist so hilfreich, denn nur so kann ich eine gewisse Polarität der Lösung herstellen, die für das Tier verbindlich und leicht nachvollziehbar ist.

ZWEI RICHTUNGEN

Ich lege also zwei Richtungen fest und nehme mich als Zentrum wahr. So gibt es eine Richtung zu mir und eine von mir weg. Mit diesen beiden Polen kann ich den Lösungsweg gestalten und das Tier in die gewünschte Richtung navigieren. Ebenso kann ich mit diesen beiden Polen eine Beziehung gestalten und die innere Haltung meines Tieres und die Partnerschaft modellieren. In der Ausbildung der Hunde erzeuge ich mit den beiden gegensätzlichen Polen ein System der korrekten inneren und äußeren Haltung. Es wird eine Hilfe geben, die ziehende Hilfe, die den Hund in meine Richtung lotst, und eine schiebende Hilfe, die ihn auf einen bestimmbaren Abstand von mir bringt. Das System baut sich so auf, dass man dem Tier zunächst die Hilfen erklärt und sie mit ihm einübt, um dann mit Hilfe der Hilfen die Ausbildung zu gestalten.

IN KÜRZE

Die ziehende und die schiebende Hilfe dienen zum Regulieren des Abstands und zum Herausarbeiten der inneren und der äußeren Haltung.

DIE ZIEHENDE HILFE

Es wohnt dem Menschen inne, dem „Kind“ einen Namen zu geben, einen individuellen Namen mit hohem Wiedererkennungswert. Bei Menschen und Tieren eröffnet sich so die Möglichkeit, sie persönlich anzusprechen.
Bin ich mit allen Hunden zugleich zusammen, dann gibt es einen Kollektivnamen und der ist „Hunde“, denn wir haben stets ungefähr ein Dutzend in unserer Familie. Also „Hunde, komm“, „Hunde, lie down“ oder „Hunde, zu mir“. Ich kann auch kollektiv fluchen und sagen „Hunde, lass das!“ Dass die Grammatik dabei manchmal auf der Strecke bleibt, sollte uns nicht stören, denn die Eindeutigkeit der Signale hat hier Priorität.
Bei uns zu Hause gibt es dann noch einen Zusatz: „Hunde, lie down, Marple, du bist auch ein Hund“ (Miss Marple ist eine ganz besondere kleine Border-Terrier-Dame, die bei „Hunde, lie down“ immer den vorwurfsvollsten Blick unter der Sonne aufsetzt). Dieses Prozedere halten Marple und ich schon seit elf Jahren durch, wahrscheinlich findet sie es genauso komisch wie ich.

DER EIGENE NAME

Aber selbstverständlich hat auch jeder Hund einen individuellen Namen, der tatsächlich all entscheidend und enorm wichtig ist. Der individuelle Name bekommt eine große Bedeutung. Er ist die ziehende Hilfe. Um Missverständnissen von vornherein vorzubeugen: Die ziehende Hilfe hat nichts mit dem Ziehen an der Leine zu tun, sondern ist eher vergleichbar mit einem Magneten in mir, der den Hund anzieht.
Beginnen wir bei demjenigen, der den Namen ausspricht; er sollte wissen, wann er ihn benutzt

und wann nicht, denn die ziehende Hilfe soll eine Glaubwürdigkeit und eine gewisse Ernsthaftigkeit erfahren.
Wählen Sie für Ihren Hund einen wohlklingenden Namen, den Sie gerne auch weich aussprechen können, der kurz und etwas melodisch ist. Die Bedeutung für den Hund, wenn er seinen Namen hört, lässt sich wie folgt definieren: Bitte reagiere unmittelbar mit voller Aufmerksamkeit in meine Richtung und baue physische und psychische Nähe auf.

AUFBAU DER ZIEHENDEN HILFE

Wir beginnen mit der Schulung des Namens bereits am ersten Tag, wenn der kleine Hund bei uns einzieht. Gerne sage ich den Namen, wenn er mich sowieso anblickt, dann sage ich den Namen, wenn es Streicheleinheiten gibt, und dann beginnen wir auch schon, den Namen mit einer entsprechenden Bewegungsart zu kombinieren. Die ziehende Hilfe gibt dem Gegenüber Raum und lädt es ein. Also bewege ich mich mit einer weichen Körperhaltung ein bis zwei Schritte rückwärts, habe den Hund an der Leine und lade ihn mit seinem Namen ein. Manchmal macht es Sinn, dabei in die Hocke zu gehen. Ich verbinde also die körperliche Sprache mit der akustischen. Ist der Zwerg bei mir angekommen, dann wird ausgiebig gestreichelt und etwas gespielt. Soll der Hund nicht zu mir kommen, dann sage ich nicht seinen Namen, sondern z. B. nur: „Komm mit."
Mein Leitsatz: „Meine, was Du sagst, und sage, was Du meinst", sollte vom ersten Tag der Erziehung an gelten und sich im menschlichen Geist festsetzen. Das erfordert anfangs etwas Konzentration und konsequentes Denken.
Zu Beginn kommt es erst einmal nur darauf an, dass der Hund versteht, dass er reagieren soll, dass bei diesem bestimmten Wort die Tür zu seinem Menschen offen ist und dass Licht an ist, so, dass er gut zu seinem Menschen finden kann. Er muss weder Blickkontakt halten noch vorsitzen. Wir schulen erst das DAS und dann das WIE.
Diese Übung wird ausschließlich an der Leine durchgeführt. Dafür empfiehlt sich eine zwei Meter lange Hausleine; der kleine Schüler soll lernen, dass es nur den einen Weg gibt, nämlich den direkten zu seinem Menschen.

Es ist, als würde der kleine Hund ein Handy bekommen ...

DAS EINSCHRITTIGE EINLADEN

Je besser das Hundekind auf seinen Namen reagiert, umso mehr entwickeln wir die richtige Bewegung des korrekten Vorsitzens. Wir nennen das „das einschrittige Einladen", mit dem wir die Hunde auf ganz kleine Distanzen auffordern, immer näher zu kommen und auch immer wieder die Distanz zu uns zu verringern. Vor allen Dingen aber immer wieder für uns aktiv zu werden und den Kontakt zu halten. Die Verantwortung für die Richtung übernimmt dabei noch der Mensch, was bedeutet, er dreht sich, sodass der Hund genau vor seinen Beinen landet. Später, wenn der Hund immer besser wird, übergeben wir dem Hund mehr und mehr die Verantwortung für die richtige Landung und übernehmen damit schon ganz leise die räumliche Organisation. Später entscheidet der Mensch, in welche Himmelsrichtung sein Rücken zeigt und lässt sich nicht mehr von seinem Hund so drehen, wie dieser es gern möchte.

Auch entscheidet der Mensch mehr und mehr, wie lange der Blickkontakt gehalten wird, und führt ein eindeutiges Auflösungssignal ein.

DAS OBERSTE GEBOT

Anfangs arbeiten wir noch nicht mit dem „Komm-Signal". Es ist wichtig, dass die ziehende Hilfe für den Hund das oberste Gesetz wird, um sich zu orientieren. Erst, wenn diese Hilfe fertig ist, die ersten drei Säulen der Kommunikation geschult sind (Ansprechbarkeit, Störbarkeit, Lobbarkeit – siehe Seite 14 ff.), beginnen wir mit den Signalen. Es reicht zu Beginn voll und ganz, wenn der Hund auf seinen Namen hört. Tut er das zu 100 Prozent, dann kann er mehr als 90 Prozent aller Hunde. Also, wir schulen erst die Hilfen und dann benutzen wir sie, um mit ihnen die Signale zu erarbeiten. Die ziehende Hilfe lotst den Hund also zu 100 % zu mir. Ich sage seinen Namen und hänge dann das Komm-Signal an. (Sunny, zu mir). Das wird klappen und bald wechsle ich die Worte und sage: „Zu mir, Sunny". Wenn das klappt, lasse ich die Hilfe weg und benutze sie nur noch, um den Hund zu beschleunigen, auf die gerade Linie zu lotsen oder in der Konzentration zu festigen. Die Hilfe, die anfangs dominiert hat, wird nur noch zur Verstärkung benutzt, verliert aber niemals an ihrer Wertigkeit.

... und lernen, immer dranzugehen ...

... wenn sein Mensch ihn anspricht.

Mit zunehmender Zuverlässigkeit des Dialoges …

… kann der Mensch die Reizlage erhöhen …

AUFMERKSAMKEIT LENKEN

Später dient die Hilfe dazu, den Blick, die Aufmerksamkeit, das Ohr oder die Nase in meine Richtung zu lotsen, wenn die Lösung in meiner Nähe versteckt ist. Beispielsweise hole ich den Jagdhund damit in die Richtung, in der er die Ente auf dem Wasser findet, sollte sie näher bei mir sein als der Hund. Den Hütehund ziehe ich mit dem Namen in die Richtung, in die er flankieren soll, damit er die Richtungssignale lernt. Den angeschlossenen Familienhund lenken wir mit dem Namen zu demjenigen Familienmitglied, zu dem er gehen soll, der Servicehund im sozialen Dienst lässt sich über den Namen zu den Patienten lenken.
Ich schule und überprüfe die ziehende Hilfe zunächst im Stand, dann in Bewegung, später am Fahrrad oder auch am Pferd.
Wenn ich mit vielen Hunden gehe, laufen all meine Hunde neben mir her und wenn ich z. B. „Coffee" sage, dann schaut sie mich freundlich an, öffnet das Maul, wedelt kurz und schleckt sich über die Nase. Und genau diese Geste zeigen die anderen elf ebenfalls, sollte ihr Name ertönen.

REH IN SICHT!

Schauen meine Jagdhunde ein im Wald stehendes Reh an, dann dürfen sie das. Sie können sich ja nicht die Augen zuhalten und sagen „Igitt, ein Reh!" Sie dürfen hinschauen, ich sage ihren Namen und sie blicken zu mir und wedeln entspannt. Sollte die ziehende Hilfe nicht ziehen, dann entscheide ich, ob ich mit „Nein" reagiere und – nur – störe oder ob es angebracht ist, die schiebende Hilfe einzusetzen (dafür muss sie natürlich bereits etabliert sein). Für den Einsatz der schiebenden Hilfe brauche ich etwas mehr Raum und Zeit, denn meine Erwartung, die innere Haltung deutlich bis zum aktiven Angebot zu verändern, muss erfüllt werden. Bei „Nein" erwarte ich nur eine Veränderung der äußeren Haltung. Sowie ich Kontakt mit dem Hund habe, wechsle ich sofort entspannt und fröhlich in die ziehende Hilfe zurück.
Genauso verfahren wir bei dem Kontakt mit Katzen oder anderen Hunden. In der HarmoniLogie® sind alle Kontakte erlaubt, solange die Möglichkeit besteht, sie mit einer einfachen ziehenden Hilfe zu unterbrechen. Dieser Prozess ist so entscheidend dafür, dass sich alle Tiere entspannt begegnen und zunächst einmal die Idee der Höflichkeit in sich tragen. Die ziehende Hilfe ist das absolut Wichtigste in der Ausbildung eines Tieres. Dennoch kann man sie nicht alleingestellt betrachten, denn sie ist stets ein gelungenes Ergebnis aus allen vier Säulen der Kommunikation (siehe Seite 14). Die Komposition dieser vier Säulen ergibt einen Hund, der bereit ist, in jeder Lebenslage Kontakt zu seinem Menschen zu halten, mit dem man leise sprechen kann, weil er einem zuhört.

IN KÜRZE

- **Die ziehende Hilfe ist das absolut Wichtigste in der Ausbildung eines Tieres!**
- **Hunde dürfen natürlich Kontakt mit anderen Tieren oder Menschen aufnehmen, der Mensch muss aber zu jeder Zeit in der Lage sein, diesen Kontakt mit einer einfachen ziehenden Hilfe zu unterbrechen.**

... und Ablenkung gezielt inszenieren.

ich, dass dieses Geräusch keine Imitation des hündischen Knurrens ist, sondern sich lediglich von der menschlichen Sprache abheben soll. Ebenso wie die ziehende Hilfe wird auch die schiebende nur eingeübt und benutzt, wenn es Sinn macht. Es hat in der Vergangenheit leider immer wieder Menschen gegeben, die diese Hilfe missbraucht haben, um den Hund zu strafen oder auch, um Fehler zu markieren. Für Letzteres haben wir das störende Nein, und Strafmuster finden in der HarmoniLogie® ohnehin keinen Platz.

DIE SCHIEBENDE HILFE

„Entschuldigung, könnten Sie bitte etwas mehr Abstand halten?" Eine höfliche Aufforderung um mehr Distanz kann manchmal notwendig sein. Auch ein Tier muss das lernen, damit der Umgang miteinander möglichst friedlich und reibungslos funktioniert.

Das Bitten um Distanz sollte nicht im Ärger geschehen, dann wirkt es strafend. Es sollte mit Vorsicht und in Ruhe geschult werden. Wütend, zornig oder frustriert kann sich fast jeder einen Hund vom Hals halten. In dem System der HarmoniLogie® passiert das nicht. Wir erklären den Tieren, sich auf ein feines Signal hin entspannt von uns zu distanzieren, volle Aufmerksamkeit aufzubauen und höflich miteinander zu sein. Es ist ein Prozedere, das die Tiere vom Umgang miteinander kennen. Zudem können wir den Hund später mit dieser Hilfe unterstützen, wenn die Lösung von uns entfernt liegt. Ein Hund, der über Strafe oder Stress von dem Menschen weggeht, orientiert sich nicht nach neuen Lösungen, ein Hund, der den entspannten Umgang mit Nähe und Distanz gelernt hat, allerdings schon.

DAS SIGNAL

Als Signal wählen wir ein Geräusch, das wir im Alltag nicht benutzen, damit es nicht zu Missverständnissen kommt. Auch sollte es ein eindeutiges Geräusch sein, das das Sprechzentrum nicht beansprucht, damit ich es in jedem Fall wertfrei von mir geben kann. Ein ruhiger und tiefer Knurrton scheint uns dafür geeignet. Klarstellen möchte

Der positiv aktivierte Hund folgt seinem Menschen immer und gern!

Mit der schiebenden Hilfe ebne ich vor allem den Weg zum „aktiven Angebot". Und so beginnen wir auch. Um die schiebende Hilfe zu schulen, müssen meiner Erfahrung nach die Menschen schon recht gut in der Lage sein, die Hunde zu lesen, auch sollten die Hunde die zweite und dritte Säule der Kommunikation schon gut verstanden haben: Sie müssen also gut zu stören sein und das Lob sehr gut annehmen.

LOS GEHT`S

Ist es so weit, dann können wir mit dem kleinen Hund oder dem jungen Schüler (damit sind auch die HarmoniLogie®-Einsteiger gemeint) beginnen. Der Hund befindet sich an der Leine. Ich wähle einen freien Standort, bei dem ich fern ab von äußeren Begrenzungen bin und es nicht zu Missverständnissen kommen kann, weil es plötzlich eng wird. Es sollte ein gutes Ambiente sein, ein Ort gefüllt mit Ruhe, Raum und Zeit. Mein Bewegungsraum bleibt sehr eingeschränkt, dennoch darf und muss ich mich um die eigene Achse drehen. Die Hand, die die Leine führt, befindet sich an der Seite meines Körpers.
Wie auch die anderen Säulen schulen wir die schiebende Hilfe aus dem Zusammenhang herausgelöst situationsunabhängig; am besten, wenn der Hund uns nicht anschaut. Wir vermeiden Torsignale und leise ertönt der Knurrton, der Mensch ist entspannt und bewegt sich nicht. Hunde, die in einem Rudel aufgewachsen sind, werden vermutlich sehr schnell reagieren und nach einer Antwort forschen. Ein Hund jedoch, der viel über Futter bzw. Drängen/Bedrängen aufgebaut wurde, schaut seinen Menschen meist mit einem Gesichtsausdruck an, als würde er sich Sorgen machen und überlegen, ob er einen Arzt holen soll. Aber immerhin, er schaut.

SPIELERISCH ZU MEHR DISTANZ

Wenn der Mensch sich nun etwas strafft und die Winkel seines Körpers rechtwinkliger werden, kann es schon sein, dass der Hund sich weiterhin verändert. Sollte das nicht reichen, gehen wir mit dem Spielbein (siehe Kap. „Laufen lernen ... Seite 76) einen Schritt auf die Schulter des Hundes zu. Dann verändern sich die allermeisten Hunde schnell und beginnen, nachzuforschen, was der Mensch wohl möchte. Da das „Nein" (die Störbarkeit) bereits geschult wurde, hat der kleine Kollege schon gut verstanden, dass es sich lohnen wird, sich zu verändern und dass er mit Blickkontakt viel erreichen kann.
Nun fordere ich nur noch ein wenig die Seitwärtsstellung der Längsachse und lobe ihn sofort dafür, wenn er mir weich die Seite bietet. Fast alle Hunde beginnen an dieser Stelle mit einer entspannten Maulaktivität, wedeln und warten bis sie wieder eingeladen werden, was dann auch stets mit großer Freude erfolgt.

Der Aufforderung nach Distanz (Schieben)...

VERSCHIEDENE ANGEBOTE

Es kann sein, dass der Mensch zu diesem Zeitpunkt das innere Lernmuster seines vierbeinigen Gefährten lesen kann wie ein offenes Buch, denn die Hunde bieten immer als Erstes das an, was ihnen die Genetik vorgibt bzw. womit sie bislang am meisten Erfolg hatten. Dann können wir beginnen, diese Struktur zu variieren, denn die schiebende Hilfe hört erst auf, wenn eine Veränderung oder das Ziel erreicht wurde. Eine Veränderung wäre z. B. anstelle der Passivität eine Aktivität wie Drängen/Bedrängen, anstelle des Drängens ein Angebot.
Zu Beginn schieben wir mit und gegen den Uhrzeigersinn und entwickeln danach möglicherweise auch das lineare Schieben, bei dem der Mensch durch schnelle Wechsel und kurze Flanken den Hund dazu bewegt, abwechselnd seine linke oder rechte Schulter zu zeigen.
Immer wenn der Hund weich wird, Blickkontakt aufbaut, abschleckt und wedelt – zu Beginn auch nur bei einem der Signale, hören wir mit der schiebenden Hilfe auf und loben den Hund. Man kann an dieser Stelle pausieren und weiterfragen, aber ebenso auch wieder einladen und spielen, toben oder kuscheln.

KANN ER NICHT ODER WILL ER NICHT?

Sollte es bei einer Aufgabe Schwierigkeiten mit dem Hund geben, dann finden Sie heraus, ob er nicht kann oder nicht will. Dass er nicht kann, erkennen Sie daran, dass der Schüler wenigstens etwas probiert und Kontakt zu Ihnen hält. Dass er nicht will, ist relativ leicht dadurch zu identifizieren, dass er weder aufmerksam noch achtsam ist und dass er es noch nicht einmal versucht. Diagnostiziere ich ein „Will nicht“, verlasse ich die Lektion und baue durch eine friedliche und freundliche schiebende Hilfe die grundsätzlich richtige Einstellung wieder auf, um mit der neu gewonnenen Achtsamkeit zurück zur eigentlichen Aufgabe zu wechseln.
Habe ich es mit „Kann nicht“ zu tun, dann erkläre ich mit viel Geduld und konzeptionellem Lehrplan die einzelnen Schulungsabschnitte noch einmal neu. Es braucht meist weniger Zeit als man denkt und man vermeidet systematisch die Überforderung.

Wird die schiebende Hilfe mit Ruhe und Freundlichkeit geschult, dann wird auch das Ergebnis ruhig und freundlich sein.

IN KÜRZE

- **Schieben ist keine Strafe! Nur mit Ruhe, Vorsicht und Umsicht schieben.**
- **In der HarmoniLogie® wird nicht gestraft, sondern die Aufgabe erklärt.**
- **Ein Hund, der über Strafe oder Stress vom Menschen weggearbeitet wird, wird nicht nach neuen Lösungen suchen.**

... folgt die Einladung zur Nähe (Ziehen).

DIE HILFEN IM TRAININGSKONTEXT

Möglicherweise haben auch Sie im Garten Topfschlagen gespielt und sind auf allen vieren, mit zugebundenen Augen auf der Jagd nach der Beute gewesen, die jemand unter einem umgedrehten Kochtopf für Sie versteckt hatte. Durch die Signale Ihres Spielgefährten, nämlich „heiß" und „kalt", konnten Sie Orientierung finden und sich so nach und nach an die richtige Lösung heranarbeiten. Diese akustische Orientierung waren Ihre Hilfen, um den Topf zu finden.

Die Voraussetzungen, um schließlich Beute zu machen, waren, dass Sie gut zugehört haben, dass Sie motiviert waren und immer Kontakt zu dem Hilfegebenden gehalten haben.

Bei der Ausbildung des Hundes erarbeiten Sie unabhängig von Ihrem späteren Ziel mit den Hilfen vorerst die korrekte innere Haltung und die Möglichkeit, immer Kontakt aufnehmen zu können. Sie erreichen, dass Ihr Hund stets online ist und bereit, Ihnen zuzuhören. Somit können Sie ihm alles sagen und erklären.

LEITPLANKENSYSTEM

Die gut sitzenden Hilfen sind für den Hund eine Art Leitplankensystem. Schule ich beispielsweise das Apportieren verschiedener Gegenstände, die mit großen Abständen auf einer Linie liegen, und der Hund flitzt am ersten Gegenstand, den er holen soll, vorbei, dann ist die richtige Hilfe, die ihn sofort in die Lösung lotst, sein Name. Soll er jedoch nicht den ersten, sondern den zweiten aufnehmen, dann ist ein schiebendes „Nein" die richtige Hilfe.

01

02

03

01 Ein Hund, der sich mit seinem Menschen einig ist, …

02 … kann mit ungebremster, aber steuerbarer positiver Energie für seinen Menschen arbeiten.

03 Es ist eine Freude, diesem Team beim Apportiertraining zuzuschauen.

MIT UND GEGEN DEN UHRZEIGERSINN

In meinem Arbeitsalltag mit den Hütehunden haben die Hilfen eine enorme Bedeutung. Es ist recht abstrakt, einem Hund die Signale „rechts" und „links" beizubringen. Die Hunde sind so fasziniert von dem zu hütenden Vieh und so stark in ihrer Beutefanghandlung gefangen, dass sie den Blick nicht von den Tieren nehmen können. Das bezeichnen wir als Fokus bzw. Auge zeigen. Dadurch, dass das Vieh immer Zentrum des Interesses ist, stellt es das Zentrum einer imaginären Uhr dar. Und hier finden wir zwei Richtungen, nämlich mit und gegen den Uhrzeigersinn. Damit die Hunde die Herden gezielt lenken können, lernen sie, im Rahmen ihrer Ausbildung diese beiden Richtungen sowie ein exzellentes Stoppen und die Richtung, sich gerade auf das Vieh zuzubewegen. Bringe ich dem Hütehund die Richtungssignale bei, dann stehe ich innerhalb des Zirkels bei den Tieren und der Hund soll außen um sie herumlaufen. Ich bestimme, ob er mit oder gegen den Uhrzeigersinn läuft. Soll er flankieren, lege ich ihn außerhalb ab und rufe ihn mit seinem Namen in die Richtung, in die er kommen soll. So kann ich ihm mit der ziehenden Hilfe in die sichere Flanke um mich herum hineinhelfen. Soll er von mir wegflankieren, dann stelle ich mich aufrecht, gestrafft und mit ungebrochenen Achsen auf die Zirkellinie und bedeute ihm so, dass er nicht in meine Richtung kommen soll. Will er dennoch zu mir, drücke ich ihn mit einem schiebenden „Nein" von mir weg und helfe ihm so, die gewünschte Richtung, in diesem Fall von mir weg, zu erkennen. Selbst, wenn die Ausbildung des Koppelgebrauchshundes abgeschlossen ist, sind die Hilfen immer noch extrem nützlich und sie werden sehr oft benutzt. Auf große Distanzen gebe ich die Hilfen mit meiner Pfeife, mit der ich jeden Ton der Tonleiter erzeugen kann. Ich habe die gesamte Sprache mit dem Hund in kleine Kompositionen gefasst und kann ihn so in unwegsamem, hügeligem und nicht einsehbarem Gelände sehr genau navigieren und ihm jederzeit mit meinem Überblick die beste Hilfestellung geben.

TÜREN ÖFFNEN UND WEGE VERSCHLIESSEN

Eine Hilfe ist genau das, was das Wort besagt, sie soll dem Tier helfen, im Team mit seinem Menschen zu bestehen. Mit Hilfen kann ich Türen öffnen oder Wege verschließen. Vertraut das Tier auf meine Hilfen, dann wächst seine Kritikfähigkeit ungleich an. Und der größte Erfolg der gut geschulten Hilfen ist die feste, dauerhafte Aufmerksamkeit und tiefe Achtsamkeit in der gegenseitigen Partnerschaft.

INTUITIV EINGESETZT

Im Alltag benutzen wir die Hilfen oft und meist auch intuitiv richtig. Sitzt mein Hund an einer stark befahrenen Straße auf Straßenseite gegenüber und es kommt ein Bus, während der kleine Gefährte aufsteht, wäre es gefährlich, seinen Namen zu rufen; ein schiebendes „Nein" kann hier Leben retten. Sitzt er jedoch auf meiner Straßenseite und es kommt ein Bus, während er aufsteht, dann ist die einzig richtige Hilfe der Name des Hundes. Im Laufe der Ausbildung werden diese Hilfen immer besser verstanden und können somit immer feiner eingesetzt werden.
Schicke ich meinen sozialen Diensthund zu einer Anrichte, um die Brieftasche zu holen, die dort neben dem Autoschlüssel liegt, kann es sein, dass er den Schlüssel anzeigt, liegt die Brieftasche in meiner Richtung davor, dann würde ich den Namen des Hundes sowie das Signal zum Aufnehmen des Gegenstandes sagen, liegt sie dahinter, würde ich ein Nein zum Navigieren benutzen und dann das Signal zum Aufnehmen einfügen. Die Polarität der Lösung in Bezug auf meine Position ergibt die richtige Hilfe. Hierfür bekommt jeder mit der Zeit ein gutes Gespür.

IN KÜRZE

Die Hilfen dienen dazu, dem Hund den Weg zur richtigen Lösung zu bahnen. Deshalb sind sie so immens wichtig und müssen gründlich geschult, immer wiederholt und überprüft werden, damit sie jederzeit eingesetzt werden können.

DAS AMPELPRINZIP

Nach dem Kreisverkehr ist die Ampel ein kluges Verkehrsleitsystem, das, wenn es respektiert wird, eine sichere Verkehrsführung garantiert.

DIE AMPELPHASEN

Grün Die Ampel hat vier Phasen. In der ersten Phase ist sie grün. Sie signalisiert freie Fahrt und Vorfahrt. Im Dialog mit dem Tier verstehen wir die Grünphase als freundliche Ansprache, was auch immer Sie Ihrem Hund sagen. Es kann die ziehende Hilfe sein, ein Signal oder auch ein Lobwort. Unter Tieren herrscht Grün vor, solange die Stimmung harmonisch und alles friedlich ist.

Orange Die Orangephase warnt im Straßenverkehr eine Veränderung an. Diese Phase ist extrem wichtig, damit der Verkehrsteilnehmer Zeit hat, eine Veränderung einzuleiten, zum Beispiel den Bremsvorgang. Im Tierreich habe ich diese Orangephase zigfach erleben dürfen. Steht eine Stute beispielsweise unter einem Apfelbaum im sommerlichen Schatten und es kommt ein anderes Pferd daher und möchte auch gern diesen angenehmen Schattenplatz ergattern, dann hebt die Stute einfach nur die Schweifrübe ein wenig und baut etwas Körperspannung auf. Das reicht, und das andere Pferd hält Abstand, sofern Respekt und Vertrauen in der Konstellation gut etabliert sind, und sucht sich einen anderen Schattenparkplatz.
Bei den Hunden durfte ich genau dasselbe unzählige Male erleben und beobachten. Sie erinnern sich an mein Hundegehege und die kleinen Welpen, die dem Herrn Papa den Knochen klauen wollen. Die leise Vibration der Lefze reicht aus und die Zwerge wählen eine andere Route. Beneidenswert, beeindruckend und nachahmenswert.
Die Tiere scheinen nach dem Ampelprinzip vorzugehen, was absolut deeskalierend und friedschaffend ist. Die Wahrnehmung über diese Fähigkeiten sind mir stets eine enorme Triebfeder, um ebenso fein und freundlich, vor allem aber friedlich und gewaltfrei mit den Tieren auf gleicher Augenhöhe umgehen zu können.

Dieser Welpe wird in seine Schranken verwiesen.

DIE ROTE AMPEL

Die Rotphase ist im Straßenverkehr tatsächlich nur dann wirksam, wenn die Verkehrsteilnehmer verstehen, dass sie sie respektieren müssen. Sie darf kein Vorschlag sein. Bei Rot sollst Du stehen! Und wenn dem nicht so ist, dann ist es gewiss gut, wenn es einen einmal so richtig nervt, es nicht getan zu haben: einmal Führerscheinentzug oder ein gepfeffertes Bußgeld, an das man sich ewig und drei Tage erinnert. Es scheint nicht nötig, dass die Polizei den Verkehrssünder aus dem Auto zerrt und ihm Gewalt antut. Es reicht, wenn es den Betroffenen so stört, dass er sich daran erinnert. Das ist allemal besser als ein Unfall mit schlimmen Folgen.

Das Ertasten der Grenzen gehört zum Bindungssystem dazu.

ROTPHASEN IM TIERREICH

Auch diese Rotphase konnte ich bei den Tieren allzu häufig wahrnehmen und das Interessante dabei ist, dass sie zwar manchmal viel Qualm machen, aber niemandem auch nur ein Haar gekrümmt wird. Dies gilt für gewachsene funktionierende Strukturen mit einem gesunden und ausgelasteten Lebensrhythmus. Es ist ein dominantes Auftreten, ein Durchsetzen der stillen Dominanz der räumlichen Organisation der körperlichen Sprache, manchmal auch ein etwas impulsiveres Auftreten, das aber keine toxische Aggression enthält.

Die Konsequenz ist es, die uns veranlasst, uns an die Regeln zu halten; die Sorge, dass jemand zu Schaden kommen könnte, oder die Tatsache, dass die Konsequenzen echt unangenehm sein können.

INDIVIDUELL ANGEPASST

Diese Störung oder auch Rotphase passen wir individuell an die Tiere an. Es kann sein, dass es reicht, seinen Körper zu straffen, oder dass geometrische Laufmuster, die den Hund immer wieder wenden und die andere Schulter zeigen lassen, bereits zum Ziel führen. Ebenso kann es sein, dass man die Leine einmal ausschütteln, also ein Arrêt setzen muss, das dem Hund einen unbequemen Zustand beschert.

Bei all diesen Aktivitäten geht es nicht darum, das Gegenüber demütig zu machen, sondern einfach nur darum, eine Veränderung herbeizuführen, Achtsamkeit zu erzeugen, Respekt zu spüren. Es sind nur Störungen – keine Strafen. Strafmuster gibt es im Tierreich auch nicht. Es sind alles direkte Einwirkungen, die mit einer unmittelbaren Reaktion sofort beendet und verändert werden können.

In der HarmoniLogie® gibt es keine indirekten Einwirkungen wie Liebesentzug, Ignorieren oder Futterentzug. Die HarmoniLogie® regelt direkt und unmittelbar, um direkt und unmittelbar wieder auf Grün zu schalten. Das nämlich ist die vierte und somit auch wichtigste Phase der Ampel: Es ist das erneute Umspringen auf Grün, das dafür sorgt, dass der Verkehr wieder fließen kann.

NICHT WARTEN, BIS DER KRAGEN PLATZT

Den Menschen ist diese Phase nicht so geläufig. Viele Menschen dulden lange ein unachtsames Verhalten und warten auf einen großen Fehler, bei dem ihnen dann der Kragen platzt. Ist das passiert, dann dauert es meist ewig, bis der Mensch wieder bereit ist, Frieden zu schließen und das Geschehene abzuhaken. Die HarmoniLogie® geht da etwas sensibler vor. Eine kleine Unachtsamkeit wird sofort identifiziert und angesprochen, es wird unmittelbar eine freundliche Warnung ausgesprochen, das Tier kann bei Orange bremsen und es nicht zu einer Rotphase kommen lassen. Dann springt die Ampel sofort wieder auf Grün um und es geht harmonisch weiter. Denn das ist es, was wir wollen: Harmonie.

KORREKTE UND KAPUTTE AMPELN

Die Ampel ist ein kluges und sanftes System und wir wenden es in absolut jedem Bereich an. Jede Form von Kritik, jeder Moment, in dem ich intervenieren muss, wird ruhig und sauber nach dem Prinzip der Ampel angewarnt. Ich kündige meinen Tieren sogar jede Form von Berührung an und stelle so sicher, dass ich sie nie überrasche und ihnen stets die Möglichkeit gebe, auf mich zu reagieren.

Im Training erlebe ich immer wieder Menschen, die von Grün direkt auf Rot schalten, oder welche, die dauernd Orange blinken; auch Orange-Rot-Orange so wie die Dauer-Grünen gibt es. Diese Menschen sind für die Tiere weder berechenbar noch glaubwürdig. Und wenn wir im Bild bleiben und Sie sich vorstellen, dass die Ampel, auf die Sie zu fahren, derart „spinnt", dann werden Sie verstehen, wie verunsichert Ihr Tier in einem solchen Fall sein muss; und genau das gilt es konsequenterweise zu vermeiden.

Die Klarheit der Sprache und die Glaubwürdigkeit der Interaktion erfüllt die Beziehung mit Vertrauen und erhält die Waage zwischen Vertrauen und Respekt. Ein wichtiger Stein auf dem Weg in die gelungene Partnerschaft.

IN KÜRZE

- **Es ist wichtig, den Hund nicht mit Kritik zu erschrecken oder zu überfallen; nur durch das Vorwarnen geben wir ihm die Möglichkeit, sich zu verändern, uns ein anderes Verhalten anzubieten und letztlich zu lernen.**
- **Hat der Hund sich aufgrund unserer Kritik verändert, ist wieder alles im grünen Bereich, und das müssen wir ihm auch vermitteln: Es geht sofort harmonisch weiter; es wird nicht nachgekartet!**

Aktivieren statt bedrohen …

… das Ampelprinzip

DER KONTOSTAND DER KRITIK

Was für ein gutes Gefühl es ist, in den schwarzen Zahlen zu sein, weiß vermutlich jeder. Eine gesunde Haushaltsführung, nicht über die Verhältnisse leben und mit ausreichend Sicherheit in die Zukunft gehen. So wünscht man sich das. Auch bei der Hundeausbildung haben wir eine Haushaltsführung und sie ist sehr ernst zu nehmen. Wir bezeichnen es als den Kontostand der Kritik.

JEDES NEIN ERFORDERT EIN LOB

Wir „berechnen" für ein Nein ganz einfach 5,– €; ein Lob mit Tiefenwirkung hingegen bringt 6,– € ein. Jedes Nein erfordert also ein Lob, damit hinten eine Verbesserung herauskommt. So kann ich nach und nach ein Guthaben ansparen und damit dann ein neues Thema ansprechen. Und ich werde auch nicht zum Sparfuchs, der versucht, Kritik zu vermeiden, denn konstruktive Kritik gehört ebenso zum Lernerfolg wie die ehrliche Würdigung der Leistung.
Dieses Bewusstsein für eine gute Haushaltsführung müssen wir Menschen schnell verinnerlichen. Denn das Gefühl, immer alles falsch zu machen, ist genau das, was wir unserem Lieblingsvierbeiner ersparen wollen.

Deshalb ist es extrem wichtig, den Überblick zu behalten über

a) die Situation (zu leicht oder zu schwer?)
b) den Entwicklungsstand des Vierbeiners
c) seine Belastbarkeit und
d) den aktuellen Kontostand der Kritik.

DIE SANDWICH-REGEL

In dem Moment, in dem mein Lob und mein Spiel fruchten, bin ich in der Lage, das Maß an Kritik der Zielrichtung der Ausbildung anzupassen. Bekomme ich jedoch mit meinem Lob und/oder Spiel die Kritik nicht abgefangen, dann werde ich erst noch ein wenig an diesen Themen arbeiten, damit ich die Sandwichregel (Lob/Kritik/Lob) auch umsetzen kann. Sie erinnern sich an das Kind, das Schreiben lernen soll und deutlich mehr Grün als Rot im Text finden sollte?
Die Diskrepanz, beides sein zu müssen, nämlich Coach und Gefährte, wird in dieser Thematik besonders deutlich. Es gibt sicherlich durchaus Situationen, in denen Sie als Partner lieber nachgeben würden oder fünfe gerade sein lassen und auf Kritik verzichten möchten, oder aber Sie befinden sich in der Rolle des Oberlehrers, der den Schüler als Individuum aus den Augen verliert. Sich den Kontostand der Kritik vor Augen zu führen, hilft, diesen Spagat gut hinzubekommen. Es kann sogar Zeiten geben, in denen Sie tatsächlich einen Kredit aufnehmen müssen, da Ihr kleiner Strolch in eine Lebensphase kommt, die das erfordert. Sofern Sie den Kredit dann auch wieder mit gebührendem Lob zu geeigneter Zeit zurückzahlen, mag die Rechnung aufgehen.

SIEBEN KLEINE KIESELSTEINE

Um den Überblick über meinen Kontostand der Kritik zu bekommen, kann ich mir einfach mal sieben kleine Kieselsteine in eine Hosentasche stecken. Mit jeder geäußerten Kritik wandert ein Stein in die andere Tasche, mit jedem erreichten

Lob wieder zurück. Wenn Sie auf einem Spaziergang mit sieben Steinen auskommen, und sich am Ende alle Steinchen wieder in der Ausgangshosentasche befinden, dann haben Sie zumindest einen sehr bewussten Umgang mit Lob und Kritik gepflegt. Ihr Hund wird es Ihnen danken. Und nicht nur das. Er wird Ihnen all Ihre Investitionen mit Zins und Zinseszins zurückzahlen und Sie reich mit Liebe und Vertrauen beschenken!

IN KÜRZE

Die Lust zu lernen hängt sehr eng mit dem Erfolg zusammen und den kann der Coach durch die Wahl der Aufgabe (Garantie auf Erfolg) und seine Kompromissbereitschaft beeinflussen, damit am Ende jeder – also Hund und Mensch – als Gewinner aus der Begegnung geht.

DIE KUNST, FÜNFE GERADE SEIN ZU LASSEN

Mit dem „Besser als ...“-Prinzip, dem Gesetz der Kompromissbereitschaft und der Garantie auf Erfolg erwirtschafte ich ein Guthaben. Nehmen wir einen jungen Hund. In den ersten Wochen ist die Möglichkeit, etwas falsch zu machen, ungleich höher als die Wahrscheinlichkeit, alles richtig zu machen. Ich sortiere mir vom ersten Tag an Themen, die mir wichtig sind und erreichbar scheinen. Da ist der Wicht noch nicht stubenrein, zieht an der Leine und hört nicht auf seinen Namen. Er kaut die Computerkabel an und will unserer Katze nachjagen. Es könnten also in den ersten fünf Minuten der Begegnung Neins aus mir herausdonnern wie Blei aus einer Schrotflinte. Das möchte ich aber nicht.

GESCHICKTES MANAGEMENT

Einen Teil der Fehlerquellen kann ich durch geschicktes Management einfach wegorganisieren, über einen Teil werde ich hinwegsehen und einen ganz kleinen Teil werde ich versuchen zu verändern. Und das wird die Ansprechbarkeit sein. Der kleine Wirbelwind kommt an die Leine – auch im Haus (!), so schütze ich ihn vor den No-Gos, wie Kabel ankauen, und ich kann die Stubenreinheit ganz nebenbei besser in die richtigen Bahnen lenken. Es stört mich zu dem Zeitpunkt noch nicht, wenn er mich noch anspringt oder an der Leine zieht. Das kann ich ihm später erklären. Alle Situationen, in denen ich keine Chance habe, den kleinen Kerl aus seinem Funkloch herauszuholen, werde ich schweigend dulden. Erst mit zunehmender Ansprechbarkeit und Störbarkeit kann ich mehr und mehr den Alltag gemeinsam mit meinem Freund erobern.

POLITIK DER KLEINEN SCHRITTE

Dadurch, dass wir in der HarmoniLogie® nach der Politik der kleinen Schritte vorgehen, erzeugen wir Vertrauen zu unserer Kritik. Es ist entscheidend, die Anforderungen an den Hund so zu gestalten, dass er sie erfüllen kann. Wir Menschen müssen im Blick haben, dass ein Hund unter jeder Pfote ein Jahr braucht, um reif und erwachsen zu werden. Und genauso lange braucht auch die gesamte Erziehung und Ausbildung. Das Erarbeiten der Grundlagen dauert nur ein paar Wochen, doch bis das Gesamtkunstwerk fertig ist, braucht es eben etwas länger. Im ersten halben oder ganzen Jahr gibt es viele Situationen, die ich nicht gut lösen kann; ist der Hund reif genug, werden sie lösbar.

NUR EINE FRAGE STELLEN

Sie spricht ihren Hund an. Der reagiert nicht. In Ruhe entwickelt die junge Frau ein feines, aber eindeutiges Nein, bis sich der Hund gestört zeigt und achtsam wird. Nun lädt sie ihn wieder ein und legt ihn ab. Er zögert beim Hinlegen, als er jedoch liegt, sagt sie: „Rolle, Rolle.“ Steif und stramm rollt der kleine Hund in die falsche Richtung und schon wieder entsteht diese Stimmung, die nach Frust und mangelndem Respekt schmeckt.
Ganz vorne war der Fehler, um den es eigentlich geht: mangelnde Achtsamkeit. Die talentierte junge Frau hat fast alles richtig gemacht und ist dann vom Weg abgekommen. Der Hund war nicht achtsam. Über ein feines Nein hat sie das verändert. Und wo blieb das Lob? Hier stehen noch 5,– € im Raum, die nicht zurückgezahlt wurden. An dieser Stelle hätte sie die ziehende Hilfe einfach noch ein- bis dreimal wiederholen und den Hund über positives Verstärken für sich begeistern können.

Wir Hundemenschen haben das Glück, die Entwicklung vom Frechdachs zum Gefährten zu begleiten.

NICHT ZU VIELE BAUSTELLEN ERÖFFNEN

Aber wir Menschen ticken da leider anders. Da war eine Baustelle und die ist verschuldet geblieben. Zack geht es in die nächste Baustelle. Die Abwehr des Hundes wächst von Baustelle zu Baustelle wie ein Schneeball, der in pappigem Schnee gerollt wird. Wäre der Mensch positiver, begeisterter vom Dialog und weniger besessen von der Lektion, dann wäre es für den Hund ein Leichtes, mit seinem Menschen zu sprechen und freudig und motiviert mitzuarbeiten.

Stellen Sie sich vor, Sie stehen am Bügelbrett, auf dem ein knittriges Hemd liegt. Falte für Falte bügeln Sie glatt. Bleiben Sie bei einer, bis sie weg ist, und nehmen Sie sich dann erst die nächste vor. Genauso entwickle ich mein Training und habe am Ende keine zusätzlichen Knitter hineingemacht, sondern für einen wirklich glatt laufenden Dialog gesorgt.

WIE LAUTET DIE AKTUELLE FRAGE?

Entwickeln Sie ein Gespür für Ihre aktuelle Frage, die es zu beantworten gilt. Spreche ich ein Signal aus, dann ist das die aktuelle Frage. Wird diese nicht beantwortet, dann störe ich – und zwar so lange, bis der Hund sich gestört zeigt, nicht bis die Frage von davor beantwortet wird. Dann erst kehre ich zu dem Signal, der Frage zurück, die ich zuvor gestellt hatte. Fast jeder Mensch baut hier einen kommunikativen Holperstein ein. Z. B. sagt er den Namen des Hundes und der reagiert nicht, dann sagt er „Nein", um zu stören. Daraufhin kommt der Hund, und der Mensch ...? ... ist zufrieden. Dabei heißt der Hund doch gar nicht Nein. Nein bedeutet: „Verändere Dich, und höre mir zu." Erst wenn die Ansprechbarkeit wieder hergestellt ist und ohne Widerstand ein feiner Dialog entstanden ist, erst dann wechsle ich zum nächsten Thema. Ja, das kann schon mal 30 Sekunden länger dauern, bringt aber Jahre lang mehr Spaß!

IN KÜRZE

Ein positiv gestalteter Dialog ist wichtiger und zielführender als das Absolvieren einer Lektion. Kern der HarmoniLogie® ist, dass der Hund lernt, Lösungen zu finden, und nicht Lektionen zu absolvieren!

Hundebegegnungen sollten entspannt und geregelt sein.

So bleibt auch Raum für menschliche Begegnungen.

DIE BESTE KRITIK IST DIE, DIE NICHT NÖTIG IST

Es sollte immer unser Ziel sein, die Dinge so gut zu erklären, dass die betriebseigene Idee zur Idee der Mitarbeiter wird. Die meisten Fehler sehe ich beim Coaching der Menschen an der Stelle, an der Respekt und Vertrauen nicht im Einklang sind und die Qualität im Umgang miteinander der Quantität an Lektionen untergeordnet wird. Habe ich die vier Säulen der Kommunikation (siehe Seite 14) gut geschult und einen Schüler, der gern zuhört, dann ist es sehr leicht, Abläufe zu entwickeln und über positives Verstärken den Lern- und Schulungsprozess voranzutreiben. Viele Situationen kann man extrem positiv über die ziehende Hilfe, Motivation durch Spielen und ausgiebiges Lob erklären und somit auch Störungen und Kritik vermeiden. Spüre ich, dass die Neins sich häufen, dann sollte ich einen Blick auf die innere Haltung der Akteure werfen, um die Größe der Lernschritte neu zu definieren. Ich kann nicht erwarten, dass Dinge, die ich nicht gut erklärt habe, richtig ausgeführt werden. Also breche ich mir keinen Zacken aus der Krone, wenn ich einfach immer mal wieder die Steadies überprüfe und auch gern die Lektion von Anfang an wiederhole. Denn die beste Kritik ist die, die nicht notwendig ist, da ich alles gut erklärt habe.

GUT ABGESICHERT

So gehört ein gezielter und gut geplanter Trainingsaufbau ebenso wie eine sorgfältige Sondierung der Örtlichkeit zu einer erfolgreichen Trainingsstrategie. Immer wieder erlebe ich, dass Menschen zu wenig abgesichert in eine Trainingssituation

gehen. Und hier meine ich auch Alltagssituationen, die in meinen Augen immer ein Training sind. Sehr häufig überfordern die Menschen sich selbst und ihre vierbeinigen Kollegen mit Situationen, die sie nicht gut kontrollieren können und bügeln dann sehr lange an den tief sitzenden Falten herum, um fehlerhafte Lernmuster zu löschen und gegen erfolgreiche zu ersetzen. Ich mache lieber öfter einmal eine Leine an den Hund oder das Gartentor zu, ebenso stelle ich lieber kleine Fragen und arbeite in Zeitlupe, um meinem Hund die Chance zu geben, schnell den Erfolg spüren zu können. Grundsätzlich ist in meinen Augen Kritik etwas extrem hilfreiches. Führt sie aber zu einer toxischen Stimmung oder häuft sie sich und wird nicht abgebaut, dann wird sie schnell zu einem Katalysator der menschlichen Laune.
Am Ende bleibt stehen: Kritisieren Sie den Hund nicht für Fehler, deren Vermeidung in Ihren Möglichkeiten und in Ihrem Verantwortungsbereich liegen.

IN KÜRZE

Spüre ich, dass die Neins sich häufen, dann sollte ich einen Blick auf die innere Haltung der Akteure werfen, um die Größe der Lernschritte neu zu definieren.

GEBOTE STATT VERBOTE

„Nein, lass das!", ruft der Mann, als der Hund hinter der Katze herlaufen möchte. Gut reagiert, denke ich; auch der Hund hält prompt inne und schaut seinen Menschen an. Na, und jetzt? Jetzt kommt oft das große Loch, in das die Hunde fallen.
Gebote statt Verbote ist eines der einfachsten und erfolgreichsten Prinzipien überhaupt. „Nein, lass das!", und dann mit weicher, liebevoller Stimme: „Komm her und lass Dich streicheln, lass uns spielen oder etwas anderes Schönes machen."

ALTERNATIVEN BIETEN

Oft haben die Hunde kein Alternativverhalten parat, wissen nicht, was sie besser tun sollten, als Quatsch zu machen. Oft fehlt ihnen einfach die Idee, was sich gut anfühlen könnte, weil es gelobt wird, entspannt oder einfach nur lustig ist. Die Hunde präventiv so zu schulen, dass sie sich hinsetzen, wenn man einen anderen Menschen begrüßt, dass sie sich ablegen, wenn man im Restaurant an einem Tisch Platz nimmt, dass sie eine Aufgabe bekommen, mit der sie eingebunden sind und nicht nur angehalten, das ist sehr wichtig! So kann ich deeskalierend einwirken.

Das Glück über so ein gutes Benehmen darf ruhig zum Ausdruck gebracht werden.

Entwickelt sich beispielsweise eine angespannte Hundebegegnung, dann rufe ich meinen Hund freundlich mit seinem Namen zu mir und lobe ihn ausgiebig für die Reaktion. Dasselbe mache ich, wenn der Hund eine Katze oder ein Reh anschaut. Ich biete eine Alternative, eine Aufgabe, die der Hund leicht lösen kann, die einfach, freundlich und friedschaffend ist.

DER LANDSEER IN DER HUNDEGRUPPE

Letztens stürmte ein großer Landseer aus einer Siedlung in meine Hundegruppe von zehn Hunden, die mich am Fahrrad frei begleitete. Während mein Herz vor Schreck stehen bleiben wollte, schoss aus meinem Mund ein „Hunde, lie down". Und sie taten es, worauf mein Herz seinen Rhythmus wiederfand. Sie hatten alle eine Aufgabe bekommen, nämlich sich hinzulegen, und schon konnten sie nicht zurückpöbeln. Das hat den Eindringling so überrascht, dass er ganz verdutzt an meinen Hunden rumschnüffelte und dann abzog. Der Besitzer rief mir noch hinterher: „Mensch, Sie haben die aber im Griff!" Stimmt! Das war echt toll und ich habe ein Gebot ausgesprochen, kein Verbot! Um gefühlte drei Meter größer setzten wir unsere Fahrradtour fort …

Mit Freude, Disziplin und vielen Pfoten die Welt erobern.

DAS REZEPT GEGEN FAST ALLE KONFLIKTE

Mit diesem Rezept löse ich alle Konflikte. Ich werde häufig gefragt: „Was mache ich, wenn mein Hund die Katze jagt, sich nicht vom Spielen mit anderen Hunden abhalten lässt, ständig Menschen anspringt, andere Hunde anbellt oder, oder, oder …" Es klingt wie unterschiedliche Probleme, ist aber im Grunde nur ein und dieselbe Frage, die die Menschen stellen. Betrachten wir die (Re-)Aktionen der Hunde genauer, stellen wir fest, dass alle Verhaltensweisen dem Funktionskreis Drängen/Bedrängen zuzuordnen sind. Das ist grundsätzlich erstmal kein Fehlverhalten, sondern ein natürliches, und neutral gesehen eben einfach eine ihrer Möglichkeiten. Fehlerhaft ist nur, dass der Hund sich nicht mit Leichtigkeit von seinem Tun abbringen lässt. Also haben wir es seitens des Zweibeiners mit einem Kontrollverlust zu tun. Würde der Hund zu 100 Prozent auf die ziehende Hilfe reagieren, dann gäbe es ja kein Problem. Er könnte die Katze in Ruhe anschauen, ausgiebig spielen, freundlich andere Menschen begrüßen und auch dürfte er ab und zu mal bellen. Das Ziel maximale Freiheit ohne Kontrollverlust wird so sicher erreicht.

FUNKLÖCHER

Das oberste Gebot bei allen möglichen Situationen ist das Gebot der Kontaktaufnahme. Die Menschen stellen sich einfach zu selten die Frage, ob sie immer in der Lage sind, mit ihrem Vierbeiner Kontakt aufzubauen. Oder rutscht er schon mal öfter in ein Funkloch? Alle Situationen, die ich bereits erreicht habe, kann ich so belassen. Die „Funkloch-Situationen" jedoch nehme ich mir gezielt vor und bereite sie im Training auf. Mit einer immer wieder gut geschulten ziehenden Hilfe und viel Lob inszeniere ich diese Momente, bin mit einer Schleppleine und viel Ruhe ausgerüstet und erkläre meinem Vierbeiner in aller Ruhe, wie ich mir das gemeinsame Leben vorstelle.

IN KÜRZE

Gebote statt Verbote – eröffnet dem Hund ein Alternativverhalten und sichert ihm gute Gefühle. Maximale Freiheit ohne Kontrollverlust sind das Ziel.

SPIELEN MACHT SPASS UND BEFREIT

»Dem Menschen zur Freude, dem Tiere zum Glück, und andersherum«

(Anne Krüger Degener)

Es ist eines meiner eigenen Zitate, das ich am allerliebsten habe und mir selbst nahezu jeden Tag im Stillen vorsage. Spielen ist ein reines Komfortzonenverhalten und wir finden es in der Natur in Situationen, in denen die Tiere gut genährt und sicher sind, in denen es keine Not gibt.

INFANTILES WESEN

Bei ehemaligen Straßenhunden ist es häufig schwer auszulösen, bei den gut sozialisierten Wohlstandshunden hingegen kommt man meist sehr leicht an infantiles Spielverhalten heran. Man bezeichnet den domestizierten Haushund in vielen Bereichen gern als hypertrophiert. Das bedeutet überzogen, übertrieben. Sein Sexualverhalten, sein Spielverhalten und auch seine Lautgebung sollen hypertrophiert sein.
Bezogen auf das Spielverhalten ist das wirklich eine sensationelle Eigenschaft, denn Hunde mit einem infantilen Wesen, mit der großen Bereitschaft, losgelassen und frei zu spielen, sind sehr leicht zu aktivieren und auch zu motivieren.

ABRUFBARES SPIELVERHALTEN

Wir etablieren das Spielverhalten und legen es so an, dass es in allen Situationen abrufbar wird. Auf diese Art und Weise bin ich in der Lage, dem Hund über ein gut gearbeitetes Lob und ein etabliertes Spiel im Handumdrehen überall eine Komfortzone zu schaffen. Auch da, wo es vielleicht gerade keine gibt, oder dann, wenn das Leben einmal gefüllt mit Ernst oder auch Kritik die Kanten sichtbar macht.
Gelungenes Spiel findet immer auf gleicher Augenhöhe statt. Es ist ein Austausch von Dominanzen, ein freizügiges Nachgeben. Es festigt Respekt und Vertrauen und gibt dem Leben die Würze. Gelungenes Spiel ist wie ein Kurzurlaub im Paradies. Und niemand sagt, dass man da nur Stippvisite machen darf.

WOHLFÜHLATMOSPHÄRE

Wir spielen mit den Hunden zunächst das unterlegene körperbezogene Spiel. Unterlegen bedeutet, dass wir dem anderen rein räumlich gesehen bereitwillig unseren Platz anbieten. Wir bewegen uns im Spiel niemals auf unser Gegenüber zu, sondern immer weg von ihm, lassen uns einholen und starten erneut. Das kann auf dem Lieblingsteppich im warmen Wohnzimmer oder im sicheren Garten stattfinden. Ein schönes Ambiente, in dem wir uns selbst auch wohlfühlen, ist entscheidend.
Sage ich zu meinen Schülern im Unterricht: „Nun spielen Sie doch mal“, dann stehen die meisten erst mal da wie ein Stockfisch. Und genauso „lustig“ wird dann auch das Spiel.
Bedenken Sie, dass auch wir Menschenkinder ein sicheres Umfeld brauchen, eine Komfortzone, in der wir uns wohlfühlen, um mit dem Spiel beginnen zu können.

SPIELREGELN

Jeder Mensch kann mit seinem Tier Rituale entwickeln; jeder Mensch spielt anders – so auch jeder Hund. Wichtig ist, dass Sie die Spielregeln bestimmen und darauf achten, dass es nicht zu Übergriffigkeiten kommt. Sollte das Spiel zu distanzlos werden, dann stellen Sie durch ein ruhiges, klares Nein und eine frontale Bewegung auf das Tier zu wieder etwas Distanz her. Danach müssen Sie aber unbedingt weiterspielen, sonst lernt das Tier die Spielregeln nicht.

OBJEKTBEZOGENES SPIEL

Die meisten Menschen kennen sich sehr gut mit dem objektbezogenen Spiel aus. Sie kennen es sicher auch vom Bällchen- oder Frisbeewerfen. Bei uns sieht das objektbezogene Spiel ganz anders aus. Wir vermeiden es, dass der Hund einem weggeworfenen Gegenstand hinterhersausen darf, denn damit üben Sie schlicht Beutefangverhalten. Es ist, als würden Sie Ihren Hund darauf vorbereiten, dem Wild nachzujagen. Und das will doch niemand.

Wenn wir in der HarmoniLogie® objektbezogen spielen, dann befindet sich der kleine Kerl an der Leine und er darf den Gegenstand aus unserer Hand nehmen, die mit dem Objekt der Begierde vor dem Hund etwas herumzappelt. Will er es haben, bekommt er es. Er hat immer Erfolg. Das garantiere ich. Und dass er mit dem Gegenstand nicht abhaut, dafür sorgt die Leine. So können wir beispielsweise spielerisch die Grundmuster des Apportierens lehren. Nimmt der Zwerg den Gegenstand, sagen wir von Anfang an das dafür auserkorene Signal, z. B.: „Nimm." Bewegt er sich mit dem Teil im Maul auf mich zu, sage ich einfach den Namen des Hundes und „Holen". Und wenn ich es wieder haben will, sage ich „Danke". Und schon zappelt es wieder und die Zeremonie geht von vorne los.

Ja, und wie so oft im Leben gilt auch für das Spiel: Aufhören wenn es am schönsten ist!

IN KÜRZE

- **Gelungenes Spielen findet immer auf gleicher Augenhöhe statt: mal ist der eine dominant, mal der andere. Aber Sie legen die Spielregeln fest und sorgen auch dafür, dass sie eingehalten werden.**
- **Bewegen Sie sich beim Spiel immer vom Hund weg. Geometrisch korrekte Laufmuster erzeugen eindeutigen Spaß.**

Das körperbezogene, unterlegene Spiel …

… schafft ein enges und ehrliches Miteinander.

Im objektbezogenen, unterlegenen Spiel kann das Triebverhalten des Hundes geschickt geformt werden.

RICHTIG SPIELEN

Ist Ihr Hund sehr ernsthaft, desinteressiert, träge oder auch eingeschüchtert, dann legen Sie bitte grundsätzlich sehr viel Wert auf Zeiten und Einheiten, in denen Sie einfach nur spielen. Schaffen Sie Ihrem Hund einen Rahmen, in dem er loslassen, sich auf Sie und Ihre Laufmuster konzentrieren kann.

VOM HUND WEG

Die Bewegungsmuster sind beim Spiel entscheidend, damit es überhaupt funktionieren kann. Und das stellt einige Anforderungen an uns, denn häufig führen unsere Laufmuster beim Spielen zu großen Missverständnissen. Sie haben bestimmt auch schon Menschen mit ihrem Hund spielen sehen, die sich mit gurrenden, fast knurrenden Lauten auf den Hund zubewegen und ihn so dazu bringen wollen, dass er freudig umherspringt. Sie schulen also, dass der Hund mit Drängen/Bedrängen antwortet, wenn sie sich auf ihn zu bewegen.
In der HarmoniLogie® hingegen lehren wir die Hunde, dem Naturgesetz der Sprache folgend, Distanz zu uns aufzubauen, wenn wir auf sie zugehen (siehe Seite 60). Missverständnisse, Verwirrung und Frust wären also vorprogrammiert, wenn wir so spielen würden. Also grundsätzlich nie vorwärtsgehen. Bewegen Sie sich stattdessen mit gebrochenen Winkeln in Ihren Achsen rückwärts. Machen Sie fröhliche und melodische Geräusche und lassen Sie den Vierbeiner stets gewinnen.

KOMM, SPIEL MIT MIR

Passen Sie nur auf, dass Sie in keine Falle tappen und der Hund Sie zum Spielen erzieht. Sitzt er beispielsweise total stumpf neben Ihnen, ist es eine gute Möglichkeit, ihn mit gelungenem Spiel zu erheitern. Aber wenn Bello lernt, dass sich stumpf gucken lohnt, weil Sie dann immer so toll mit ihm spielen, dann hat er sie gewaltfrei und ohne Leckerli erzogen. Achten Sie also darauf, dass es keine Masche wird und der Zwerg nicht Sie zum Spielball macht.
Innere Losgelassenheit erreichen wir, wenn wir das Spiel tatsächlich erzeugen können, es ein- und ausschalten können und den Überblick über Raum und Zeit behalten. Dann ist Spiel ein wunderbares Hilfsmittel in der Ausbildung.

DAS SPIEL ALS PAUSE UND BINDEGLIED

Wir wissen aus unserer Kindheit, dass wir uns gerne an diejenigen erinnern, mit denen Spielen richtig Spaß gemacht hat und neben einer Intensität auch Platz geboten hat, sich weiterzuentwickeln. Wir nennen es auch „little escape" und es ist, wenn es gut klappt, gewiss ein großes Stück vom Glück.

Wenn ich einen Hund habe, der gar nicht spielen möchte, und das gibt es nicht zu selten, dann erarbeite ich ein paar kleine Tricks, wie auf den Arm springen oder Slalom durch die Beine. Mit diesen kleinen Lektionen kann jeder Mensch etwas Dynamik in die Beziehung bringen. Wie wir das tun, finden Sie auf Seite 172.

EIN DATE MIT MEINEM HUND

Allein die Tatsache, dass ich mit meinem Hund ein Date habe, um etwas Lustiges oder Dynamisches zu unternehmen, reicht meist schon, um die Beziehung in positive Richtung zu lenken. Ebenso macht es Sinn, das Spiel in die Arbeit und das Training zu integrieren. Habe ich das Spielverhalten etabliert, dann kann es eine wunderbare Pause darstellen, mit der ich mich und den Hund auffrische, um mit neuer Energie wieder in den Unterricht zurückzukehren. Es kann eine von vielen Möglichkeiten sein, den Unterricht zu unterbrechen. Gehorsam soll ja Spaß machen. Deshalb kombiniere ich gerne die trockenen Lektionen wie Hinlegen oder Bei-Fuß-Gehen mit spritzigen kurzen Spielpausen oder kombiniere das Apportieren und die Trickschule „Ballett im Kompass" (Seite 188). Alles, was wir mit Freude schulen, macht auch Freude beim Abrufen. Das war schon immer so.

IN KÜRZE

Was wir mit Freude schulen, macht in der Regel auch Freude beim Abrufen.

Mit kleinen Tricks sowie gezielten Sprüngen oder Slalom ...

...fällt die positive Aktivierung leicht.

Der triebstarke und intelligent arbeitende Border Collie erfährt nur in der Arbeit an der Herde seine Erfüllung.

VON HUNDEN, HIRNEN UND HORMONEN

In der Ausbildung und im Verständnis von Hunden ist die Schulung der Wahrnehmung ganz entscheidend, deshalb lege ich so viel Wert darauf, dass Sie lernen, die Signale des Hundes erst zu beschreiben und dann wertfrei einzuordnen. Eine feine Wahrnehmung der Signale, die unser vierbeiniger Freund aussendet, ist die Grundlage für eine gelingende Kommunikation und Beziehung über die Grenzen der Spezies hinweg. Darüber hinaus kann es hilfreich sein, etwas über die Vorgänge im Inneren des Hundes zu lernen, die sich übrigens nicht grundsätzlich von dem unterscheiden, was in Ihnen vorgeht, wenn Sie mit Ihrem Hund arbeiten oder einfach in Ihrem Alltag unterwegs sind. Als Säugetiere teilen wir den größten Teil unserer Genetik; unsere Stoffwechselprozesse sind größtenteils deckungsgleich; so sind auch unsere Reaktionsweisen in zahlreichen Situationen des Lebens, die mit dem Überleben, mit dem Abwenden von Gefahr, mit Hunger, Schlaf und Fortpflanzung zu tun haben, nahezu identisch. Wir haben die gleiche Evolution durchlaufen, sodass wir körperlich bis hin zur hormonellen und neurobiologischen Ebene eine enge Verwandtschaft aufweisen. Einige Kenntnisse darüber können helfen, Ihren Vierbeiner, aber auch sich selbst besser zu verstehen.

DAS LIMBISCHE SYSTEM

Es gibt keine Unterschiede in der biologischen Weise, wie wir Menschen und unsere Hundefreunde auf Bedrohung, Bindung, Spiel, Lernen, Hunger und Schlaf reagieren. Die Evolution hat uns gleichermaßen mit einem relativ neuen Teil des Gehirns ausgestattet, das als limbisches System bezeichnet wird. Das Wort „limbisch" deutet darauf hin, dass es sich um einen Grenzbereich handelt, einen Saum, der sich um die alten Hirnanteile legt, die das Leben auf wesentlich primitiveren Lebensstufen regeln. Dieser Saum hat die Evolution revolutioniert! Hierdurch wurden Bindung, Brutpflege und Spielen möglich. Ebenso wurde auch möglich, dass die Nachfahren einer Spezies einerseits deutlich unreifer und andererseits in wesentlich geringerer Anzahl zur Welt gekommen sind. Je unreifer ein Neugeborenes und je kleiner die Anzahl einer neuen Generation, umso mehr müssen Elterntiere in die Aufzucht „investieren", an Zeit, Nahrung, Schutz, Sozialisation usw. Gleichzeitig hat das alles eine neue Dimension von kommunikativem und experimentellem Verhalten möglich gemacht, was natürlich seinerseits die Grundlagen für Lernen, Gedächtnis und im Falle der Menschen auch die verschiedenen Ausdifferenzierungen von Kultur hervorgebracht hat. Eine wunderbare Revolution also mit großen und tiefgreifenden Folgen.

UNTERSCHIEDE IN DER ENTWICKLUNG

Jenseits des limbischen Systems hat sich im weiteren Verlauf der Evolution das Großhirn mit sehr verschiedenen Komplexitätsgraden gebildet. Für uns Menschen hat es die Fähigkeit mit sich gebracht, dass wir uns selbst in verschiedenen Rollen wahrnehmen und reflektieren können, was sich daran zeigt, dass wir für gewöhnlich darüber sprechen können. Diesen Weg haben unsere Hunde nicht in gleicher Weise zurückgelegt, was ihnen jedoch andere Fähigkeiten bringt, die uns wiederum schwerfallen. Dazu gehört vor allem die Fähigkeit, voll und ganz im Hier und Jetzt zu sein. Wie wirkungsvoll das im kommunikativen Bereich sein kann, haben Sie am Beispiel der sehr diskreten, aber unmissverständlichen Mitteilung der leicht vibrierenden Lefze des Papahundes gegenüber seinen Kindern gesehen (siehe Seite 39; Kap. „Devot kann eine Tugend sein"). Beschlüsse können ohne großes kritisches Hinterfragen gefasst und umgesetzt werden. Die ganzen Schichten der Selbstzweifel und Selbstkritik sind unseren Hunden gänzlich fremd. Das Leben wird dadurch deutlich pragmatischer; hat allerdings auch einige entscheidende Freiheitsgrade weniger.

DER MANDELKERN

In jedem Fall sind die Gemeinsamkeiten sehr groß und die Unterschiede sehr gering. Wenn wir uns diese Neurobiologie etwas genauer anschauen, finden wir bei Mensch und Hund gleichermaßen ein System der hormonellen Regelung bei Bedrohung, Bindung und Antrieb. Das Bedrohungssystem ist hierbei, evolutionsbiologisch gesehen, das älteste und robusteste System, weil es auf einer sehr existenziellen Ebene Überleben sichert. Wenn dieses System aktiviert wird, zeigt sich ein Verhalten wie Flucht, Angriff oder auch Totstellen. Es findet in der Abwehrzone (siehe Seite 78) der geometrischen Sprachmuster statt (siehe Kapitel „Geometrie der Sprache"). Zu den beteiligten Strukturen unseres Gehirns gehört hierbei der sogenannte Mandelkern oder die Amygdala. Sie arbeitet wie ein Bedrohungsradar, der im wachen Zustand, wie auch während der meisten Schlafstadien, ständig aktiv ist und die Umgebung nach Unregelmäßigkeiten scannt. Wenn hier Abweichungen vom erwarteten Zustand wahrgenommen werden – ein Geräusch, ein Schatten, ein Geruch, eine leise Bewegung – wird in Bruchteilen von Sekunden eine hormonelle Achse aktiviert, die im Mandelkern zu einer Ausschüttung von Serotonin führt. Sodann kommt es zu einer Aktivierung der Gehirnregionen unterhalb des Mandelkerns, dem Thalamus, die von hier zur Hirnanhangsdrüse und von dort zu den Nebennieren reicht. In Bruchteilen von Sekunden steht der gesamte Organismus bereit.

DIE HIRNANHANGSDRÜSE

Die Hirnanhangsdrüse ist eine entscheidende, übergeordnete hormonelle Steuerungsstation, die neben den Nebennieren auch die Schilddrüse, den Flüssigkeitshaushalt und die Geschlechtshormone reguliert. Sie ist ein bisschen wie der Kutscher mit den hormonellen Zügeln in der Hand für Aktivität, Fortpflanzung, Ausscheidung, Stress etc. Die Nebennieren sitzen wie kleine Mützen auf den Nieren und haben ihrerseits vielfältige Aufgaben. Sie schütten einerseits die wichtigen Flucht und Kampf vorbereitenden

Den Hund in ein hormonelles Gleichgewicht zu bringen, ist die Aufgabe von seinem Freund und Lehrer Mensch.

Aktivierungshormone wie Adrenalin und Noradrenalin aus. Mit diesen Hormonen wird das gesamte vegetative Gefüge reguliert. So braucht ein Hund oder ein Mensch im Falle von Flucht oder Kampf die Bereitstellung von riesigen Energiereserven, der Puls und der Blutdruck werden gesteigert. Die Lungen pumpen Massen an Sauerstoff in das System, Zuckerspeicher werden aus der Leber und den Muskeln freigesetzt. Damit werden Maximalleistungen möglich, die einem Zebrajungen in der Prärie die Flucht vor einem Löwen erlauben oder der Zebramutter den Kampf mit dem Löwen möglich machen.

NEBENNIEREN

Die Nebennieren bilden auch große Mengen von Kortison, die den gesamten Wahrnehmungsfokus einengen, die Zugbrücken zum Langzeitgedächtnis hochziehen und den Energiehaushalt wiederum auf überlebensdienliche Aktivität vorbereiten. All das geschieht in kürzester Zeit, vollkommen autonom und erfasst den gesamten Organismus – egal ob Hund oder Mensch. Aus diesem Grund ist es so ungeheuer wichtig, dass wir immer wieder Gelegenheiten schaffen, um Bindung zu aktivieren, uns selbst und den Hund zum Lachen zu bringen, auszustreichen, abzuschlecken usw. In der freien Wildbahn sieht man übrigens bei Fluchttieren wie zum Beispiel Zebras, Gazellen oder auch Rehen, dass diese nach der erfolglosen Jagd eines Raubtieres auf sie tüchtig mit den Läufen zittern – darüber bauen sie das überschüssige Adrenalin ab, das sie dann nicht mehr brauchen.

HORMONABBAU DURCH BEWEGUNG

Mit Ihrem Hund und bei sich selbst können Sie diese überschüssigen Hormone ebenfalls über körperliche Aktivität abbauen. Wenn diese Bedrohungssysteme überhaupt nicht zur Ruhe kommen, findet man bei Menschen gleichermaßen Veränderung in der Stimmungslage und im Antrieb. So kann sich bei Menschen im Krankheitsbild einer Depression genau diese dauerhaft gedrückte Stimmung zeigen, der fehlende Antrieb sowie eine deutlich reduzierte Fähigkeit, Bindungen einzugehen.

Bindungsrituale gehören in den Alltag.

OXYTOCIN UND ENDORPHINE

Das Bindungssystem hat seine biologische Grundlage vor allem im limbischen System und wird seinerseits durch charakteristische Hormone reguliert. Hierzu gehören das Oxytocin und auch Endorphine. Letztere sind strukturgleich wie morphinartige Schmerzmittel (z. B. Opium), für die Säugetiere eine körpereigene Produktion aufweisen. Eine Aktivierung des Bindungssystems führt zum Ausschütten dieser Hormone. Das Säugen eines Welpen, eines Lamms, eines Kälbchens, eines Säuglings führt zu einer massiven Ausschüttung von Oxytocin. Aber nicht nur das, auch wenn wir nur beim Säugen zuschauen, schütten wir Oxytocin aus. Oder wenn wir unserem Hund das Gesicht ausstreichen, das Fell und die Ohren kraulen; oftmals schon, wenn wir unseren geliebten Vierbeiner einfach nur anschauen. Wenn ein Mensch die Hand eines anderen Menschen länger als sechs Sekunden hält, kommt es zur Ausschüttung von Oxytocin. Wenn wir lachen, schütten wir auch noch Endorphine aus. Es ist leicht zu sehen, dass wir über diese ganzen, teilweise beiläufigen Handlungen unser eigenes, aber auch das Bindungssystem unserer Hunde aktivieren können.

DAS BINDUNGSSYSTEM AKTIVIEREN

Ein besonders interessanter Umstand zeigt sich darin, dass es wirklich nur eine Möglichkeit gibt, das Bedrohungssystem direkt zu beruhigen und herunterzuregulieren: durch eine Aktivierung des Bindungssystems. Nun gibt es Menschen und Hunde, die aufgrund schlechter Lebenserfahrungen Schwierigkeiten haben, ihr Bindungssystem zu aktivieren, weil Bindung immer auch ein soziales Risiko mit sich bringt: Man könnte wieder verletzt oder enttäuscht werden. Auch dies verdeutlicht wiederum, dass es absolut entscheidend ist, regelrechte Bindungsrituale zu etablieren und diese zu feiern, sooft es geht! Eine Aktivierung des Bindungssystems ist letztlich Voraussetzung für erforschendes und ausprobierendes Verhalten, also für die Möglichkeit von Verhaltensänderungen und damit für Lernprozesse. In bedrohlichen Belastungssituationen können wir und kann unser Hund nicht lernen. Das sind die Situationen, in denen wir von biologischen Verhaltensmustern gesteuert werden, die überwiegend automatisch ablaufen. Für Lernbereitschaft muss das eigene Bedrohungssystem wie auch das unseres Hundes sehr leise sein. Eine gleichzeitige Aktivierung des Bedrohungs- und des Bindungssystems ist nicht möglich. Im Zweifelsfall sollten Sie also immer erst einmal das Bindungssystem ordentlich wecken und erst danach mit Ihrem behaarten Freund die nächste Lektion beginnen.

AUSGLEICH SCHAFFEN

Ohne nun noch tiefer in medizinische Grundlagen einsteigen zu müssen, kann man leicht verstehen, wie Erziehen, Lernen und Erleben mit dem Hormonsystem zusammenhängen können. Ebenso kann man gut nachvollziehen, wie man den Hund beeinflussen kann. Erlebe ich beispielsweise Hunde, die aggressives Drängen zeigen und einen anderen Hund anpöbeln (also einen erhöhten Adrenalinspiegel haben), dann versuche ich zunächst, über den Namen die Situation zu entspannen. Sollte ich doch stören müssen, lege ich die Störung so an, dass im besten Fall nicht noch mehr Adrenalin ausgeschüttet wird. Erfolgt eine Reaktion auf mich, sollte ich bemüht sein, den Hormonspiegel zu verändern, durch Bewegung kann ich das Adrenalin abbauen, durch Ruhe und

Ausstreichen eine Oxytocinausschüttung erzeugen. Das Ziel ist, immer wieder einen Ausgleich zu schaffen und den Hund in einem ausbalancierten Hormonspiegel zu halten.

WIE VIEL ERREGUNG IST GUT?

Viele Menschen pushen den Adrenalinspiegel ihrer Hunde sehr hoch – manchmal durch den Hundesport, manchmal durch Jagen oder Spielen. Wenn es leicht ist, die Hunde auch wieder runterzufahren, dann kann man das gern machen. Stellt man aber fest, dass es schwierig ist, den Hund aus dem Maß an Erregung wieder herauszuholen, dann ist es toxisch und es sollte gut überdacht werden, wie viel Erregung für den Hund gut ist. Durch gezieltes Schulen und einen steten Ausgleich des Hormonspiegels lässt sich die Belastbarkeit deutlich steigern. Dazu gehört eben sehr viel Ruhe, Lob und auch friedliches Spielverhalten.

Unter dem Einfluss der Hormone kann sich das Verhalten der Tiere drastisch verändern. Ein allerliebstes Schaf kann in dem Moment, in dem es eigene Lämmer zu versorgen hat, zu einem feuerspeienden Stampfdrachen mutieren, ein lieber Hengst kann sich unter dem Einfluss von Testosteron zu einer Mordmaschine entwickeln und ein braver Rüde in der Anwesenheit einer läufigen Hündin zu einem hirnlosen sabbernden Wesen, das keinerlei Selbstwahrnehmung mehr hat.

Da sind die Tiere nicht so weit vom Menschen entfernt. Es ist sinnvoll, sich mit den Hormonen etwas auseinanderzusetzen, um ein gesundes und klares Verständnis für den geliebten vierbeinigen Partner zu entwickeln. Und in dem Moment, in dem ich von Verständnis spreche, meine ich nicht Entschuldigung. Auch der hormongesteuerte Hengst muss zuhören, ebenso wie der Rüde sich ansprechen lassen muss!

Die Trilogie vom Glück heißt Liebe, Vertrauen und Respekt.

Mit dem Pausenschmaus sorgen wir außerhalb des Trainings zusätzlich für Entspannung.

IN KÜRZE

- **Für die Entwicklung des Hundes wie auch für die Beziehung zwischen Hund und Mensch ist es hilfreich, wenn der Hormonhaushalt des Hundes ausgeglichen ist. Dauerstress mit hohen Adrenalin- und Kortisolspiegeln ist hinderlich und wirkt sich ungünstig auf die Gesundheit des Hundes aus.**
- **Oxytocin und Endorphine fördern Bindungsbereitschaft und entstehen mit Gefühlen der Verbundenheit, der Zufriedenheit. Sie werden auch durch Kuscheln, Kraulen, Ausstreichen der Nasenfalte, Fellpflege („grooming") ausgeschüttet. Bei Hund und Mensch!**

DER PAUSENSCHMAUS

In der HarmoniLogie® kommen wir ohne Lockmittel und auch ohne Leckerchen aus. Das macht diesen Weg so direkt und wertvoll. Und wir wissen um den tatsächlichen Wert von Futtergaben. Wir nennen es den Pausenschmaus; er wird dem Hund in den Pausen angeboten, ohne dass er dafür etwas leisten muss, um zusammen mit Berührung und Ruhe Spannungen abzubauen und Hormone wie z. B. Oxytocin und Endorphine freizusetzen.

HAVE A BREAK

Schon bei den Welpen beginnen wir beispielsweise damit, dem kleinen Zwerg Wartezeiten durch einen sehr schmackhaften Knochen zu verkürzen. Sollte er in der Box warten müssen, kann es auch dort einen Leckerbissen zum Nagen geben. Begleitet ein Welpe mich in den Unterricht, dann darf er neben mir auf der Bank sitzen und seinen Knochen bearbeiten.

In meinem Doggi-Bag befindet sich immer etwas Schmackhaftes, was dem Hund durch aktives Kauen Freude macht. Für ältere Hunde finde ich getrocknetes Schwarzbrot oder Vollkornkrusten am geeignetsten. Erzeugen möchte ich damit eine Bewegung des Kiefers, ein Speicheln und Schmatzen. Es soll Zeit und Raum schaffen und ihn mit einem kleinen Ausflug in die Leckerwelt füllen. Ebenso wie wir es handhaben, wenn es um Pausen geht. Have a break, have a KitKat. So einfach ist das.

Aber Obacht: Wenn Ihr Hund anfängt, den Pausenschmaus einzufordern und er zur Währung wird, dann stellen Sie die Gaben ein. Ist es aber für den Hund eine nette Überraschung, die aus dem Zusammenhang gelöst eine Wohltat bedeutet, dann sind Sie auf dem richtigen Weg. Ein Stück vom Glück darf auch gut schmecken.

WAS MAN FÜR DIE ERZIEHUNG BRAUCHT

Es braucht nicht viel, um einen Hund zu erziehen. Ein breites Halsband, eine 2,20 m lange Leine und ein großes Herz. Letzteres können Sie nicht kaufen. Das tragen Sie in sich. Aber den Zugang zu diesem Herzen müssen Sie dem Hund zeigen und hierzu benötigen viele Menschen eine Navigation.

WEISSES BLATT UND NEUE FRAGEN

Einen großen Teil meiner Tätigkeit verbringe ich damit, die Menschen verliebt in ihr Tier zu machen. Ihr Tier macht jeden Tag ein neues weißes Blatt auf; ist jeden Tag bereit, neu zu starten – auch wenn die Situation verfahren zu sein scheint. Mit einer guten Navigation schaffen sie es, die Fragen an ihren kleinen Kumpel neu zu formulieren, um an neue Antworten zu kommen. Wir kennen den Weg und wir können Ihnen helfen, ihn zu entdecken.

MAN BRAUCHT NICHT VIEL

Was Sie benötigen, um nicht von der Route abzukommen, ist schnell zusammengefasst. Platz ist in der kleinsten Hütte und es gibt kein anpassungsfähigeres Tier als den Hund. Schließt sich ein Hund seinem Menschen an, dann ist ihm alles egal, Hauptsache er ist bei seinem Mensch. Es gibt Dinge, die das Leben einfacher machen, und sehr viele Dinge, die man nicht unbedingt braucht. Ich persönlich habe einen landwirtschaftlichen Background und bin auf die Nützlichkeit der Dinge geprägt. So investiere ich in eine hochwertige Leine, zwei sehr gute, breite Halsbänder (eins für die Welpenzeit und eins für den erwachsenen Hund), eine Schleppleine und in qualitativ sehr gutes Futter. Als Spielzeug und zum Apportieren benutze ich gerne Dinge aus Naturmaterialien wie Filz, Baumwolle, Leder oder Holz, alles ungiftig und frei von Farbstoffen und Weichmachern – für den Fall, dass der kleine Hund beim Spiel kleine Partikel davon abschlucken könnte.

UND GANZ VIEL LIEBE

Ich investiere in Zeit und in gute und gelungene Begegnungen. Und ich spendiere dafür all meine Liebe. Mit der HarmoniLogie® habe ich ein Konzept entwickelt, wie aus kleinen Rabauken gute Gefährten werden, und ein System, in dem gutes Gedeihen möglich ist. Und diesem Konzept folge ich nun seit 30 Jahren mit sensationellen Erfolgen.

Doch nichts geht über echte Zuneigung und ehrliche Würdigung.

ERSTELLEN EINER AUSBILDUNGSSKALA

Eine Ausbildungsskala ist ein System, das wie eine Treppe aufeinander aufbaut. Es macht absolut Sinn, eine solche Skala für sich zu überdenken und sich während der Ausbildung daran zu halten. Ich gehe davon aus, dass jeder Mensch seinen eigenen Hund etwas anders formen und entwickeln möchte. Ein individuelles Konzept ermöglicht individuelle Ziele. Und zurück zu meinem Beispiel mit dem Bildhauer (siehe Seite 15), beginnen alle Schüler gleich.

Es geht anfangs um Werkzeuge, dann um die Fähigkeit, sie anzuwenden und danach erst um ihren kreativen Einsatz:

- So beginnt jede Ausbildungsskala mit A wie Ansprechbarkeit.
- Dann kommen die anderen drei Säulen (Störbarkeit, Lobbarkeit und Abgrenzbarkeit) unter der Berücksichtigung der
- drei Aspekte der Antwort hinzu.

Ist dieser Bereich fertig, haben wir einen Hund, der in jeder Situation auf seinen Menschen reagiert, der sich in seinen Handlungen unterbrechen und aktiv loben lässt und der mit Leichtigkeit einen höflichen Abstand zu seinen Menschen aufbauen kann.

DER NÄCHSTE SCHRITT

Nun sollte das System ihn in die Richtung schulen, die Sie haben möchten. Grundsätzlich sind die ersten Dinge, die wir den Hunden erklären, das Herkommen, das Ablegen, das Begleiten des Menschen an seiner Seite sowie links und rechts bei Fuß zu gehen. Wichtig ist der freie Anschluss, den wir erst ansprechen können, wenn der Hund eine gewisse Reife hat, die Hilfen sitzen und keiner Diskussion mehr bedürfen. Von hier aus geht es zu den ersten kleinen Lektionen, die dem geistigen und körperlichen Zustand des Hundes angemessen sein müssen. Hier können wir den Slalom und die Rolle einbauen. Parallel erarbeiten wir spielerisch das Apportieren. Nun ist der Hund alt genug, um auch am Fahrrad mitzulaufen. Das in etwa ist der Fahrplan eines jungen Hundes hier bei uns bis zum Alter von 14 Monaten.
Habe ich diese Etappen erfolgreich absolviert, dann sieht man, in welche Richtung der Hund spezialisiert werden könnte. Und hier sind tatsächlich alle Zielrichtungen möglich und offen: Sie reichen vom Kinderspielgefährten bis zum Sprengstoffspürhund.
Bleiben Sie bei dem Fahrplan, der den Hund aufbaut und nicht überfordert, und es macht absolut Sinn, einen solchen Plan schriftlich auszuarbeiten, um nicht irgendwann vom Weg abzukommen.

Ausbildungsskala der HarmoniLogie®

Liebe und Geborgenheit erzeugen echte Bindung.

TRAINING MIT KONZEPT

Bei all dem Eifer, den wir bei der Erziehung unseres jungen Hundes an den Tag legen, gilt immer eine Regel: Schulen Sie erst das DAS, dann das WIE. Erklären Sie Ihrem kleinen Freund, was er tun soll, bevor Sie es auf der Spitze des Eisberges verlangen. Der Weg bis zum Eisberggipfel ist weit und Sie haben viele Möglichkeiten, sich und Ihren Kumpel darauf vorzubereiten.
Das in meinen Augen beste Konzept ist die Politik der kleinen Schritte (W. Brandt). Schützen Sie sich und Ihren Hund vor Überforderung. So ist zum Beispiel eine Hundewiese im Park oder eine große wilde Welpenspielgruppe eine Überforderung. Hat der kleine Wicht die Hilfen noch nicht verstanden, dann können Sie ihm auch in Stresssituationen nicht helfen. Das Gute ist, meistens überleben sie es. Das Schlechte ist, sie lernen, in Reizlage im Funkloch zu sein. Das ist vom Ansatz her schlicht kontraproduktiv.

REIZLAGE LANGSAM STEIGERN

Also schulen wir die Hunde so, dass sie zuhören, und erst danach steigern wir die Reizlage, sodass das Zuhören auch dann noch funktioniert. Erklären Sie zum Beispiel erst das Hinlegen am Ort, bevor der Hund lernt, es aus der Bewegung zu machen, oder auf nassem Untergrund, oder wenn Kinder spielen usw. Entwickeln Sie selbst einen Überblick, ja ein Gespür, ob Ihr Hund den Anforderungen bereits gewachsen ist, und helfen Sie ihm, da hineinzuwachsen.
Glauben Sie an Ihren Hund! Denn das, was er heute noch nicht kann, kann er mit Ihrer Hilfe lernen, und morgen klappt es dann schon viel besser.

IN KÜRZE

Entwickeln Sie ein Gespür dafür, ob Ihr Hund den Anforderungen gewachsen ist, helfen Sie ihm, da hineinzuwachsen und glauben Sie an Ihren Hund!

ERREICHBARE ZIELE SETZEN

Ich habe eine Vision vom Leben mit meinen Tieren. Eine Vision voll von Verbindlichkeit und Freiheit, von Vertrauen und Liebe, gefüllt mit Bildern der Belastbarkeit und Treue. Zu keinem Zeitpunkt in meinem Leben habe ich mich von dieser Vision getrennt. Ich bin ihr emsig nachgelaufen und konnte sie immer wieder zu Realität werden lassen. So blieb es kein Traum, mit einem Pferd frei und ohne Führstrick, mit vielen Hunden oder auch allen gemeinsam frei und froh durch die Natur zu streifen. Es blieb kein Traum, dass die Tiere lachend und fröhlich auf mich zulaufen, wenn ich sie leise rufe und es blieb auch kein Traum, dass sie sich für mich entscheiden, wenn sie eine freie Wahl haben. Den Weg dorthin allerdings baue ich mit jedem Tier einzeln und individuell auf. Jedes durchläuft die Schulung und folgt der Ausbildungsskala, dem Rhythmus der HarmoniLogie® den Gesetzen der körperlichen Sprache.

Meine Vision: Die Tiere sollen gerne frei und froh bei mir sein und meine Nähe suchen. Doch das braucht seine Zeit.

ALLES BEGINNT AM ANFANG

Immer wieder starte ich bei A. Oft genug gehe ich auch zurück zu A – auch wenn ich mich schon weiter sah. Stets werde ich in Geduld geschult und manchmal auch hart geprüft. Täglich stelle ich mich dieser Prüfung und brenne darauf, sie zu bestehen. Und dann wird wieder gefeiert. Kleine wie große Feste. Erfolg erzeugt Glück und das kann man sich selbst schaffen, wenn die Ziele erreichbar gesteckt werden.

Ich habe gelernt, auf die Tiere zu warten, und ich schule sie geduldig, mit mir zu sein. Auch ich habe mit ihnen geweint, um sie gebangt, für sie gekämpft und auf sie vertraut. All dies sind Emotionen, in denen ich mich besser auskenne als in meinem Wohnzimmer. Auch ich habe den Tieren immer wieder ein weißes Blatt aufgemacht, das haben sie mir beigebracht. Ich habe mich für sie verändert und sie haben mich gelehrt, mich zu regulieren. Die Tiere haben mich geschult, unehrgeizig aber zielstrebig zu sein. So haben die Tiere und ich im Team den Weg in die Visionen und Träume gefunden.

AUCH VISIONEN WACHSEN

Etwas, was ich bei uns Menschen immer wieder beobachte, ist, dass unsere Visionen manchmal nicht mit der Entwicklung unseres Tieres mitwachsen. Wir bleiben hier und da bei Etappensiegen stehen und vergessen, dass es weitergehen kann. So sind wir schon mal bereit, uns mit einem Verhalten abzufinden, der Situation anzupassen und sie einfach „wegzuargumentieren“, obwohl da noch so viel Spielraum nach oben wäre.

Wenn ich mir wünsche, einen Hund an meiner Seite zu haben, der mir gern überallhin folgt, dann bin ich nicht kompromissbereit, sondern werde dieses Ziel verfolgen, bis ich es erreicht habe.

DIE SIGNALE – DER GUTE TON IM FEINEN UMGANG

Der Ton macht die Musik. Jawohl, so ist das! Und wenn ich leise in den Wald rufe, dann kommt es auch leise wieder raus. Je leiser ich spreche – natürlich verständlich, deutlich und auf gar keinen Fall genuschelt –, umso eher bemühen sich die Hunde um meine Signale.
Die Sprache, egal ob akustisch oder visuell, ist unser allerwichtigstes Hilfsmittel, und es ist ein Geschenk der Hunde an uns, dass sie sich auf diese so vielschichtige Laut- und Zeichengebung einlassen. Die visuelle Sprache ist gewiss ein gutes Kommunikationsmittel, kommt sie doch den Hunden sehr entgegen. Aber wir sollten uns bemühen, die akustische Sprache in den Vordergrund zu rücken, denn nur dann können wir den Hund auch auf Distanz und außerhalb des Blickkontaktes gut lenken. Es sei denn, ich schule einen gehörlosen Hund, der durch die visuelle Wahrnehmung ebenso alles erlernen kann wie der hörende.

DAS VOKABELHEFT

Ähnlich wie die Ausbildungsskala entwickeln wir mit den Schülern ein Vokabelheft. Hier wird einmal definiert und am besten niedergeschrieben (wichtig, damit alle Familienmitglieder mit gleicher Zunge sprechen), welches Signal für welche Lektion benutzt wird. Als Ausdruck laminiert macht sich das am Kühlschrank gut, sodass jeder nachsehen kann, was man denn so sagt, wenn der Hund herkommen oder sich hinlegen soll. Dieses Vorgehen macht es dem vierbeinigen Familienmitglied deutlich leichter, bei den Zweibeinern Fuß zu fassen.
Egal ob akustisch oder visuell, die Sprache sollte leise, ohne Spannung und freundlich sein. Nur dann sind Variationen in die anderen Richtungen möglich. In der HarmoniLogie® erteilen wir unseren kleinen Freunden keine Befehle, wir bilden auch keine Soldaten aus – vielmehr benutzen wir Signale, entwickeln eine gemeinsame Sprache und schulen Gefährten.
Bei allen Signalen achten wir penibel darauf, dass sie sich gut voneinander unterscheiden, auf die Länge des Signals (ein-, zwei- oder dreisilbig), auf die einprägsame Wortmelodie usw.

VON ENGLISCH BIS MELODIÖS

Mit vielen meiner Hunde spreche ich bei der Arbeit Englisch, manche haben auch Fantasiesprachen-Signale. Aber fluchen tue ich immer auf Deutsch …
Zu allen akustischen Signalen entwickle ich dann kleine Melodien auf der Pfeife, die sich der Wortmelodie anpassen. Und so entstehen diese vielen kleinen Kompositionen, mit denen ich meine Hunde lenken kann. Das macht Spaß, ist total einfach und logisch.
Achten Sie darauf, dass es keine Wortähnlichkeiten gibt, die zu Missverständnissen führen können, so wie „Taps, Platz“ und „Tom, komm“ oder das immer wieder gern genommene „Fein“ und „Nein“. Und bitte reduzieren Sie den Wortschatz auf den kleinsten gemeinsamen Nenner, keine ganzen Sätze oder Romane.

IN KÜRZE

— **Die Signale müssen sich gut voneinander unterscheiden.**
— **Alle Familienmitglieder sollten dieselben Vokabeln benutzen – das macht den Erfolg für alle Beteiligten greifbarer.**

Mit der „simple flat shepherds whistle“ geben wir die Pfeifsignale.

VON PAUSEN, URLAUB UND KOMFORTZONEN

Durch gelungenes Lob und Spiel haben wir die Möglichkeit bekommen, unserem Hund an jeder Stelle im Leben eine Komfortzone einzurichten. Wir können aus dem Spielgefährten einen Gefährten formen und durch Herz an Herz im Handumdrehen Ruhe erzeugen. Mit diesen Möglichkeiten sind wir in der Lage, jederzeit den Ausbildungsgang zu beschleunigen oder auch zu unterbrechen. Mit dem Überblick, den uns die Ausbildungsskala gibt, sind wir in der Lage, Ferienzeiten einzuplanen (Zeiten, in denen das reine Lernen auf das Nötigste reduziert wird) und Phasen, in denen wir wieder mal richtig Gas geben können. So wie die Ausbildung des Hundes sich in Ihrem Alltag an den Arbeitstag, den Haushalt und die Familie anpassen muss, ist es bei mir auch. Der schulische Werdegang eines Hundes wird in die Anforderungen des Betriebes eingepasst. Da bleibt manchmal nicht viel Zeit für aufwendige Übungen. Häufig empfand ich das in der Vergangenheit als Nachteil. Heute weiß ich es zu meinem Vorteil zu nutzen, denn so arbeite ich mit den Hunden hochkonzentriert und extrem effektiv.

IN DEN PAUSEN GEHT DAS LERNEN WEITER

Es gab auch immer mal wieder Unterbrechungen, die Training unmöglich machten. Und das Ergebnis war dennoch effektiv und produktiv, denn auch in den Pausen geht das Lernen weiter. So habe ich verstanden, dass kurzes und konzentriertes Training mehr bringt als Endlosschleifen, in denen der Hund abstumpft. Eine reine Trainingszeit von 7 bis 10 Minuten reicht aus. Eine Trainingseinheit täglich und zudem viel Spiel und Spaß garantieren eine wunderbare Energie im schulischen Bereich. Und dann dürfen Sie und Ihr Hund auch mal Pause machen und ein Thema ein paar Tage liegen lassen. Der Hund vergisst nichts. Ganz im Gegenteil, häufig rutscht dann das Lernziel von alleine näher. Sofern das Management und der Erhalt der korrekten inneren Haltung nicht aus den Augen verloren werden, sind Pausen und Urlaub vom Studiengang für den Hund tatsächlich von großer Bedeutung und sehr förderlich.

IN KÜRZE

Nur ein paar Minuten tägliches, konzentriertes Training reichen aus, um den Hund weiterzuentwickeln; die korrekte innere Haltung darf dabei allerdings nicht aus den Augen verloren werden.

AUFFALLEN DURCH NICHT AUFFALLEN

„Ach, Sie haben einen Hund dabei? Das habe ich gar nicht bemerkt“, sagt die Dame am Nachbartisch im Restaurant. Erst als ich ihn anschaue, wedelt er und drückt seinen Kopf in meine Hände. Ein leises Zeichen, und er legt sich wieder unter meinen Platz und ruht. Auch, als ein anderer Hund hereinkommt. Ja! Das geht runter wie Öl. Ein Höchstmaß an Lebensqualität für meinen Hund und für mich. Das war das Ziel, und mein Navi würde jetzt sagen: „Sie haben Ihr Ziel erreicht!“ Die Möglichkeit, einen Hund überall mit hinnehmen zu können und dort auch immer wieder ein gern gesehener Gast zu sein, eröffnet vor allem dem Hund die Möglichkeit, sehr viel unterwegs zu sein und viel zu erleben. Ein Hund gehört an die Seite seines Menschen, und andersherum. Damit das klappt, lohnt sich der Weg der Erziehung und Ausbildung.

HÖFLICH DURCHS LEBEN

Es bedeutet den meisten Menschen sehr viel mehr, mit einem entspannten, gut erzogenen Hund durch das Leben zu streifen, als etliche Tricks aneinanderreihen zu können. Die Ausbildung zum Begleithund und auch der Schulungsweg zum sozialen Diensthund sind vielleicht nicht so spektakulär, bergen aber die Elemente in sich, die am Ende für gemeinsame Lebensqualität sorgen. Dazu gehört auch ein ganz entscheidendes Empfinden, das die Menschen zum Teil noch üben müssen: die Akzeptanz des Radius ihrer Mitmenschen. Und das meine ich ganz wörtlich. Jeder Mensch hat das Recht auf einen Individualabstand. Lassen Sie Ihren Hund nicht ungefragt in den Ihres Gegenübers eindringen!
Das Miteinander von Hunde- und Nichthundehaltern sollte von Rücksicht, Höflichkeit und

Toleranz geprägt sein. Gerne darf Ihr Hund nach Absprache Kontakt mit anderen Menschen aufnehmen, nicht aber ungefragt.
Wenn wir mit unseren Kindern durch die Stadt gehen, dann müssen sie auch nicht jedes andere Kind anfassen und sofort ein Spiel entwickeln. Wenn man sich einig ist und es gerade passt, die Hunde zusammenpassen und das Ambiente gut ist, dann besteht hier gewiss kein Problem. Wenn Sie also nun so einen „Immer-Spieler" haben, dann lernen Sie bitte, den Radius ihrer Mitmenschen zu beachten und erst einmal dafür zu sorgen, dass Ihr Hund außerhalb bleibt. Ebenso handhaben wir es, wenn wir mit dem Fahrrad, dem Pferd oder zu Fuß anderen Menschen begegnen. Wir machen Platz, nehmen unsere Meute an die Seite, legen sie im besten Falle hin und warten, bis unser Gegenüber vorbei ist. Das gibt stets eine gute Presse und macht Freude, nicht nur den Zweibeinern. Auffallen durch nicht Auffallen ist in meinen Augen ein Stück innere Haltung bei den Menschen, um die wir uns immer wieder bemühen sollten.

IN KÜRZE

Achten und respektieren Sie die Individualdistanz Ihrer Mitmenschen und halten Sie Ihren Hund dazu an, das auch zu tun.

Es ist ein absoluter Genuss: lachende Hunde, die voller Angebote sind. So kommen wir gemeinsam gut durchs Leben.

EIN HUND BRAUCHT GEISTESWISSENSCHAFTEN UND SPORT

Kaum sind die Hauptfächer Lesen, Laufen und Zuhören fertig verstanden, geht es in unserer Tierschule schon weiter mit Geisteswissenschaften und Sport. Auch wenn es „Wahlfächer" sind, ähnlich wie Kunst und schöpferisches Gestalten, lernen die Hunde mit ihren Menschen hier sehr bald recht viel über die Elemente, die Hunde schlau und fit machen.

FAHRRADFAHREN

Hunde sind Lauftiere. Sofern der Gesundheitszustand des Teams es zulässt, beginne ich sehr schnell mit dem Fitnessprogramm. Da ja die Ansprechbarkeit und die Störbarkeit bereits abgeschlossen geschult sind, ist es leicht, mit dem Training am Fahrrad zu beginnen. Drei bis vier Kilometer sollten zu Beginn das Ziel sein. Gerne eine Strecke, die leicht zu erreichen ist und fernab von zu stark befahrenen Straßen liegt. Geeignet sind Rad-, Wald- und Wanderwege.

Hat der Hund sich an das neben ihm her geschobene Fahrrad und die ihn immer wieder streichelnde Gerte gewöhnt, nehme ich die kurze Leine und die Gerte in die rechte Hand, steige auf und fahre los. Im langsamen Tempo halte ich akustisch Kontakt zu meinem kleinen Freund und halte bald wieder an, um ihn erneut mit der Gerte zu streicheln. Die Gerte brauche ich, um dem Hund vor dem Rad eine Grenze anzuzeigen und ihn während der Reise zu berühren und zu streicheln. Dieses Procedere wiederhole ich, bis alles leicht ist, und dann entwickle ich langsam die Distanz und dann das Tempo. Gerne halte ich immer wieder an, übe die ziehende Hilfe und streichle meinen Hund, der während der ersten Wochen, bis der freie Anschluss (siehe Seite 160) fertig ist, an der Leine bleibt.

Mit einer Gerte als Zeigestock kann ich ...

... dem Hund am Rad leicht seinen Rahmen zeigen.

Dogscootern: eine tolle körperliche Auslastung für sechs Beine.

TÄGLICHE STRECKE

Wir benutzen kurze, ca. 1,20 bis 1,50 Meter lange Leinen, die leicht in der Hand sind und sich nirgends verwickeln können. Ich gestehe, ich habe ein E-Bike. Und das ist für diesen Zweck optimal. Es grenzt an Zauberei: da kommt ein Berg, ich drücke auf den Knopf und der Berg ist weg…

An diesem Fahrrad befestige ich gerne einen Anhänger für junge oder ältere Hunde sowie Apportiergegenstände und arbeite mit dem kleinen Bord-Computer, was Strecke, Geschwindigkeit und Tempo angeht. zwölf bis 16 Kilometer sind unser Tagesprogramm. Das Resultat sind fitte, gesunde und zufriedene Hunde. Das Strahlen ihrer Augen, wenn sie neben dem Bike in den Laufmodus kommen, die Begeisterung für das Glück der Bewegung und die tiefe Zufriedenheit am restlichen Tag sprechen für sich.

Ebenso eignen sich Joggen, Scooter, oder auch Rollerfahren, um die Hunde fit zu halten – nicht nur die Hunde… versteht sich. Und das tatsächlich täglich.

GEISTIGE EXKURSE

Im Wahlfach Geisteswissenschaften legen wir in unserer Tierschule sehr viel Wert auf Fertigkeiten, die dem Hund liegen. 95 Prozent aller Hunde lernen das Apportieren, das Tragen von Gegenständen, und somit viele Elemente aus dem Bereich des sozialen Diensthundes. Mehr hierzu finden Sie auf Seite 176.

In meinen Augen müssen die Dinge, die wir den Hunden beibringen, alltagstauglich sein und sich ohne jeden Aufwand in meinen Alltag integrieren lassen. Und auch hiermit kann ich dem Hund jeden Tag ein Stück vom Glück anbieten, ein kleines Fest oder einen kleinen geistigen Exkurs in die Welt des Teamship mit seinem Menschen. Dem Menschen zur Freude, dem Tiere ein Glück und andersherum ist das Resultat von gelungenen Geisteswissenschaften und Sport.

IN KÜRZE

Hunde sind von Haus aus Lauftiere und keine Couch-Potatoes!

Ritualisiertes Fehlverhalten kann durch gute Rituale repariert werden. Wichtig ist, dass der Mensch nicht ins Pöbeln einsteigt.

EIN KAPITEL VOM GUTEN ESSEN

Damit meine Hunde hohe sportliche Leistungen bringen, und das vor allem bis ins hohe Alter, benötigen wir einen guten Speiseplan. Hunde sind Raubtiere und sie können als Allesfresser überleben. Vor diesem Hintergrund ernähre ich meine Hunde gerne mit Innereien, Pansen und etwas Fleisch. Sie wachsen damit auf, dass sie echte Knochen nagen und somit Zeit mit Fressen verbringen. Gerne koche ich auch für die Hunde Lamm und Reis oder Nudeln mit Hack. Und im Winter serviere ich ihnen allzu gerne eine warme Mahlzeit. Hinzu mischen kann ich Quark, Joghurt, Öl, Ziegenmilch und ab und zu ein rohes Ei. Regelmäßig trocknen wir Vollkornbrot und abends gibt es noch einen trockenen Brotkrusten als Betthupferl.
Für die Reisen und ca. einmal in der Woche stellen wir ein hochwertiges Trockenfutter bereit, welches mit viel Wasser eingeweicht auch gerne als warme Mahlzeit gegeben wird. Und tagsüber dürfen die Hunde immer wieder mal eine Möhre naschen.

BUNTE MISCHUNG

In meinen Augen sind die vielfältig angelegte Darmstruktur und die bunte Mischung aus hochwertigen Grundstoffen wichtige Elemente, um Krankheiten vorzubeugen.
So halte ich sehr viel von einer guten Küche für die Hunde, muss aber auch sagen, dass sie alltagstauglich, praktisch, unkompliziert und vielfältig sein sollte. Füttern macht Spaß, auch wenn man es nicht als Wissenschaft betreiben will. Und das Gefühl, seinem geliebten Gefährten etwas richtig Gutes zu tun, ist einfach wunderbar. Liebe geht eben doch durch den Magen.

RITUALE

Wie das Ritual vom guten Essen gibt es auch noch mehr ritualisiertes Verhalten im Leben mit dem Partner Hund. Es ist klug, Rituale, also sich immer wiederkehrende Abläufe, in die Partnerschaft einzubauen. Zu den guten Ritualen zählt das abrufbare Spielverhalten und es gibt Kuschel- und Schulungsrituale. Ritualisiertes Lernverhalten hilft, den Stoff in den Kopf zu bekommen, ebenso wie Urlaubs- und Pausenrituale. Geben Sie Ihrem Leben mit dem Hund zu Beginn einen Rhythmus und erst, wenn der Rhythmus an Selbstverständlichkeit gewinnt, beginnen Sie, diesen zu verändern. Sie dürfen Ihren eigenen Rhythmus finden, an den sich Ihr Hund anpassen wird. Bei kleinen Welpen wird dieser maßgeblich durch die Verdauung beeinflusst. Später passt sich der Hund voll und ganz in Ihren Lebensrhythmus ein.

SCHLECHTE ANGEWOHNHEITEN

Neben den guten gibt es natürlich auch störende Rituale, so wie das Anpöbeln des Lieblingsfeindes. Hunde neigen dazu, sich Verhaltensweisen anzugewöhnen, sie sofort als Ritual zu verkaufen, und da, wo sie sich einmal eine Tür aufgestoßen haben, werden sie es wieder tun. Die Lernmuster funktionieren eben genauso. Das, was einmal zum Erfolg führte, wird wieder probiert und es ist an uns Menschen, früh genug zu erkennen, ob es sich wie ein Kontrollverlust anfühlt oder eine Nebensache bleibt.

Situationen, die zur schlechten Angewohnheit geworden sind, bearbeite ich in meinem Hundeclan direkt und intensiv. Habe ich zwei Hunde, die gern eine Spannung untereinander aufbauen, dann rufe ich sie immer wieder mit der ziehenden Hilfe zu mir, beuge damit einer Adrenalinausschüttung vor und unterbreche das Fehlverhalten. Mit der ziehenden Hilfe checke ich nicht nur die unmittelbare Reaktion, sondern auch die korrekte innere Haltung und die korrekte Ausführung (siehe „Drei Aspekte“, Seite 19). Sehe ich also an meinen Hunden, während sie zu mir kommen, immer noch eine Spannung, werde ich so lange in diesem Dialog bleiben, bis die Spannung raus ist und wedelnde, lachende Hunde zu mir kommen, sich ihr Lob und ritualisiertes Geschmuse abholen, und schon ist der Streit geschlichtet.

KOLLEKTIVE HYSTERIE

In meinen Augen ist das ein absolut friedschaffender, deeskalierender Weg, die Hunde zu coachen. Würde ich stattdessen in die Spannung der Hunden hineinschimpfen, würde ich noch mehr Adrenalin und somit Spannung erzeugen. Und hier hat eines der häufigsten Missverständnisse zwischen Zwei- und Vierbeinern seine Wurzeln. Wir nennen das kollektive Hysterie. Sie kennen es vielleicht aus dem Wilden Westen, wenn sich zwei Cowboys im Saloon vermöbeln. Und ruckzuck prügelt sich die ganze Kneipe. Wenn Sie von hinten in die Hunde reinschimpfen, sofern die Störbarkeit nicht genug geschult ist, können die Hunde es auffassen, als würden Sie mitpöbeln. Es ist dann manchmal echt egal, wer gegen wen, Hauptsache, es kracht. Kollektive Hysterie entsteht immer dann, wenn die vier Säulen der Kommunikation (siehe Seite 14) nicht gut gearbeitet sind, die Tiere nur die Karte Drängen/Bedrängen als Erfolgsstrategie haben und Respekt und Vertrauen nicht im Einklang sind. Räumen Sie das Leben und den Umgang mit Ihrem Hund auf. Schaffen Sie gute Rituale, bearbeiten Sie die schlechten Angewohnheiten und vermeiden Sie kollektive Hysterie durch eine kluge, deeskalierende Strategie. Dann ist es plötzlich wirklich ganz einfach und wunderschön, einen Hund oder auch ein Rudel zu führen.

IN KÜRZE

Pöbelnde Hund nicht anbrüllen – sie denken sonst, Sie machen mit. Schulen und überprüfen Sie immer wieder die ziehende Hilfe und die Störbarkeit und helfen Sie Ihrem Gefährten so aus der Bredouille.

Die stabile Beziehung zu seinem Menschen löst Probleme.

DIE AUSBILDUNGSINHALTE

— *Der Weg zum schlauen Hund*

DIE LEINE UND IHRE FÜHRIGKEIT

Nun sitzen Sie da, lesen dieses Buch, sind hochmotiviert und nehmen sich vor, alles richtig zu machen. Aber wo sollen Sie nur anfangen?
Die erste Verbindung zwischen uns und unserem Hund ist nicht die Liebe, sondern die Leine. Diese hat zwei Enden, an dem einen haben wir den Hund befestigt, an dem anderen befinden Sie sich. Beginnen wir bei der Leine selbst, bevor wir die Leinenführigkeit erklären. Sie soll fest in Ihrer Hand liegen und weder durchrutschen noch ständig nachgegriffen werden. Einigen Sie sich mit Ihren Händen auf eine Leinenlänge und machen Sie sich die Bewegung Ihrer Hände bewusst.

DIE STEHENDE HAND

Viele Menschen ziehen an der Leine – manchmal auch nur leicht, wenn sie ihren Hund von irgendetwas abhalten möchten: vom Schnüffeln, vom Stehenbleiben, davon, etwas Unerwünschtes vom Boden aufzunehmen; häufig wird diese Handlung direkt mit einer Zurechtweisung verknüpft: „Komm weiter", „Lass das", „Igitt!" oder „Pfui!" Manchmal aber merkt die Hand schon gar nicht mehr, dass sie die ganze Zeit reflexartig auf den Hundehals einwirkt.
Das handhaben wir in der HarmoniLogie® anders. Unsere Hand soll „stehen". Das heißt, sie zieht weder zurück noch gibt sie nach, wenn das andere Ende zieht. Erzeugt das andere Ende Spannung auf der Leine, ist das erst mal nicht unser Problem, wir haben diese Spannung nicht zu verantworten, also können wir das Problem auch beim Verursacher belassen. Wir halten nur gegen und werden die Spannung durch Aktivierung, nicht durch Überwinden oder durch Kraft lösen.

NICHT IMMER EINER MEINUNG

Ein junger Hund kann nicht immer einsehen, warum er in einem bestimmten Radius bleiben soll, und er kann ebenso wenig nachvollziehen, warum sein Mensch es immer anderswo interessant findet als seine eigene Nase. Mit einem breiten und fest verschnallten Halsband gesichert, kommt der Tag, an dem die Hunde Bindung durch diese Verbindung erlernen, denn nur so sind wir in der Lage, eine Begrenzung anzubieten, die dem Hund in die gewünschte Lösung helfen kann. Wie immer erklären wir erst das DAS und dann das WIE. Nun soll der Wicht lernen, die Leine zu akzeptieren und die durch sie dargestellte Begrenzung zu respektieren. Hierfür benötigen wir Zeit und Ruhe, ein überschaubares und zunächst störungsarmes Ambiente.

IN KÜRZE

- **Machen Sie es dem jungen Hund leicht und wählen Sie anfangs ein ruhiges, möglichst störungsarmes Ambiente.**
- **Den Weg in die Lösung der Aufgabe muss der kleine Schüler allein finden!**

Die stehende Hand übt keine Kraft aus.

Drängt der Hund ständig nach außen, …

… dann erzeugen wir eine angemessene Störung.

VON GRÜNEN MENSCHEN UND ROTEN ZONEN

Ist die Akzeptanz der Leine erreicht, sind die ersten drei Säulen schon etwas erklärt und vor allem auch verstanden, beginne ich, diese Werkzeuge zu benutzen, um damit dem Hund zu erklären, dass er die Leine nun auch respektiert und nicht nur duldet. Die Wegstrecke, die ich mit ihm zusammen zurücklege, geht weder schneller noch wird sie größer, nur weil er zieht. Es ist für alle Seiten angenehmer, wenn der Zug aus der Leine herausgenommen werden kann. Ähnlich bei der Halfterführigkeit eines Pferdes. Die 600 Kilo Lebendmasse dürfen sich auch nicht einfach in den Strick hängen und mich wie ein Fähnchen im Wind hinterherziehen. Da soll das bei einem Hund mit durchschnittlich 27 Kilo wohl auch möglich sein.

STÖRUNGEN

Sehr früh beginne ich, den Hund zu stören, sollte er sich ständig in die Leine hängen. Entscheidend dabei ist, dass von meinem Körper keinerlei Spannung ausgeht. Ich bezeichne meinen Körper als grüne Zone und biete dem Hund immer eine freundliche und spannungsfreie (grüne) Landefläche an. Die von ihm gespannte Leine halte ich einfach nur fest. Ich darf Kraft verwenden, um den kleinen oder auch großen Kollegen zu halten, darf aber keine Kraft verwenden, um seinen Widerstand zu überwinden. Das bedeutet meine Hand steht wie einbetoniert und gibt kein noch so kleines Stück nach. Auf ein gegenseitiges Tauziehen jedoch lasse ich mich nicht ein. Weder beim Hund noch beim deutlich schwereren Pferd. Kann ich den Kollegen mit vier Beinen halten, dann ist es an mir, ihn zu überzeugen, den Widerstand aufzugeben. Und hier benutze ich gerne die rote Zone.

ROTE ZONE

Nun arbeite ich nach dem Prinzip der Ampel und sage ein ruhiges „Nein“. Leise und freundlich formuliert, mag es dem Hund anfangs egal sein, was ich sage, dennoch bleibe ich bei dem feinen Ton. Dieses „Nein“ ist die Orangephase der Ampel. Reagiert der Hund nicht, was zu Beginn zu erwarten ist, springt die Ampel um auf Rot, und meine stabile Hand beginnt mit einer Vibration (Arrêt) begleitet von einem immer noch freundlichen „Nein, nein, nein“. Ich schüttle die Leine vorsichtig aus, bis der Knirps sich gestört zeigt.
Ganz wichtig ist dabei, dass ich den Hund bei diesem Arrêt zwar nach hinten begrenze, aber auf gar keinen Fall zu mir ziehe. Diesen Weg, die Lösung aus der roten Zone zurück in die (grüne) Komfortzone zu mir, muss der Zwerg nun allein finden. Ich erzeuge nur da, wo er gerade ist, völlig emotionsfrei eine störende rote Zone, die unbequem ist.

Mit neu gewonnener Achtsamkeit stellen wir sofort …

… angenehmen Kontakt und eine Wohlfühlzone her.

WILLKOMMEN IN DER GRÜNEN ZONE

Während ich das tue, bleibe ich auf der Stelle und drehe mich nur um die eigene Achse, um den kleinen Schüler immer im Blick zu behalten. Meine Winkel sind gebrochen und ich stelle nach wie vor eine große grüne Komfortzone für meinen Freund auf vier Pfoten dar. Sowie er aus der roten Zone herausmöchte, biete ich ihm eine grüne Wohlfühlzone bei mir an.
Erkennen kann ich das daran, dass er etwas verändert: seine Körperhaltung, seine Mimik, seine Position. Dann lade ich ihn sofort mit der ziehenden Hilfe ein und das soll sich für ihn anfühlen, als ob ich die Tür zu mir weit aufreiße und Licht anmache. Hat er das DAS verstanden, beginnen wir mit dem WIE.

WENN KEIN DIALOG MEHR MÖGLICH IST

Also zum Beispiel, dass er auch nicht an der Leine zieht, wenn wir uns fortbewegen, dass er nicht an der Leine zieht, wenn ein Außenreiz kommt, und auch nicht, wenn wir später mit dem Rad fahren. Mit dem jungen Hund erkunde ich die Welt in dem Maß, in dem ich ihm mit dieser Störbarkeit, der ziehenden Hilfe und dem Lob die Grenze der Leine gut erklären kann. Erreiche ich ihn nicht mehr, dann sind wir auf dem Weg zu einer Eisbergspitze. Meiner Erfahrung nach macht es keinen Sinn, auf der Spitze des Eisberges etwas erklären zu wollen. Funkloch, Akku leer, Handy vergessen? Dann ist kein Dialog möglich. Junge Hunde sind wie junge Pferde: leicht ablenkbar. Darum breche ich dann den Dialog ab. Ich nehme den Wicht auf den Arm und werde ihn in einem überschaubareren Ambiente neu ansprechen.

DIE GROSSE, DICKE, FETTE GRÜNE KOMFORTZONE

Das Bild der grünen Wohlfühlzone hilft vielen Menschen, eine gute Selbstwahrnehmung zu bekommen und sie können hierüber die toxische Spannung, die durch Unmut entstehen kann, oder alt geübte Strafmuster, die in die Menschen hineingeprägt worden sind, erkennen und abstellen. Wenn ich möchte, dass mein Hund zu mir kommt, dann muss ich auch ein Wohl für ihn sein.
Die Zone außerhalb gestalte ich nun kognitiv gesteuert als Störzone, und das Betreten dieser Störzone wird freundlich angewarnt, sodass der Hund sich entscheiden kann, ob er im roten Bereich sein möchte, der klar signalisiert wird, oder lieber im grünen Bereich. So dürfen Sie sich gerne vorstellen, dass ich, sowie ich mit meinen Tieren herumlaufe, eine große, dicke, fette grüne Komfortzone bin, in der es sich lohnt, sich aufzuhalten. Es ist ein intelligentes Erzeugen von Harmonie und Komfortzonen.

IM SCHNUPPERMODUS

Ja, junge Hunde schnuppern viel, und das sollen sie auch. Sie müssen ihre Umwelt kennenlernen. Und am allerbesten können sie diese erobern, wenn sie dabei einen geschützten Rahmen haben. Gern lasse ich sie etwas schnuppern und die Umgebung erforschen, und dann entscheide ich, wann es weitergeht und auch, wohin.

Es macht Freude, einem jungen Hund das zu erklären, und es ist so einfach. Denn es ist der erste große und wichtige Schritt, mit dem kleinen Kollegen in einen feinen Dialog zu finden.

Ist dieser Prozess konsequent gearbeitet, dann benötige ich schon bald, wenn der Hund eine Spannung auf der Leine erzeugt, nur ein freundliches „Nein" und er orientiert sich in meinen grünen Radius hinein. Tut er dies von ganz allein, dann ist das ein Kompliment Ihres Hundes an Sie und Ihre wunderbar geleistete Bindungsarbeit; loben Sie es aus ganzem Herzen.

Am Ende des guten Leinenführigkeit-Trainings sollten Sie in der Lage sein, die Leine in der einen Hand zu haben und mit der anderen die Fotofunktion Ihres Handys einzustellen, damit Sie von sich und Ihrem besten Freund auf vier Pfoten ein schönes Selfie machen können. Das ist Multi-Tasking im Hundetraining.

IN KÜRZE

Die rote Zone wird dem Zwerg unangenehm gemacht. Den Weg daraus zurück in die (grüne) Komfortzone bei seinem Menschen muss er allein finden.

DER FREIE ANSCHLUSS

Das ist die hohe Schule der Beziehung oder: der Moment, in dem Sie den Hund nicht mehr besitzen, sondern er (zu) Ihnen gehört.

Die gut erklärte Leinenführigkeit ist ein Grundbaustein im Training.

Sie haben sich für einen Hund entschieden, Sie haben alle vorher gefragt, ob es okay ist: den Vermieter, die Familie, vielleicht sogar Ihre Freunde oder den Arbeitgeber – nur einen nicht: den Hund. Nun gehört er Ihnen. Sie wissen das, er nicht. Mit der Leine können wir erfolgreich einen sicheren Rahmen herstellen und die ersten Grundregeln des Dialoges erklären. Mit Fürsorge und Erziehung können wir innere Anbindung erzeugen. Und nun machen wir uns auf den Weg, um aus der Gefangenschaft eine Freundschaft zu entwickeln.

ENTWICKLUNG DES HUNDES

Im Alter von acht bis 16 Wochen sind die kleinen Nesthocker nach innen orientiert und leicht über den Hunger und einen Lockruf durch Futter zu überzeugen. Ab der zwölften bis 16. Woche entwickeln sie ein deutlich größeres Interesse an der Außenwelt und sollten dann die ziehende Hilfe, die erste kleine Störbarkeit, das Lob und die Leinenführigkeit erlernen. Mit fünf bis sechs Monaten sind sie kognitiv so weit, dass man ihnen wirklich schon das ein oder andere erklären kann und sie ein wenig mehr Unterricht brauchen und vertragen. Immer noch überwiegend angeleint. Wir bewegen uns mit unserem Hund stets in einem sicheren und überschaubaren Ambiente und wagen uns erst weiter hinaus, wenn wir ihn sicher erreichen können. Ich vergleiche das gern mit der Ausbildung zum Reitpferd. Es soll den Reiter sicher tragen und ihm auch in schwierigen Situationen gut zuhören. Sonst wird es schnell gefährlich. Leider sind die meisten Hunde uns kräftemäßig so sehr unterlegen, dass wir bei mangelhafter Erreichbarkeit immer noch über Kraft intervenieren können. Das gelingt beim Pferd nicht. Es muss also an den Hilfen stehen, bis man sich mit ihm hinaus trauen sollte. Ich sehe das bei Hunden genauso. Sie sollen an den Hilfen stehen, damit wir ihnen in schwierigen Situationen helfen können, den richtigen Weg zu finden oder das richtige Verhalten zu wählen.

DIE LEINE WIRD FALLEN GELASSEN

Nun ist die Leinenführigkeit fertig, der kleine Kollege orientiert sich immer wieder zu uns und folgt uns gern überallhin, dann werden wir die Leine einfach fallen lassen. Die Taktik vom grünen Menschen und der roten Zone wird nun entscheiden, ob unser vierbeiniger Freund den freien Anschluss schnell erlernt oder nicht. Sowie der Hund wegdrängen möchte, egal mit welcher Motivation, werden wir ihn stören. Wir gestalten den imaginären Radius um uns von zwei Metern als grünen Bereich, danach beginnt die rote Zone. Er wird unweigerlich in die rote Zone hineingehen, und dann ertönt unser freundliches und ruhiges „Nein“. Er wird sich – wie er es an der Leine gelernt hat – nach innen orientieren, Blickkontakt aufbauen, das Maul öffnen, uns die Schulter zeigen und wedeln. Und genau dann werden wir ihn einladen und herzen.
Erlesen Sie im Moment der Störung die Signale Ihres Hundes sehr sorgfältig. Auch wenn Sie nicht alle beschriebenen Signale gezeigt bekommen, sondern der Hund sich nur zu Ihnen umwendet und Kontakt aufbaut, freuen Sie sich bitte trotzdem. Denken Sie daran, erst das DAS, dann das WIE.

Nun kann das Training zum freien Anschluss beginnen.

VERANTWORTUNG FÜR DIE DISTANZ

Dadurch, dass wir den freien Anschluss über das Stören an der Grenze und anschließendes Einladen schulen, lernt der Hund, die Verantwortung für die Distanz zu uns zu übernehmen. Wendet er aus eigener Initiative, dann wird er gefeiert. Wichtig ist hier, dass er nicht auf Ihr „Nein" zu Ihnen kommt, sondern nur Kontakt aufnimmt und sich verändert. Sein Name ist ja nicht Nein. Erst die ziehende Hilfe lädt ihn wieder ein. Ein Moment des Lobes und der Ruhe sind hier die beste Investition.
Würden Sie Ihren Hund rufen, sobald er den Radius verlässt, würde er vielleicht auch zurückkommen, aber nicht lernen, dass er gar nicht erst wegdrängen soll. Das ist der feine und entscheidende Unterschied, der den freien Anschluss so wertvoll werden lässt.

IM SICHEREN AMBIENTE

Wir beginnen mit der Schulung des freien Anschlusses in einem sicheren und abgeklärten Ambiente, in dem wir nicht mit Überraschungen rechnen müssen. Erst wenn das gut klappt, bauen wir selbst Überraschungen ein. Gezielte und gesteuerte Ablenkung wird inszeniert. So können wir überprüfen, wie weit und wie abgesichert, wie verbindlich das Verständnis des kleinen Hundes für die Nähe zu uns ist.
Auf meinem Vokabelzettel steht für den freien Anschluss das Signal: „Komm mit." Hiermit meine ich, dass der Hund einen Radius von z. B. zwei Metern nicht verlassen soll. Das sind im Ganzen vier Meter Durchmesser bei einem sich fortbewegenden Mittelpunkt. Das ist schon ziemlich viel Fläche, um zu schnuppern und zu schnüffeln. Sind die Hunde weiter ausgebildet und halten sie verbindlich und selbstständig den Radius um mich herum ein, dann kann ich diesen auch gerne vergrößern und dem individuellen Vermögen des Hundes anpassen.
In für mich unbekannten und unüberschaubaren Situationen wird der junge Hund gewiss an der Leine geführt. Der freie Anschluss darf sehr gerne auch mit der Überbrückung einer langen Schleppleine geschult werden.

01

03

02

01 Wenn sich Hunde in unserer Nähe wohlfühlen, sich wälzen und albern sind …

02 … bei einem leisen Wort sofort und voller Freude zu uns gerast kommen …

03 … und unsere Streicheleinheiten und Nähe genießen, dann ist dies das schönste Kompliment, das sie uns machen können.

WENN HUNDE KOMPLIMENTE MACHEN

Erst wenn ich wahrnehme, dass mein Hund von sich aus gerne bei mir bleibt, ich immer wieder erkenne, dass er meine Nähe sucht, Bindungsarbeit leistet und immer wieder seine Ohren zu mir richtet, wenn er Blickkontakt sucht, von allein den Radius einhält, wenn er deutlich öfter fragt, wo es langgeht, als dass er selbst den Weg bestimmt, wenn er freundlich wedelnd mit offenem Maul zu mir kommt und ich das Gefühl habe, er lacht mich an, erst dann werde ich spüren, was es heißt, wenn der Hund zu mir gehört und ich ihn nicht mehr besitze. Ein wunderbares Gefühl …

FREUNDSCHAFTSANGEBOTE PFLEGEN

Kommt der Hund selbstständig zu Ihnen, sucht Ihre Nähe, blickt immer wieder über die Schulter und schaut, wo Sie sind, wendet er immer ein Ohr in Ihre Richtung und hält er selbstredend an, wenn Sie anhalten, ja legt er sich vielleicht gern mit Körperkontakt, möglicherweise sogar in Bananenform zu Ihnen, dann sind das Momente, in denen der Hund Ihnen Komplimente macht. Bei jungen Hunden beobachte ich das sehr häufig und muss leider fast ebenso häufig feststellen, dass die Menschen das gar nicht wahrnehmen und somit die Komplimente auch gar nicht annehmen. So gewöhnen sich die Hunde das dann wieder ab, denn es lohnt sich für sie nicht. Lernen Sie, diese Komplimente wahrzunehmen, die Initiative des Hundes, Bindungsarbeit zu leisten und zu fördern und pflegen Sie die Freundschaftsangebote Ihres Lieblings in diesen Momenten besonders intensiv. Es lohnt sich, an diesen Themen – freier Anschluss und Bindungsarbeit – gründlich und sorgfältig zu arbeiten, denn es ist tatsächlich der Schlüssel zu einer gegenseitigen Bereicherung der Lebensqualität. Es wird Phasen geben, in denen es mit dem freien Anschluss besser oder auch weniger gut klappt. Ich persönlich habe bereits viele Hunde gehabt, die einen natürlichen freien Anschluss mitbringen und empfand dies immer als großes Geschenk. Ich hatte aber auch etliche Hunde, bei denen es ein größeres Projekt war, diese Idee in den Hundekopf zu implementieren. Denken Sie daran, dass Sie grün sind und die Zone um Sie herum rot ist, arbeiten Sie sorgfältig und freundlich nach der Ampel und gestalten Sie mit dem Hund immer wieder wunderbare Komfortzonen.

IN KÜRZE

- **Der Hund lernt, die Verantwortung für die Distanz zu uns zu übernehmen, weil wir den freien Anschluss über das Stören an der Grenze und anschließendes Einladen schulen.**
- **Der freie Anschluss, die hohe Schule der Beziehung oder der Moment, in dem Sie den Hund nicht mehr besitzen, sondern er zu Ihnen gehört – das ist ein wunderbares Gefühl und dafür lohnt sich alle Mühe.**

Eine unmittelbare, klar orientierte Reaktion zu seinem Menschen …

VOM MÜSSEN UND KÖNNEN

Ihr Hund muss hören, und er kann auch gehorchen. Er muss immer erreichbar sein, aber er braucht nicht jedes Kunststück perfekt auszuführen. Er muss kooperieren, braucht aber keinen Kadavergehorsam. So einfach kann man sich den Weg der Schulung über die innere Haltung des Hundes erklären – so geht ihn die HarmoniLogie®. Ein Hund braucht nicht unbedingt viel zu können, um mit seinem Menschen ein tolles Leben zu verbringen. Vielen würde es reichen, entspannt mit ihm spazieren zu gehen, Fahrrad zu fahren und den eh schon anstrengenden Alltag zu meistern. Hierfür braucht der Hund nur zu hören – hinzuhören, Ihnen zuzuhören, für Sie da zu sein. Er soll dadurch auffallen, dass er nicht auffällt und nicht an der Leine zieht. Er soll nicht jagen gehen und keine Unruhe in den häuslichen Bereich bringen. Das sind die allzu verständlichen Bedürfnisse eines durchschnittlichen Hundeliebhabers.
Dass aber für diejenigen, die mehr oder alles wollen, alle Möglichkeiten offen sind, und auch dass es sich lohnt, einem Hund sehr viel beizubringen, soll hier kein Geheimnis bleiben. Ein Hund ist ein individuelles Kunstwerk.

MUSS-SIGNALE

Gutes Zuhören allein reicht jedoch nicht aus, es gibt ein paar Dinge, die wir die Muss-Signale nennen:

- Der Hund muss auf seinen Namen unmittelbar und freundlich reagieren. Hier haben wir die Ansprechbarkeit.
- Er muss kommen, wenn er gerufen wird,
- Er muss sich in seiner Konzentration (auf was oder wen auch immer) unterbrechen lassen – also störbar sein.
- Und er muss mir zur Freude sein und sich in meiner Anwesenheit losgelassen zeigen. Hier finden wir die Lobbarkeit.
- Sehr wichtig sind das Hinlegen und die Ablage, also die Möglichkeit, einen Hund etwas länger an einem Ort zu parken.
- Und der freie Anschluss steht auch auf der Liste der Muss-Elemente.
  Das Beherrschen der Muss-Elemente garantiert dem Hund höchste Lebensqualität.

Ich persönlich bin sehr stur, wenn es um die Muss-Signale geht. Spreche ich einen Hund an, dann muss er reagieren. Sollte ein Trick nicht so gut klappen oder der jeweiligen Tagesform unterliegen, bin ich gerne kompromissbereit und helfe meinem kleinen Kumpel in Ruhe in die richtige Lösung.

... eine korrekte innere Haltung ...

... und eine perfekte Ausführung: Das Herkommen.

Mit diesem Ansatz bin ich extrem erfolgreich in der Ausbildung der Hunde. Habe ich jemanden, der mir immer gut zuhört, dem kann ich auch alles sagen und erklären.
Und so bleibt die Quintessenz, dass Sie sich zunächst auf die Muss-Signale konzentrieren sollten und dann erst entscheiden, welche Kann-Lektionen Sie noch dazunehmen. Ganz nach Ihren individuellen Vorstellungen und den Talenten des Hundes. Denken Sie an die Bildhauerwerkstatt, in der Sie zunächst die Fertigkeiten mit den Werkzeugen erlernen müssen und dann kreativ ihre eigene Skulptur entwerfen können.

IN KÜRZE

Erst das Beherrschen der Muss-Elemente garantiert Ihrem Hund höchste Lebensqualität.

DAS HERKOMMEN

Am Anfang unserer Arbeit stand die ziehende Hilfe und das Training der Aufmerksam-/Achtsamkeit. Danach haben wir uns den ersten drei Säulen (Ansprechbarkeit, Störbarkeit, Lobbarkeit, siehe Seite 14 ff.) gewidmet; das Ergebnis ist ein immer ansprechbarer Hund, der sich entspannt in einem geregelten Radius um uns herum bewegt.

Nun folgt das Erlernen des ersten Signals. Es ist das Signal für das Herkommen. Bislang haben wir den Knirps ja immer mit der ziehenden Hilfe zu uns navigiert. Nun soll er dafür ein eigenes Wort bekommen, damit wir die Hilfe wieder frei haben, um zu helfen, zum Beispiel beim Beschleunigen, die Spur zu verbessern oder um Blickkontakt zu uns aufzubauen.

SO GEHT'S

Wir wenden uns dem Hund zu, und dabei ist unsere Körpersprache weich, die Winkel sind gebrochen. Wir gehen einen Schritt rückwärts, sagen seinen Namen und schließen sofort das Signal für das Herkommen an. Ich wähle gerne ein Signal, das sonst im Leben nicht inflationär benutzt wird. Das Wort „Komm" beispielsweise ist sehr abgenutzt und wir kombinieren es zudem gern missverständlich. „Komm her." „Komm, hau ab." „Komm, wir gehen." „Komm hopp." „Komm, lass das" und so weiter; es ist in unserem Sprachgebrauch zu eine Art Füllwort ohne Bedeutung geworden. Ich bevorzuge ein Signal, das für meinen kleinen Freund von Anfang an eindeutig ist: „Hierher", „Zu mir", „Ici" oder auch „That'll do". So garantiere ich ihm einen Erfolg – er muss nicht erst interpretieren, was ich wohl meinen könnte.

Da der vierbeinige Kollege durch die ziehende Hilfe meine Bewegung bereits gut kennt und darauf zu antworten weiß, ist diese Schulung meistens reine Nebensache und geht schnell. Er wird trotz des neu angehängten Wortes sehr gut und unvermittelt zu mir kommen, sich vor mich setzen und mich anschauen. Und er wird ein dickes Lob dafür bekommen. Wir wiederholen das ein paarmal und dann lassen wir die Hilfe weg, gehen nur zurück und sagen das Signal. Sollte er nun Unterstützung brauchen, dann hängen wir die ziehende Hilfe, also seinen Namen, einfach an das Signal an. Anfangs heißt es: „Ben, that'll do", und dann eben: „That'll do, Ben."

IM NAHBEREICH

Alles wird im Nahbereich, an der Leine geübt und mit feiner, klarer Körpersprache unterstützt. Klappt es gut, verändern wir eine Variable: den Ort oder die Distanz zu uns oder das Maß an Ablenkung. Der Hund bleibt noch eine Zeit lang angeleint, damit wir für den Fall, dass wir kritisieren müssen, lösungsorientiert kritisieren und dem Hund alle Wege, die nicht zu uns führen, verschließen können.

NICHT DISKUTIERBAR

Ich gestalte das Herkomm-Signal von Anfang an nicht als Vorschlag. Es ist viel zu wichtig! Erst wenn ich bei einer nahezu hundertprozentigen Erfolgsquote angelangt bin, kann ich das Ganze auch an einer langen Leine durchführen und später auch auf unseren kleinen Spaziergängen einbauen. Ich persönlich bin sehr stur, was die korrekte Ausführung angeht, denn ich erwarte auf das Herkomm-Signal unbedingt eine schnelle und unmittelbare Reaktion, klar orientiert, unvermittelt und mit Vorsitzen und Blickkontakt. Hinzu kommt, dass ich die Hunde so arbeite, dass sie dabei auch noch losgelassen sein sollen. Losgelassenheit erkennen Sie an dem geöffneten Mäulchen, einer weichen Körperhaltung und einer aktiv wedelnden Rute. Gehorsam soll Spaß machen und das möglichst immer.

IN KÜRZE

Das Herkomm-Signal ist nicht diskutierbar, verbindlich und konsequent.

LEG DICH, BITTE

Ich muss gestehen, dass mir persönlich der Umgang mit dem Hund erst dann richtig Spaß macht, wenn das Herkommen und das Hinlegen fertig erklärt sind. Denn von da an bekommt die Beziehung etwas Steuerbares. Ich kann die Bewegung des Hundes bremsen, ihn anhalten, parken und klar auf mich orientieren. Ich bekomme also eine Art Kontrollmöglichkeit. Das empfinde ich als sehr wertvoll. Meist sind die jungen Hunde bei mir dann zwischen 16 und 24 Wochen alt. Auch bei älteren Hunden nehme ich mir für die Schulung der ersten drei Säulen und der ersten zwei Signale in etwa vier bis sechs Wochen Zeit.

SCHON HALB UNTEN

Das Hinlegen schulen wir am „halben Hund", so nenne ich das. Der Hund hat durch das Vorsitzen eine Position eingenommen, bei der sein Hinterteil bereits am Boden ist, sodass ich nur noch die vordere Hälfte dazu bringen muss, sich hinzulegen. Selbst wenn ich bereits häufig das Signal „Leg Dich, bitte", „mach Platz, bitte" oder auch „lie down" zu ihm gesagt habe, wenn er sich von allein

Mit leichtem Druck im Nacken verschließen wir …

hingelegt hat, und es den Anschein hatte, er hätte es verstanden, ist es für mich noch nicht kritisierbar. Er erlernt also die Ablage noch in einem abgesicherten Modus.
Das Signal wählen Sie bitte, so weich es geht, gern können Sie sich eines der vorgeschlagenen aussuchen. Die Wortmelodie dient dazu, einen Befehlston zu verhindern, und dazu, uns zu erziehen, mit Signalen freundlich umzugehen statt streng wie beim Militär. Auch hier weise ich gern noch einmal darauf hin, dass wir keine Soldaten drillen, sondern Mitarbeiter ausbilden und Gefährten schulen. Und das darf sich auch im Sprachgebrauch widerspiegeln.
Meiner Erfahrung nach ist es für die Hunde leichter, mehrsilbige Melodien zu verinnerlichen und auch zu differenzieren als kurze, harte, ähnlich klingende Befehle. So habe ich für meine Hunde später auch auf jedes verbale Signal einen kleinen melodischen Pfiff komponiert, der die Wortmelodie und Klangfarbe einfängt und widerspiegelt. Mit diesen Pfeifmelodien kann ich mit meinen Hunden über viele Hundert Meter Entfernung kommunizieren und sie so zum Beispiel auch in Entfernung ablegen.

LEICHTER DRUCK

Nun zurück zum „halben Hund“. Ich hocke mich vor den vorsitzenden Hund, streichle mit der einen Hand seinen Kopf und Nacken und mit der anderen Hand fasse ich sein Halsband weich an. Ich spreche das Signal aus, und wenn keine Reaktion erfolgt, beginne ich mit der Ankündigung einer Berührung, dem „Na“. Die im Folgenden beschriebene Berührung soll dem Hund eine Tür verschließen und er soll die geöffnete finden. Das „Nein“ benutze ich deswegen nicht, weil er auf Nein ja bereits verstanden hat, sich körperlich zu verändern und mir dann vielleicht die Schulter präsentieren möchte. Das würde meinen kleinen Freund vom Kurs abbringen. Nun beginne ich mit Daumen und Zeigefinger eine leichte Pressur am Nackenmuskel, vor den Schulterblättern und hinter dem Halsband zu erzeugen. Es geht mir dabei nicht darum, dass der kleine Kerl sich tatsächlich hinlegt, er soll lediglich lernen, dem Druck auszuweichen. Und tut er das auch nur für ein paar Millimeter, dann hört die Pressur sofort auf. Er soll die Erfahrung machen, dass er die Störung abstellen kann, wenn er die richtige Lösung findet, nämlich leicht nachgeben.

... die Tür nach oben und öffnen den Weg ins Ablegen. Im Platz erfolgt das Lob.

VERSCHIEDENE REAKTIONEN

Hier können Sie sehr gut die unterschiedlichen Funktionskreise Ihres Hundes erfahren. Und es steht an keinem Hund dran, wie er reagieren wird, da ist tatsächlich jeder anders. Manche stemmen sich gegen die Finger und werden stark. Das wäre Abwehr, ebenso wie ein Abwehrstoßen oder Abwehrschnappen. Begegne ich an dieser Stelle der Abwehr, dann bleibe ich ruhig und konstant und verändere nichts, bis der Hund einen anderen Funktionskreis bedient. Ein Hund darf Abwehr zeigen, sie gehört zu ihm. Sie ist nur an dieser Stelle nicht erwünscht, deswegen sorge ich dafür, dass sie nicht zum Erfolg führen wird. Ebenso gibt es Hunde, die wie ein Kartenhaus in sich zusammenklappen, auf den Boden plumpsen und sich zur Krönung vielleicht noch auf den Rücken rollen, damit ich ihnen den Bauch kraule. Diese Kollegen antworten mit Passiv, Devot oder auch Wegdrängen. Auch nicht schlimm, nur: unerwünscht. Hier benötige ich nun die Hand am Halsband, die dem Hund Halt gibt und ihn in die Lösung führt. Und an dieser Stelle ist sehr wichtig, dass Sie nicht in Ihrem Ziel, dass der Hund liegt, verhaftet sind, sondern die Idee, die Akzeptanz der Hilfe zu schulen, soll Ihre treibende Kraft sein. Also schulen wir nur sehr ruhig und vorsichtig, aber bestimmt das Nachgeben auf die leichte Pressur. Hat der Kollege einmal nachgegeben, dann loben wir ruhig und aufrichtig, und nach einer kurzen Pause beginnen wir wieder und wieder und wieder, bis der Strolch sich auf das Signal prompt, weich und entspannt hinlegt. Es ist mir ausgesprochen wichtig, dass Sie Ihrem Hund erklären, was er auf die Pressur hin tun soll. Und es gibt nur eine Antwort, nämlich: entspannt ausweichen.

VARIABLE VERÄNDERN

Hat er das verinnerlicht, und findet er den Weg entspannt in die liegende Position, verändere ich immer nur eine Variable; entweder meine Position

Die visuellen Signale für das Steh …

… sowie das Hinlegen und auch …

(also ob ich hocke oder stehe) oder ich fordere die Übung statt vom „halben Hund“ nun vom ganzen Hund (die Lektion wird abgefragt, wenn der Hund steht) oder aus der Bewegung oder an einem anderen Ort oder mit etwas Ablenkung. Bei all den Variablen habe ich die Möglichkeit, mich langsam weiterzuentwickeln und meinem kleinen Freund Schritt für Schritt ein richtig gutes Hinlegen beizubringen.

FEHLER UND FEHLER IN UNSEREM SINN

Für die Ablage, also das längere bis sehr lange Liegenbleiben, später auch bei Ablenkung, nehme ich mir sehr viel Zeit. Schritt für Schritt fordere ich von meinem Wicht etwas mehr Geduld und Konzentration. Schafft er das nicht und steht auf, dann unterscheiden wir zwischen „richtigen“ Fehlern und Fehlern in unserem Sinne. Steht der Kollege zum Beispiel einfach auf und geht schnüffeln oder stellt der Katze nach, dann ist das ein Fehler und wir leiten mit einem „Nein“ die Phase der Störung ein. Kann ich beim Aufstehen Blickkontakt, eine weiche Schulter und einen wedelnden Hund wahrnehmen, der in meine Richtung orientiert ist, dann ist das ein Fehler in meinem Sinn – er hat sich ja zu mir und nicht von mir wegorientiert. Dann lege ich den Kollegen, unabhängig davon, wo er gerade ist, erneut ab. Ich drehe mich frontal zu ihm und versuche, dieselbe Situation wieder herbeizuführen, um ihm im Fehler sehr punktgenau helfen zu können. Es ist wirklich eine große Freude, denn man kann diese Lektion immer und überall in seinem Leben mit dem Hund gut gebrauchen.
Und so handhabe ich es konsequent, wenn er aufsteht und zu mir kommen will; ich werde nur versuchen, ihn – egal, wo er ist, – wieder hinzulegen, werde zu ihm gehen und ihn loben. Diese kleinen Hunde sind randvoll mit Ameisen und es ist sehr schwer für sie, an einem Fleck zu bleiben. Es kribbelt und krabbelt in ihnen und hier ist die Wiederholung die Mutter allen Lernens. Ebenso brauchen wir Menschen ein wirklich gutes Gespür, ob wir vielleicht zu viel vom Welpen erwarten oder nicht.

... das Sitzen sind eindeutig und leicht lesbar.

WIE EINE BANANE

„Hinlegen“ ist bei mir eine prompte Bewegung in die liegende Position, und so lange liegen bleiben, bis ein anderes Signal ertönt.
Auch hier gibt es wieder Hunde, die uns Komplimente machen. Es kann sein, dass der Hund nicht ewig in Brustlage liegen bleibt, sondern die Hinterhand entlastet und leicht gebogen liegt wie eine Banane. Liegt der Hund mit der Öffnung zu Ihnen, dann schließt er Sie ein. Liegt er gekrümmt wie eine Banane von Ihnen weg, dann wendet er sich nach außen. Ein angeschlossener Hund wird sich im entspannten Liegen immer dem Menschen zuwenden und dieser sollte es als Kompliment verstehen und seinem Hund ein wunderbares Feeback geben.

IN KÜRZE

Der Hund soll lernen, dass er die Störung eigenständig abstellen kann, wenn er die richtige Lösung findet. Dadurch, dass der Hund die Lösung selbst herausfindet, wird meine Idee zu seiner eigenen Idee.

Durch die feine Körpersprache des Menschen versteht der Hund schnell, was er soll. Hier ist ein wenig Abstand gefragt.

BLEIB, WO DU BIST

Hunde lesen ihre Menschen, berechnen deren Wege und durchschauen deren Pläne. Packe ich meine Reisetasche und fahre den LKW vor, dann wissen meine Hunde, dass wir auf Tournee gehen. Von dem Moment an weichen sie mir nicht mehr von der Seite. Sie wollen mit. Diese Reisen scheinen für unsere Tiere ein Riesenspaß zu sein. Ich nenne es immer den Umzug der Arche, denn wir haben dann meist ein paar Pferde, Ziegen, Enten und immer mindestens zehn Hunde dabei. Damit kein Chaos entsteht, brauche ich ein Konzept und fröhliche Disziplin. Ein- und Aussteigen an den Rasthöfen und Aufenthalte auf den Messegeländen bergen immer wieder Gefahren. Tür auf, Tür zu, ob Auto oder Wohnung, meine kleinen Freunde müssen schnell lernen zu warten und zu fragen, ob sie mitkommen dürfen oder nicht.

DAS BLEIB

Sie lernen das „Bleib“. Es ist äußerst hilfreich, wenn ich meinem Hund sagen kann, dass er an einem Ort bleiben soll. Damit ist nicht die Ablage gemeint, sondern das Nicht-Mitgehen. Verlasse ich beispielsweise einen Raum und der Hund will folgen, dann wende ich mich ihm frontal zu, sage freundlich „Bleib“, straffe mich etwas und wirke wie eine Schrankwand, um den Weg zu versperren. Das ist für den Hund leicht zu lesen. Sollte er doch folgen wollen, kann ich noch einen Schritt auf ihn zugehen, sodass er mir etwas ausweichen muss, und „Nein“ sagen. Weicht er, wiederhole ich das „Bleib“ und gehe rückwärts weg. So kann ich den Schüler im Blick behalten. Es ist bei dem „Bleib“ egal, in welcher Körperhaltung er ist. Es bedeutet nur: Er soll nicht mitkommen.

IN KÜRZE

Hunde müssen lernen, dass sie nicht wie selbstverständlich immer und überall mitkommen dürfen, sondern erst „fragen“ müssen; das kann vor Gefahren schützen.

KOMM IN MEINE SPUR. DIE FUSS-POSITION

Der Hund ist im wahrsten Sinne des Wortes in der Spur, wenn er frei rechts oder links neben seinem Menschen laufen kann, und zwar mit und ohne Leine und immer genau auf Kniehöhe und in losgelassener, positiv aktivierter Körperhaltung. Wendet sein Mensch sich in eine Richtung, dann wird er diese Spur selbstredend beibehalten und wie auf Schienen geführt neben dem Knie bleiben. Ab und an schaut er wedelnd und mit geöffnetem Maul zu seinem Menschen hoch und tänzelt leichtfüßig, in positiver Manier.

Es ist so unendlich nützlich, einem Hund diese Position gründlich und gut zu erklären, denn hat er das verstanden, dann kann er seinen Menschen am Pferd oder Fahrrad, am Rollstuhl oder Kinderwagen unaufwendig überallhin begleiten. Und nun kommen wir wieder zu den Gesetzen der körperlichen Sprache, den Himmelsrichtungen und zum Drehen mit oder gegen den Uhrzeigersinn. Stellen Sie sich vor, Sie haben neben sich einen Rahmen, der so groß ist, dass der Hund dort hineinpasst. Diesen Rahmen führen Sie neben sich her. Stößt der Hund an den Rahmen, dann ist er in einer roten Zone, bleibt er innerhalb des Rahmens, ist er in einer grünen Zone, und die muss sich für ihn auch wie eine grüne Komfortzone anfühlen.

SO GEHT'S

Sie haben den Hund an einer kurzen Leine und sagen Ihr Bei-Fuß-Signal. Es ist ratsam, an dieser Stelle unterschiedliche Signale für „rechts Bei Fuß" und „links Bei Fuß" zu installieren. Ich empfehle für links gerne „Bei Fuß" und für rechts „Und Hand". Beginnen Sie mit einer Seite und erst wenn das gut sitzt, trainieren Sie die andere. Entscheiden Sie sich für eine Himmelsrichtung, in die Sie blicken möchten, und bewegen Sie sich etwas geradeaus. Die Himmelsrichtung gibt Ihnen die Spur vor. Zunächst soll der kleine Schüler lernen, diese Spur nicht zu verlassen, also nicht vor oder hinter Ihnen in eine andere Himmelsrichtung zu laufen. Gehen Sie dabei langsam bis sehr langsam und jedes Mal, wenn Ihr kleiner Kollege zu Ihnen hochschaut, halten Sie an und loben ihn. Wenn Sie weitergehen wollen, dann sagen Sie das entsprechende Signal. Stößt er vorne an den „Rahmen"/die Leine, sagen Sie leise und freundlich „Nein" und stören ihn beim Weitergehen so lange mit einem leichten Arrêt, bis er sich wieder etwas nach hinten in die Spur orientiert; drängt er nach außen, tun Sie dasselbe. Bei den Hunden, die nach hinten drängen, ist entscheidend, dass Sie sich beim Kritisieren nicht umdrehen, denn dann verlieren Sie Ihre Spur und der Hund kann die grüne Zone nicht mehr finden. Bleiben Sie in die ursprüngliche Himmelsrichtung orientiert und beantworten Sie diese Frage mit einem nach vorn wirkenden Arrêt und einer positiven Energie beim Vorwärtsgehen.

NUR KURZ UND LOBEN

Ihr Lob sollte auf jeden Fall aktiv sein. Gerne können Sie auch anhalten und sich ausreichend dafür Zeit nehmen. Bei einigen Hunden kann, bei anderen Hunden muss man immer wieder aktivierend aktiv loben, damit es nicht zu trocken wird. „Und biste noch so fleißig, kriegste nur Einsdreißig", sagte einmal ein Mitarbeiter des NDR zu mir, als wir an einer Reportage arbeiteten. Der Grund: Reportagen werden immer auf 1:30 geschnitten – egal, wie toll man ist und was man Schönes macht. Der Betrachter ist offensichtlich nur etwa eine Minute und dreißig Sekunden bereit, sich auf ein Thema zu konzentrieren. Und ich bin überzeugt, dass es den Hunden ähnlich geht. Trockene Themen wie das Bei-Fuß-Gehen sollte man kurzweilig und lustig gestalten. Mit ein paar Apportierübungen oder einem kleinen körperbezogenen unterlegenen Spielchen aufgelockert fällt es den Hunden leichter, die Spur anzunehmen und zu verstehen. Die Hunde bekommen Spaß am Gehorsam und Sie haben Freude, diesen auch einzufordern.

Durch das freie „Bei Fuß" Seite an Seite durchs Leben.

DAS AKTIVE WECHSELN DER SEITE

Es ist ein Paradebeispiel für das „Wer bewegt wen?“: das aktive Wechseln der Seite. Nun haben Sie Ihren kleinen Strolch auf der einen Seite und er macht es prima. Wie bekommen Sie ihn auf die andere? Sie bleiben erst einmal still stehen und geben die Leine hinter dem Rücken her in die andere Hand. Nun halten Sie sie auf sanfte Anlehnung und drehen Oberkörper und Kopf zu der Seite, zu der der Hund wechseln soll. Sie schauen dorthin, wo der Hund „landen“ soll und geben das Signal für diese Seite. Ihr Hund kann nicht vorne herum gehen, das verhindert die Leine. So, wie er bislang erzogen und geschult wurde, wird er sehr schnell die offene Tür finden und in Ihr Blickfeld treten wollen. Wichtig ist dabei, dass Sie sich nicht von der Stelle bewegen. Er soll ja Ihre Seite wechseln und nicht Sie seine. Sie bleiben in Ihrer Spur und der Hund sucht die neue Lösung.
Wenn es leicht wird, können Sie das Ganze auch in der Bewegung schulen, später auch ohne Leine und dann am Fahrrad oder Pferd. Das lässt sich rasch erarbeiten und ist sehr nützlich.

PRINZIP DER AKTIVIERUNG

Am aktiven Wechseln der Seite ist auch das Prinzip der Aktivierung sehr einfach und deutlich darstellbar. Viele Menschen machen ihren Hund an dieser Stelle passiv, denn mit ihrem freundlichen und entgegenkommenden Wesen bewegen sich die Zweibeiner lieber auf die andere Seite des Hundes, als den Hund aufzufordern, die Seite zu wechseln. Ich suche in der HarmoniLogie® ständig nach Möglichkeiten, mein Gegenüber zu aktivieren. Machen, dass er macht, und selbst den passiven Part übernehmen. Das lässt den Hund aktiv und emsig werden. Nur, hierfür braucht der Mensch erst einmal die Wahrnehmung und die Idee der Aktivierung. Sie lässt sich in vielen Details des Lebens wiederfinden und das Beste ist: Sie lässt sich sogar einsetzen.

DER SLALOM ODER: FINDE DEINE SPUR

Kann Ihr Hund schon gut zuhören, zu Ihnen kommen und sich hinlegen, ist er leinenführig, leicht positiv zu aktivieren und hat er den freien Anschluss und das körperbezogene, unterlegene Spiel gelernt, dann ist es Zeit, etwas aus der Trickkiste zu üben. Machen Sie mit Ihrem Hund mal wieder ein Date aus, um gemeinsam neue Sachen zu erarbeiten.
Der Slalom ist eine wunderbare Lektion. Sie ist einfach, bringt Spur und dient zugleich als Gymnastik für den Hund. Sie können Ihren Hund mit dieser Lektion unglaublich leicht aktivieren und einfach einmal schnell und ohne Aufwand etwas Schönes machen.

Klare Spur: Der Wechsel…

… von rechts nach links…

… ins „Bei Fuß“.

UND SO GEHT'S

Nehmen Sie Ihren Hund an einer kurzen Leine auf Ihre linke Seite. Stellen Sie das rechte Bein nach vorn, reichen Sie die Leine durch die Beine in die rechte Hand. Greifen Sie nun mit Ihrer linken Hand vor dem rechten Oberschenkel die Leine, sodass die rechte Hand frei wird für ein Sichtzeichen unterhalb des rechten Oberschenkels. Während Sie sich sortieren, sitzt Ihr Hund immer noch geduldig links neben Ihnen. Nun kann es losgehen. Sie beugen sich weit nach rechts und blicken dorthin, wo der Hund unter Ihrem rechten Bein hindurch herauskommen soll, klopfen mit der rechten Hand an Ihren Oberschenkel und halten mit der linken die Leine in Anlehnung. Nun sprechen Sie Ihren Hund mit seinem Namen an, daraufhin wird er versuchen, sich vor Sie zu setzen und Sie anzuschauen. Er kann Ihre Augen aber nicht finden, da Sie ja nach rechts geneigt sind und quasi durch Ihre Beine schauen. Machen Sie Ihrem Hund Mut, durch die Beine zu schlüpfen und sichern Sie mit der Leine alle anderen Abzweigungsmöglichkeiten ab. Es ist wichtig, dass der Hund den Weg durch die Beine aus eigenen Stücken findet, dass es seine Idee ist und dass Sie ihn tüchtig feiern, wenn er es geschafft hat. Denken Sie bitte daran, dass unser Ziel anfangs nicht der Slalom als solcher ist, deshalb dürfen Sie Ihren Hund auch nicht durch die Beine ziehen. Der eigentliche Trick ist der der Aktivierung. Nämlich dass Sie machen, dass er macht. Den Hund dazu zu aktivieren, neue Wege zu suchen und Ihnen zu vertrauen, dass eine Tür offen und am Ende des Weges auch noch Licht an ist: das ist es, was wir wollen!

ANDERE SEITE

Dann erst beginnen Sie wieder von vorn. Nun können Sie auch die Beine wechseln, und bitte achten Sie darauf, dass Sie nicht in der Lektion verhaftet sind. Es geht um Kontakt, um Spaß und darum, dass Ihr Hund einen Erfolg hat. Erst, wenn der Hund den Weg durch die Beine mit Leichtigkeit findet, löst das Signal „... und durch" die ziehende Hilfe ab. Und erst, wenn er auf das Signal und das Sichtzeichen diese Lektion prima meistert, lassen wir die Leine weg, und dann beginnen wir, die Variablen zu verändern, als da

Geschickt gelöst: Das Slalom als Seitenwechsel.

wären: das Maß an Ablenkung, die Dauer und Häufigkeit des Slaloms, die Bewegungsart des Menschen ob vorwärts oder rückwärts, die Größe der Lücke zwischen den Beinen und auch das Tempo, in dem der Hund die Lektion absolviert. Sie wissen ja: Immer nur eine Variable verändern und den Rest ritualisiert beibehalten. Durch den hohen gymnastizierenden Wert (deutliche Biegung in der Längsachse) ist dies eine Lektion, die wir tatsächlich mit jedem Hund jeden Alters und jeder Rasse machen können. Und es bringt mit Spaß die Spur. Einmal mehr ist der Weg das Ziel. Durch Slalom lernt der Hund, Lösungen zu finden und Ihrem Versprechen zu vertrauen. Das ist wichtiger, als der Weg durch Ihre Beine!

Spur, Spaß und Dynamik gehören in das tägliche Training.

DIE ROLLE

Sie ist lustig und macht Spaß, ist aber nur für Hunde ohne einen Befund im Rücken geeignet. Die Rolle ist eine Standardlektion, die wir jedem gesunden Hund beibringen, der einen Menschen hat, dem Elemente aus der Trickschule liegen. Hierbei kullert der liegende Hund einmal über den Rücken auf die andere Seite, als würde er sich wälzen wollen. Sie entspringt einer ganz natürlichen Verhaltensweise gesunder Hunde. Haben Sie einen Hund, der sich in seiner Freizeit nie von allein auf den Rücken rollt oder einen Befund im Rücken hat, dann sollten Sie Abstand von dieser Lektion nehmen. Kann er diese Bewegung jedoch auch von allein, dann macht sie Freude und kann schnell zur Situationsauflockerung beitragen.

VERSPRECHEN DER OFFENEN TÜR

Rolle und Slalom haben gemeinsam, dass sie sinnbildlich für das Öffnen und Verschließen von Türen stehen und den Hund lehren, aktiv nach Lösungen zu suchen. In meinen Augen entwickeln die Hunde ein sehr intensives Vertrauen zu ihren Menschen und Sie können spüren und lernen, welch innerem Lernmuster ihr Hund folgt. Ebenso lernen die Menschen hier, was es heißt, mit einem total entspannten Hundekörper zu arbeiten. Sie fühlen in ihren Händen, wie ihr Hund innerlich loslässt, und können fehlerhafte Funktionskreise sehr schnell und sachlich einordnen. Wir schulen in der Tierschule sehr viele verschiedene Tricks, die ein Hund fernab von der klassischen Konditionierung erlernen kann. Bei all diesen Tricks geht es darum, dass der Hund selbstständig nach einer offenen Tür sucht und nicht verzweifelt vor einer verschlossenen steht und Lohnverhandlungen führt. Der Hund soll aktiviert werden, nach dem Weg zu forschen, und dazu erzogen werden, seinem Menschen zu trauen, dass garantiert eine Tür offen ist, auch und gerade wenn er vor einer verschlossenen steht. Er soll lernen, dass ihm der Erfolg gewiss ist, wenn er der ziehenden Hilfe folgt.

SO GEHT'S

Die Grundvoraussetzungen für die Rolle sind dieselben wie für das Ablegen, das fertig geschult sein sollte. Wie immer starten wir in ruhigem und gewohntem Ambiente, am liebsten auf dem Lieblingsteppich. Wir legen den kleinen Kollegen ab und hocken uns seitlich versetzt in die Richtung, in die er später rollen soll. Das sollte abwechselnd mal die eine und mal die andere Richtung

Mit der Rolle wird immer positive Energie frei.

sein. Nun streicheln wir den Hund und fassen mit der fernen Hand, also der, die weiter von ihm weg ist, in sein Halsband. Mit der näheren Hand streicheln wir seinen Kopf und bewegen diesen parallel zu seinem Rippenbogen langsam nach hinten. Sowie er das entspannt mitmacht, lassen wir ihn los und streicheln ruhig weiter. Er soll in Ihren Händen wunderbar losgelassen sein. Vorher brauchen Sie gar nicht an die Rolle zu denken. Es ist egal, wie lange es dauert, erst wenn er loslässt, geht es weiter. Und hier spreche ich nicht nur davon, dass er das duldet, sondern auch von seiner inneren Haltung: Er muss es akzeptieren. Manche Hunde zeigen hier Abwehrverhalten. Und mit diesem Funktionskreis kann man hier tatsächlich gar nichts anfangen. Sie spüren die Abwehr durch mögliche Passivität, Steifheit, Gegenstemmen, Zappeln oder Herumkaspern, um die Berührung unmöglich zu machen.

AUF DIE INNERE HALTUNG KOMMT ES AN

Der Hund sollte mit diesen Reaktionen keinesfalls Erfolg haben. Es geht einzig darum, dass er die Hilfe akzeptiert und entspannt darauf vertraut, dass Sie ihm den Weg zeigen. Solange der Hund sich gegen Ihre Berührung wehrt, können Sie ihm mit der Berührung nicht helfen. Je geduldiger Sie also bei der Vorbereitung sind, umso gründlicher räumt diese Lektion die innere Haltung auf.

Wie auch beim Slalom geht es primär nicht um den Trick, sondern um die korrekte Einstellung zueinander, um Respekt, aber am meisten um Vertrauen. Wenn Ihr Hund sich nicht ständig gegen Sie wehrt und darauf vertraut, dass Sie ihm den richtigen Weg zeigen werden, dann bekommen Sie die Rolle als „Abfallprodukt" obendrauf. Man könnte den Hund ebenso mit einem Spielzeug oder mit Futter herumlocken, aber dabei hat man ihm dann nicht erklärt, dass es sich nicht lohnt, sich gegen die Berührung seines Menschen zu wehren. Man nimmt sich selbst die Möglichkeit, den Burschen und sein individuelles Lernmuster gut kennenzulernen.

ALLES WEICH UND LOCKER?

Ist Ihr kleiner Freund total entspannt und weich, dann können Sie in der oben beschriebenen Position sein Köpfchen nach hinten führen und ihn dann mit der ziehenden Hilfe herumrufen, denn er möchte ja gern zu Ihnen kommen. Der Weg dorthin führt aber nur über die Rolle. Ja, und dann wird gefeiert und geherzt. Und nach einem unterlegenen, körperbezogenen Spiel geht es gleich weiter mit der nächsten Rolle.

Erst wenn der Hund den Weg gefunden hat und sich alles leicht anfühlt, wird das Signal vor die ziehende Hilfe gesetzt. Und erst wenn das verstanden wurde, wird die Position zu dem kleinen Kollegen verändert. Und erst wenn er rollt, ohne angefasst zu werden, wird das Handzeichen entwickelt. Wie immer wird erst nach und nach jede einzelne Variable verändert.

Mit viel Lob, Spiel und Spaß wird das Ganze zu einer echten Bereicherung Ihres Hundealltags, denn dieser kleine, aber feine Trick löst immer Spaß und Freude aus und ist insgeheim so wertvoll für die Beziehung.

IN KÜRZE

Einmal mehr ist der Weg das Ziel. Durch die Rolle lernt der Hund, Lösungen zu finden und Ihrem Versprechen zu vertrauen. Das ist wichtiger als die Rolle an sich!

DIE AUSBILDUNG ZUM HUND KANN BEGINNEN

Nun kann er dies und muss auch das, nun ist die Basis gut gelegt zwischen mir und meinem kleinen Partner und es geht zu einem Bereich, der meiner Vision vom Leben mit dem Hund sehr nahekommt. Es ist die Ausbildung zum Hund. In meinem Leben mit den Tieren war ich immer sehr bemüht, jedes seinem Vermögen nach zu fördern. Kein Hütehund muss umschulen zum Apportieren und kein Jagdhund soll hüten. Ich versuche immer, die individuelle Veranlagung zu fördern. Indem ich die Stärken des anderen fördere und seine Schwächen ausgleiche, werden wir zu einem Team. Und bei alldem verliere ich nicht aus den Augen, dass mein bester Freund ein Hund ist, ein Lauftier, ein Raubtier und ein Rudeltier. Ich beginne, ihn zum Hund zu schulen. Dazu gehört, dass er weiß, wie sich die Sonne anfühlt und wie der Regen schmeckt, dass man durch Pfützen springen und über Baumstämme klettern kann; er lernt, schnell zu laufen, gut zu schwimmen und weit zu springen – Sport eben. Geschult wird er auch im kollegialen Miteinander: Sozialkundeunterricht, Apportieren, Hüten oder Tricks – Geisteswissenschaften eben.

ERFÜLLTES HUNDELEBEN

Dem individuellen Vermögen und der einzigartigen Begabung angepasst, entwickle ich eine Ausbildung, die den Hund im freien Anschluss entspannt und ihm erlaubt, in dem Radius um mich herum die Umwelt in vollen Zügen wahrzunehmen und zu erkunden. Es ist mir wichtig, dass der Hund von all seinen Funktionskreisen Gebrauch machen darf und sein Leben, sofern es möglich ist, mit mir und mit Artgenossen in vollen Zügen leben und erleben darf. Und unabhängig von all den Tricks, die wir den Hunden beibringen, gibt es auch Tätigkeiten, ja, Jobs, die nicht nur bei der Schulung dem gesamten Team zur Freude sind, sondern vor allem dadurch eine echte Bereicherung sind, dass sie dem Hund eine Aufgabe geben und ihm damit eine echte Würdigung zu Teil werden lassen. Er kann in seiner Familie mitarbeiten, er wird geschult, gebraucht, gelobt. So wird das Hundeleben ein erfülltes Hundeleben.

IN KÜRZE

Geben Sie Ihrem Hund eine Aufgabe, einen Job, damit sein Leben voller Erfüllung ist!

SPIELERISCH APPORTIEREN

Der Großteil der gut sozialisierten Hunde ist mit einem Spieltrieb und der Fähigkeit zu apportieren ausgerüstet. Ihr infantiles Spielverhalten und die große Bereitschaft, Gegenstände ins Maul zu nehmen, machen die spielerische Ausbildung zum Apportieren sehr leicht. Wenn man diese Grundidee im Hund klug fördert, kann man mit Leichtigkeit spielerisch einen tollen Apportierhund formen.

BAUKASTENSYSTEM

Das Apportieren nach der HarmoniLogie® wird wie ein Baukastensystem aufgebaut und bietet Mensch und Hund sehr viele Möglichkeiten. Hier geht es um die Hunde, die gern und aus tiefem inneren Antrieb apportieren wollen oder sich über Spielen dazu anleiten lassen. Alles, was ich einem Tier spielerisch beibringe, kann ich auch spielerisch abfragen. Es kann allerdings passieren, dass es im Ernstfall nicht klappt, denn dem Apportiertraining lag die Lust des Hundes zugrunde und nicht seine Kritikfähigkeit. Die Lust kann einem Hund schon mal ausgehen. Dennoch kann ich ihm spielerisch viel erklären und so gut vorbereiten, dass ich es in einem weiteren Ausbildungsschritt auch gut absichern kann. Die einzelnen Bausteine der Apportierschulung kann ich später nach Belieben miteinander kombinieren, so, wie ich es brauche. Es ist eine schöne, faszinierende und teambildende Schulung, die einen unerschöpflichen Wert für die Beziehung hat, und deren Kreativität keine Grenzen kennt. Sie kommt dem Naturell des Hundes entgegen und macht aus jedem Individuum einen kleinen Helden! Es ist schlicht und einfach der Garant für Freude und Teamwork. Viel Spaß dabei.

Fördern Sie die natürliche Begabung Ihres Hundes. Kreieren Sie Ihren eigenen Champion!

DIE EINZELNEN BAUSTEINE

Wir beginnen mit dem „Nimm", es ist das Aufnehmen und ruhige Halten eines Gegenstands. Es folgt das „Holen", der Transport des Gegenstands zu seinem Menschen. Wir enden mit dem „Danke", ein ruhiges und konzentriertes Abgeben in die Hand des Menschen.
Nun folgt der „Transport", das Tragen über eine nicht definierte Strecke. „Aus" bedeutet, den Gegenstand einfach auszuspucken, egal was, egal wo. Dann schulen wir das „Bring zu", das bedeutet, ein Gegenstand wird ruhig zu einer anderen Person getragen und dort über das konzentrierte Vorsitzen abgegeben.
Genauso steht das „Zieh" auf dem Lehrplan. Ein geregeltes Ziehen an einem Gegenstand, welches dem aktuellen Widerstand angepasst wird.
Der Hund lernt weiterhin, das Objekt der Begierde mit seinen Augen („Fokus") oder auch mit der Nase („Such") zu finden.
Dieses Baukastensystem öffnet Hund und Mensch unermessliche Möglichkeiten an Kreativität und Handlungsspielraum. Ob Ihr Hund nun die Wäsche einsortiert oder für Sie einkaufen geht. Alles ist möglich.

Im objektbezogenen Spiel lernt der Hund ...

SPIELERISCH NEHMEN

Ich beginne die Lektion, wenn die ziehende Hilfe, die Störbarkeit und das Lob sowie die Leinenführigkeit fertig erklärt sind. Zu gern nehme ich einen alten Handschuh oder einen Filzring dazu, während ich den Zwerg an der Leine habe. Nun zappelt der Gegenstand vor dem Hund ein wenig herum und gleichzeitig bewege ich mich leicht rückwärts, um ihm viel Raum anzubieten. Dieses Verhalten kann der Hund schon als körperbezogenes, unterlegenes Spiel erkennen und folgt mir bereitwillig in die Komfortzone. In dem Moment, in dem der Hund versucht, nach dem Gegenstand zu fassen, bekommt er ihn auch schon. Es ist zu diesem Zeitpunkt noch ganz egal, was er damit macht. Ob er ihn wieder fallen lässt oder festhält, ihn totschüttelt oder damit zu mir kommt, denken Sie immer an die goldene Regel erst das DAS, dann das WIE.
Durch dieses objektbezogene, unterlegene Spiel, so nennen wir das, erfährt der Hund unbedingt sofort Erfolg bei seiner Initiative, den Gegenstand zu nehmen. Durch die Leine, die möglicherweise sehr kurz ist, verhindere ich, dass der Hund, nachdem er erfolgreich Beute gemacht hat, mit selbiger abdampft und mich stehenlässt. Mit der ziehenden Hilfe navigiere ich ihn zu mir und sollte er den Gegenstand noch haben, werde ich versuchen, ihm diesen vorsichtig abzunehmen.

SIGNALE EINFÜHREN

Das klingt alles nicht schwierig und das ist es auch nicht. Hat sich der Ablauf des Nehmens spielerisch gefestigt, dann beginne ich in dem Moment, in dem der kleine Hund nach dem Gegenstand greift, mit dem Signal zu untermalen und sage einfach „Nimm". Dann gehe ich rückwärts und rufe ihn mit dem Signal „Holen" in Zusammenhang mit seinem Namen in meine Richtung. Hier angekommen, fasse ich den Gegenstand an und lobe den Hund. Viele Hunde lassen den Gegenstand jetzt fallen, denn die ziehende Hilfe wurde im Kopf ohne Gegenstand im Maul

... ganz nebenbei, Gegenstände zu nehmen. Eine hervorragende Grundlage für das Apportieren.

abgespeichert. Also trainiere ich zwei Dinge, nämlich die ziehende Hilfe, sprich die geregelte Bewegung zu mir, und die Maulaktivität. Ich sage „Holen", während ich rückwärtsgehe. Mein Körper spricht eine dem Hund bekannte Sprache, mein Mund sagt ein dem Hund noch unbekanntes Wort: „Holen". Lässt er den Gegenstand fallen, bringe ich dennoch in Ruhe die ziehende Hilfe zu Ende und lobe ihn für die korrekte Ausführung, ob mit oder ohne Gegenstand. Danach erst animiere ihn dann wieder zum Nehmen. Das tue ich so lange, bis die beiden Aktivitäten, sich wie zwei Folien im Hundekopf übereinander schieben, er den Gegenstand zu mir bringt, sich vor mich setzt und vergisst, ihn fallen zu lassen. Dann erst bitte ich ihn mit dem Signal „Danke", mir den Gegenstand zu geben. Tut er das nicht, was recht wahrscheinlich ist, mache ich kein Problem daraus und berühre vorsichtig sein Maul, bis er den Gegenstand freiwillig ausgibt. Und schon drücken wir auf „repeat" und starten von vorne.

AUFHÖREN, WENN ES AM SCHÖNSTEN IST

Habe ich den Eindruck, dass es gut klappt, dann kann ich eine Variable verändern und das wäre bei mir zunächst die Position des Nehmens, bis hin zum Aufnehmen vom Boden. Es dauert nur ein paar Tage, und der Hund nimmt den Gegenstand aus jeder Höhe und Position und bringt ihn gern und direkt zu mir. Das Wichtigste ist tatsächlich, dass der Mensch die Leistungskurve genau im Blick hat und immer dann aufhört, wenn es am besten ist.

Ich arbeite gleich von Beginn an mit allen möglichen Gegenständen, besonders gern nehme ich Dinge aus dem Haushalt. Hundespielzeug nehme ich nur sehr selten. Dafür achte ich darauf, dass der Gegenstand nicht quietscht, nicht kaputtgeht und keine ungesunden Partikelchen in den Hundemagen gelangen können. So halte ich den Horizont des Hundes von Anfang an sehr weit und offen für alles, was er später einmal holen oder tragen soll.

NEHMEN ODER GEGEBEN BEKOMMEN

Möchte man beim Apportieren etwas ins „Eingemachte" gehen und das Thema nicht ausschließlich spielerisch anpacken, dann macht es Sinn, auch hier das Prinzip der Aktivierung genau zu beleuchten. Das Wichtigste beim Apportieren ist die Steuerbarkeit des Mauls. Ohne eine geregelte Maulaktivität wird das gesamte Apportieren an irgendeiner Stelle haken. Je besser man hier arbeitet und dem Hund erklärt, was von ihm erwartet wird, umso weiter kann die gesamte Ausbildung am Ende gehen.

Mit dem aktiven Nehmen des Hundes ist auch gemeint, dass er den Gegenstand weich und ruhig aufnimmt und ihn ruhig hält, ohne zu schütteln oder zu knautschen. Bezüglich der Gegenstände, die der Hund nehmen kann/soll, gibt es fast nichts, das es nicht gibt: ob Blechnapf, Autoschlüssel oder später gar ein rohes Ei. So schleicht mein Labrador Dr. Watson zu gern in den Hühnerstall, um Eier zu klauen. Hat er sie im Maul, frisst er sie nicht etwa, sondern bringt sie begeistert zu mir. Solche Diebe kann man für das Stibitzen auch noch loben.

EIN WEICHES UND AKTIVES MAUL

Ganz in Ruhe, in einem wunderbar wohligen Ambiente schule ich das Maul bei den Hunden, die eine Veranlagung für das Apportieren mitbringen. Ich nehme einen weichen, angenehmen Gegenstand und beginne sehr ruhig, aber dennoch spielerisch, den Hund zu aktivieren, den Gegenstand zu nehmen. Klein auf klein sind der Hund und ich durch eine kurze Leine miteinander verbunden. Es wird weder geworfen noch gezerrt, denn das würde das Maul zu sehr beunruhigen. Ich erzeuge nur, dass das Maul sich öffnet und der Hund den Gegenstand haben will. Dann ist sofort Ruhe und der Kollege wird gestreichelt und mit dem ruhigen, aktiven Lob gewürdigt. Diesen Prozess wiederhole ich ritualisiert bis zu dem Moment,

Nimms! In Ruhe gezielt das Maul aktivieren.

Konzentriertes Training: Kurz halten!

Gibs mir! Lobrituale festigen den Erfolg.

in dem ich das Gefühl habe, auf der Spitze der Leistungskurve angekommen zu sein. Sollte ich mehr Aktivität benötigen, um den Funktionskreis Drängen/Bedrängen, wo die Motivation zum Apportieren begründet liegt, bedienen zu können, befinde ich mich bereits auf der abfallenden Leistungskurve. In diesem Fall kann es sein, dass der Hund mich dazu erzieht, dass er nur nimmt, wenn der Gegenstand vor ihm zappelt.

NUR GANZ KURZ

Ich muss der Bestimmer über Raum und Zeit bleiben und der aktuelle Dialog sollte dieser Zielsetzung nicht nachgeordnet werden. Ich werde mein Ziel, dass mein Freund ein richtig guter Apportierer wird, schon erreichen. Wichtig ist erst einmal nur, dass er den Gegenstand ruhig und verbindlich nimmt. Die Konzentrationsfähigkeit hierfür beträgt bei einigen Hunden nur eine kurze Minute und dann müssen Sie das Spielchen schon beenden. Sie können ja in zehn Minuten wieder damit anfangen, aber in der Zwischenzeit wird etwas anderes gemacht.

HOL ES DIR

Das Prinzip der Aktivierung ist auch beim Apportieren wunderbar zu erkennen. Halte ich den Gegenstand fest, dann ist es am Hund, sich zum Gegenstand hin zu bewegen. Ich bewege das Objekt der Begierde dann eher noch ein kleines bisschen von ihm weg, sodass er sich noch etwas mehr recken muss, um es zu erreichen. Viele Menschen neigen hier dazu, das Gegenteil zu machen: Sie drücken ihrem kleinen Freund den Gegenstand in das soeben geöffnete Maul. Das kann Abwehr erzeugen, und die ist hier kontraproduktiv. Ich muss machen, dass mein Hund macht.

UND GIB ES MIR

Dasselbe ist es, wenn ich den Gegenstand zurückhaben möchte. Ich fasse ihn an, aber das allein soll nicht heißen, dass der Hund loslassen soll oder darf. Damit würde ich einen Fehler einbauen, denn ich könnte dann das Ziehen nicht so schnell entwickeln. Ich berühre also den Gegenstand und sage das Signal: „Danke“ erst etwas später. Manchmal passiert dann gar nichts. Aber das ist nicht schlimm. Ich habe nun zwei Möglichkeiten: Entweder ich benutze die ziehende Hilfe und sage den Namen des Hundes – da das im Hundekopf nicht mit Gegenstand im Maul abgespeichert wurde, klappt es zu 50 Prozent – oder ich sage ein freundliches „Nein“. Da die Störbarkeit ja exzellent geschult wurde, findet der Hund auch hier keine Lösung mit Gegenstand im Maul auf seiner Festplatte und lässt los.

Sprachlich sollte das dann wie immer im Sandwich eingepackt sein:

- „Danke“,
- „Nein“ (und hier bitte in dem Nein-Status bleiben, bis sich etwas verändert),
- „Danke“,
- und dann das Lob, das gern auch in XL ausfallen darf.

LIEBLINGSFEHLER DES MENSCHEN

Bei dieser Lektion begegnet uns auch häufig wieder einer der „Lieblingsfehler“ der Menschen, nämlich ihren Hund passiv zu machen, statt ihn zu aktivieren. Der Mensch geht dem Hund mit dem Gegenstand gern entgegen und schiebt ihn fast bis zum Zäpfchen in das geöffnete Mäulchen. Das ist im Sinn der körperlichen Sprache und der geometrischen Laufmuster die falsche Richtung; der Mensch dringt ständig in die Abwehrzone des Hundes ein.
Ebenso differenzieren viele Menschen hier nicht zwischen einem Fehler und einem Fehler in unserem Sinne; manchmal erkennen sie nicht, wann der Hund selbst die Idee hat, einen Gegenstand zu nehmen. Er fasst also ohne Ihre Aufforderung danach. Diesen Moment sollte man nutzen und schnell mit dem Signal begleiten.

Ein Beispiel: Da sitzt ein Mensch und übt mit seinem Hund fleißig das Nehmen. Irgendwann möchte er aufhören, aber der Hund greift von sich aus noch einmal nach dem Gegenstand. 85 Prozent aller Menschen sagen jetzt „Nein, das habe ich jetzt nicht gewollt".
Wird das Nehmen eines Gegenstands zur eigenen Idee des Hundes, dann begleiten Sie es doch einfach mit „Nimm" und beenden die Lektion bei nächster Gelegenheit durch das Wegräumen des Gegenstands. Wird meine Idee zu seiner eigenen, dann werde ich einen Teufel tun, mich dagegen zu wehren. Ich werde es feiern und fördern und mich freuen, dass alles auf dem richtigen Weg ist. Vielleicht werde ich mich sogar von meinem charmanten Gefährten noch einmal zu einem kleinen Spielchen auffordern lassen.

IN KÜRZE

Wird meine Idee zur eigenen Idee des Hundes, werde ich es feiern und fördern und mich freuen, dass alles auf dem richtigen Weg ist!

DER REFLEX UND SEINE ABWEHR

„Aber meiner will nicht spielen und nimmt nicht." Ja, das gibt es und das ist weder eine Schande noch ein limitierender Faktor. Ich habe in meiner Laufbahn auch Hunde begleiten dürfen, die etwas Schwermütiges, etwas Phlegmatisches hatten oder auch blockiert waren; bei denen der Funktionskreis Drängen/Bedrängen eingeschränkt war, für die aber Passiv, Devot oder im dümmsten Fall auch Flucht eine gangbare Möglichkeit waren. Durch eine gezielte Ausbildung kann man diesen Hunden ebenso einen Job geben, sie schulen und fördern und bekommt am Ende einen engagierten und zuverlässigen Mitarbeiter, einen treuen Freund oder glücklichen Gefährten.

DIE GESCHICHTE VON POMBÄR

So geschah es, dass ich eines Nachts draußen ein furchtbares Hundewimmern hörte. Ich rannte im Nachthemd hinaus und suchte auf der Straße nach der Ursache. In einer unserer Weiden fand ich sie: zwei Welpen, die panisch umherirrten, in der Finsternis nicht aus noch ein wussten – da hatte sie wohl ein Mensch hineingeworfen. In einem erbärmlichen Zustand, verstört und natürlich verängstigt bellten sie am nächsten Morgen die Sonne an, als sie am Himmel hochstieg. Es war ein Jammer, diese kleinen Kreaturen zu sehen. Einer von beiden blieb in unserer Schülerschaft, der andere zog bei uns ein. Wir päppelten ihn auf und er wuchs heran. Er fraß Kot, konnte sich nicht kontrollieren und war überwiegend depressiv. Er suchte nur eins: meinen Körperkontakt, und den konnte er stets bekommen. Er wollte nicht spielen und sich auch nichts merken. Ich ahnte, dass hier ein größeres Projekt auf mich zukam. Es wurde ein Fila Brasiliero, ein Prachtkerl, der mich von nun an stets begleiten sollte. Und während ich dies hier schreibe liegt sein Kopf auf meinem Schoß. „Pombär" ist der Name eines wunderbaren One-man-dogs, der fest zu mir und meinem Leben dazugehört. Ich schulte ihn und er lernte das Apportieren. Da er so gar nicht spielen wollte, konnte ich es nur über den Reflex erklären. Dies wiederum lernte er wahnsinnig schnell und extrem nachhaltig. Innerhalb von zehn Tagen war das Apportieren in den Grundzügen fertig erlernt. Sehr schnell verstand er seine Aufgaben und nutzte sie auch aus eigenen Stücken. Das Schönste daran ist, dass er sogar hierdurch ein richtiges Spielverhalten verstanden hat; er hat den Wasserapport gelernt und er nimmt ebenso wie meine Border Terrier und mein Labrador am kompletten Training teil. Heute trägt er Einkaufstaschen, spielt wie verrückt und arbeitet als Schulhund in der Tierschule mit. Er ist ein Traumhund geworden und jeder will ihn haben. Er zaubert mit seiner einzigartigen Art stets ein Lächeln auf die Gesichter der Menschen und erntet so viel Lob und Anerkennung, dass nicht nur er manchmal vor Stolz strotzt.

DULDSAMKEITSTRAINING

Die Natur hat in die Füße der Raubtiere einen Reflex eingebaut. Es handelt sich um eine Abwehr, die ausgelöst wird, wenn die Pfote festsitzt, beispielsweise in einer Schlinge. Viele kennen das sicher vom Krallenschneiden, vom Saubermachen nach einem Matschspaziergang oder wenn man eine Klette zwischen den Ballen entfernen möchte. Man kann diesen Reflex überwinden, indem der

Hund lernt, stillzuhalten, die Berührung zu dulden. Dies wäre sehr wichtig für das gesamte Duldsamkeitstraining, das wir beispielsweise für den Besuch beim Tierarzt brauchen. Dort soll der Hund stillhalten und nicht die Pfoten wegziehen oder nach dem Menschen schnappen, wenn er an den Pfoten zu tun hat. Duldsamkeitstraining und Apportierenlernen über den Reflex schließen sich nicht gegenseitig aus, da das Apportieren auf ein eindeutiges Signal gelegt wird und das Duldsamkeitstraining parallel läuft. Zu Letzterem gehört, dass ein Hund entspannt auf einem Tisch gehoben werden, eine andere Person ihn anfassen, seine Füße heben, ihm ins Maul schauen und den Hund herzen und streicheln kann. Dies sollte man auch mit einem kleinen Hund regelmäßig durchführen, damit Tierarztbesuche für keinen Beteiligten allzu anstrengend werden.

MIT PFOTENDRUCK ZUM APPORTIEREN

Andersherum kann ich den Reflex aber auch auslösen, um damit das Maul zu aktivieren. Es ist ähnlich dem spanischen Schritt, bei dem das Pferd oder der Hund lernt, nach einer Fliege zu treten, die durch die Gerte simuliert wird, oder dem Neinsagen, ein Kopfschütteln, das durch ein Kitzeln im Ohr ausgelöst und dann auf ein Signal reduziert wird. Sie sehen, die Abwehr ist ein schlaues Prinzip, das man für sich und die Ausbildung nutzen kann. So kann ich auch durch den Druck an einer Pfote das Maul des Hundes aktivieren. Dies wird wie vieles andere ritualisiert, also immer zur selben Zeit, am selben Ort und in der selben Stimmung geschult. Am besten in einem gemütlichen, ruhigen Ambiente das gefüllt ist mit Geduld und guter Laune.

Familientauglich und alltagskompatibel: Die Hunde werden in das Leben integriert. Mit Jobs for Dogs.

Ein Beispiel: Ich sitze gemütlich vor meinem Hund, streichle seine Pfote und halte einen Gegenstand vor sein Maul. Ich sage: „Nimm", und es passiert nichts. Nun sage ich ein weiches „Na", und drücke vorsichtig die Pfote, bis der Hund aktiv wird.

Entspannt und weich wird die Pfote in Ruhe gehalten.

Mit einem Händedruck wird das Maul aktiviert.

Der Erfolg ist das ruhige, weiche, aktivierte Maul.

Dann lobe ich und lasse den Druck weg. Ich wiederhole diese Prozedur, bis der Hund zu verstehen beginnt, dass er aktiv sein soll und die Bewegung des Mauls durchaus erwünscht ist. Greift er nach dem Gegenstand, wird gefeiert und gelobt.

EXTREM KURZE TRAININGSINTERVALLE

Hier arbeite ich gerne mit dem Pausenschmaus und mit extrem kurzen Trainingsintervallen, die sich allerdings häufig wiederholen. Haben Sie immer die Leistungskurve im Blick und halten Sie Ihr Training kurz. Der Hund lernt so abgesichert, sein Maul bewusst zu nutzen. Dadurch kann ich ihm den gesamten Komplex des Apportierens kritisierbar erklären. Er kann hierüber geregeltes Spielen erlernen und eine vorbildliche Technik im Umgang mit Gegenständen erfahren. Etliche Hunde, so auch mein geliebter Pombär, haben so einen Weg in ein Berufsfeld gefunden, das dem Hund durch Lob und Anerkennung ein erfülltes Leben geben kann.

LASSEN SIE SICH HELFEN

Grundsätzlich sollte ein Hund hierfür erwachsen sein und in einem exzellenten Vertrauens- und Respektsverhältnis zu Ihnen stehen. Und ich empfehle, bei dem reflexartigen Nehmen stets jemanden zu fragen, der sich gut damit auskennt und die Lernschritte begleiten kann. In kurzen Trainingsabschnitten von zwei bis vier Minuten wird das ritualisierte Training kontinuierlich aufgebaut und es wird sich ein emsiger und fröhlicher Musterapportierer daraus entwickeln. Bei Hunden, die bereits über das spielerische Apportieren vorbereitet wurden, schließe ich stets mit einem objektbezogenen unterlegenen Spiel ab. Bei den konsequenten „Nicht-Spielern" entwickle ich ein kleines Getobe oder auch ein paar lustige Tricks, um Nuancen ins Training einzubringen, die den Geist frei und froh machen.

IN KÜRZE

Wenn der Hund nicht spielen mag, haben Sie mit der Arbeit über den Pfotenreflex eine Möglichkeit, ihm sicher und verbindlich das Apportieren beibringen zu können. Das Training wird hierdurch außerdem abgesichert und gefestigt.

HOKUS POKUS FOKUS – DIE MAGIE DES BLICKS

In meiner Tätigkeit als Schäferin aus Leidenschaft habe ich meinen Tag hauptberuflich mit Hunden und Schafen verbracht. Und das war wahrlich kein Spaziergang. Heute betreiben wir die Landwirtschaft nebenberuflich, aber immer noch mit hauptberuflicher Leidenschaft. Die Hunde, hochqualifizierte Border Collies, treiben die Herde durch die Kraft ihrer Augen. Sie haben einen starken Fokus und signalisieren hierdurch, welches Schaf gemeint ist und was es gerade tun soll. Wenn ich ein Schaf fangen musste, dann durfte ich dieses absolut nicht anschauen, denn dann wusste es sofort, dass es gemeint war. Also habe ich immer das Schaf daneben angeblickt und konnte mit dieser List meine Herde austricksen. Auch mit den Hunden habe ich viel über den Blick kommuniziert. War da z. B. ein Schaf, das ständig über die Grenzen trat, bei Umtrieben gern ausbrach oder anderweitig unangenehm auffiel, dann brauchte ich es nur anzublicken. Sofort konzentrierten sich meine Hunde auf den Frechdachs und erklärten ihm die Spur besser, als ich es je vermocht hätte. Für mich war die Kraft des Blicks, das Lenken über den Fokus ein ganz normales Hilfsmittel, eine sehr leise und absolut eindeutige Sprache. Und Sie kennen das auch: Sie spüren, wenn jemand Sie heimlich beobachtet, und folgen den Blicken anderer, als wären sie ein neonfarbener Lichtstrahl. Und Sie wissen auch, dass Blicke oft mehr sagen als tausend Worte.

FOKUSSIERTES APPORTIEREN

Auf dieser Grundlage habe ich das fokussierte Apportieren entwickelt. Das dürfen Sie sich so vorstellen, dass es ausreicht, wenn ich einen Gegenstand anblicke, und der Hund sofort weiß, dass ich diesen und keinen anderen meine, er ihn selbstredend aufhebt und zu mir bringt. Das kann ebenso der Dummy sein wie der Autoschlüssel auf der Anrichte oder die kranke Ente auf dem Wasser, die es zu holen gilt.

Hunde sind Raubtiere, die zunächst auf Bewegungsreize reagieren und im Rudel die Absprache untereinander über die Kraft des Fokus praktizieren. Schaut ein Rudelmitglied ein Reh an, dann wissen alle gleich Bescheid. Diese Fertigkeit sowie die enorme Teamfähigkeit lässt sie zu so überlegenen Jägern werden. Wir Menschen brauchen dieses System nur zu verstehen und für uns zu nutzen.

Wenn zwei sich einig sind: der Fokus oder die gezielte Kraft der Augen.

Im Fokusspiel öffnet die Achse …

… und der Blick des Menschen den Weg zur Beute.

Der Hund bringt den Dummy und sitzt vor.

MIT DEM KÖRPER UNTERSTREICHEN

Um das Ganze für den Hund noch eindeutiger zu gestalten, blicke ich nicht nur in die entsprechende Richtung, sondern richte meine Körperfront in diese aus. Das lehrt den Hund, dass er immer vor meiner Front Erfolg haben wird. Sie werden sehen, wie uns das im weiteren Verlauf der Ausbildung noch helfen wird.
Der häufigste Fehler, den die Menschen machen, ist, dass sie dem Fokus nicht vertrauen und den Hund statt den Gegenstand anschauen, dafür aber mit der Hand auf den Gegenstand deuten. Das kann nicht funktionieren. Sie müssen den Gegenstand fokussieren und peripher, aus dem Augenwinkel beobachten, ob Ihr Hund sich auf das Objekt der Begierde konzentriert.
Am Ende des Tages kann ich gemütlich auf dem Sofa Platz nehmen, und wenn ich mit diesem intensiven Blick zum Couchtisch schaue, wo die Fernbedienung des Fernsehers liegt, wird mein geliebter Labrador Dr. Watson selbstredend aufstehen und sie mir bringen. Und da haben wir es. Blicke sagen mehr als tausend Worte.

IN KÜRZE

Sie müssen den zu apportierenden Gegenstand anschauen und dürfen nur aus dem Augenwinkel beobachten, ob Ihr Hund sich auf das Objekt der Begierde konzentriert.

DAS FOKUSSPIEL AUF 180 GRAD

Ihr Hund hat nun bereits eine tolle Basis und wir wollen mit der Ausbildung fortfahren. Er kann Gegenstände vom Boden aufnehmen, sie geregelt zu Ihnen bringen und gibt sie gern und gelassen ab.
Die nächste Ausbildungsstufe ist der 180-Grad-Fokus. Sie holen den angeleinten Hund mit der ziehenden Hilfe zu sich. Der Kollege sitzt vor und ist wie Sie voller Vorfreude. Sie legen – wie immer in einem dem Hund bekannten Ambiente – einen ihm bekannten Gegenstand auf Leinenlänge hinter sich. Dann drehen Sie sich auf dem Absatz um, als würden Sie dem kleinen Freund die Tür aufstoßen, und so sitzt er plötzlich neben Ihnen. Sie schauen den Gegenstand an, halten die Leine so kurz, dass Sie den Hund spüren können, und sagen: „Fokus“. Bitte, bitte sagen Sie auf keinen Fall erst den Namen des Hundes und dann Fokus, denn er soll Sie ja nicht anschauen. Wenn er nicht sofort auf den Gegenstand blickt, dann warten Sie geduldig und geben ihm Zeit, diese Lösung selbst zu finden. In dem Moment, in dem Sie aus dem Augenwinkel wahrnehmen, dass er den Gegenstand anschaut, sagen Sie: „Nimm“, dann „Holen“, dann „Danke“ und dann feiern Sie eine Party. So einfach ist das!

Die Wendung und der neue Fokus …

… weisen den Weg zum nächsten Apportel.

Die gelungene Körpersprache garantieren die Freude am Training.

Der einfache spielerische Fokus macht unendlich Spaß, passt später in jedes Ambiente und erzeugt viel Freude, wenn der Hund so richtig zündet. Und darum geht es erst einmal. Der Hund soll über diese Erfolgsgarantie eine gute Arbeitsstrategie erfahren.

EIN ZWEITER GEGENSTAND

Hat der Hund diesen Fokus verstanden, beginnen wir mit dem spielerischen Fokussieren auf 180 Grad. Hier verändert sich nur, dass Sie einen zweiten Gegenstand in der Hand halten und diesen immer, wenn der Hund zu dem einen flitzt, hinter Ihrem Rücken wegwerfen, so, dass der Hund keinen Flugreiz wahrnimmt. Hat er den ersten Gegenstand abgegeben, dann drehen Sie sich wie eine Dreh-Schwingtür zu dem neuen Gegenstand und beginnen mit dem nächsten Fokus. Flitzt der Hund los, fällt hinter Ihnen wieder ein Gegenstand herunter. Das kann in endloser Dauerschleife unermüdlich so weitergehen. Wichtig ist, dass Sie bei all der Freude nicht die Präzision verlieren; fordern Sie jedes Mal ein sauberes Vorsitzen, ein korrektes Abgeben und eine klare Reaktion auf Ihr Lob. Verändern Sie immer nur eine Variable: die Entfernung, das Ambiente oder die Gegenstände. Erst, wenn der Hund gezielt zündet und keine Hilfe mehr nötig ist, lösen wir die Leine. Diese Lektion ist sensationell einfach, gefüllt mit Energie, Disziplin und Freude. Und sie ist kostenlos.

DER KOMPASS

Die Kreativität beim Fokussieren ist unerschöpflich und die Begeisterung hierfür hört niemals auf. Beim Apportieren gibt es viele kleine Tricks, die den Horizont des Hundes erweitern. Nach dem 180-Grad-Fokus entwickeln wir die Fähigkeit, differenzierter zu arbeiten.
Wir legen die Gegenstände wie einen Kompass um uns herum aus und stehen in der Mitte. Da unser Hund ja bereits gelernt hat, sich auf unsere Spur einzulassen, ist dieser Teil recht einfach. Wie beim 180-Grad-Fokus wenden wir uns stets so, dass es dem Hund leichtfällt, die Richtung, die wir anvisieren, wahrzunehmen. So bewege ich mich zunächst mit dem Rücken auf den gewünschten Gegenstand zu und lade den Hund mit der ziehenden Hilfe ein. Dann drehe ich mich um die eigene Achse und stoße damit die Tür zum Erfolg auf. Durch mein Umdrehen liegt plötzlich ein verführerisches Objekt der Begierde vor uns, und dann ertönt auch noch der sehnlich erwünschte Auftrag, dieses zu holen. Nach der Übergabe wende ich mich mit dem Rücken zum nächsten Objekt, und so lernt der Hund rasend schnell über den Erfolg, wie schön es ist, meiner Achse zu folgen und dass der Erfolg immer vor meiner Nase liegt, ist in der weiteren Ausbildung sehr hilfreich.

VIER GLEICHWERTIGE GEGENSTÄNDE

Erst, wenn ich sicher bin, dass mein Hund den fokussierten Gegenstand nimmt und nicht etwa den links oder rechts von mir, kann ich damit beginnen, den Fokus zu starten, während der Hund in der Bei-Fuß-Position links oder rechts neben mir ist. Auch hierbei finden wir wieder einmal das Prinzip der Aktivierung, bestehen wir doch darauf, dass der Hund auf unsere linke oder rechte Seite geht, während wir still stehen bleiben. Aus dieser Position konzentriere ich mich nun auf das Objekt und bin ich sicher, dass mein Hund und ich von derselben Sache reden, dann ertönt das ersehnte „Nimm" und das Prozedere verläuft wie gehabt. Wichtig ist, dass wir vier gleichwertige Gegenstände benutzen und nicht etwa ein Lieblingsgegenstand die Situation erschwert. Denken Sie daran, die beste Kritik ist die, die nicht notwendig ist.

01

AN DER LEINE

Der kleine Kollege befindet sich noch an der Leine, denn nur so sind wir in der Lage, ihm effektiv helfen zu können, wenn er vom Weg abkommt. Er ist ja nicht dumm und nimmt alle ausgelegten Gegenstände wahr – den vor unserer Nase ebenso wie die rechts und links von uns; er soll sich aber auf den Gegenstand direkt vor unserer Nase konzentrieren. Hier bekommt das Fokussieren deutlich mehr Bedeutung. Es beginnt ja schon der Bereich des differenzierten Fokussierens und es macht viel Spaß und nur etwas Mühe den Hund darin zu schulen, geduldig zu sein und abzuwarten, bis klar ist, um welchen Gegenstand es geht.
Mit der Leine kann ich Fehlerquellen ausschalten. Sie werden spüren, wann die Leine nicht mehr notwendig ist. Und sind wir bei einer hundertprozentigen Trefferquote und einem entschleunigten Arbeitsprozess angekommen (Sie erkennen es daran, dass Ihr Hund bereit ist, zu warten und sich abzusichern, welchen Gegenstand Sie meinen), dann können wir die Leine schleifen lassen, und bald auch ganz lösen. Zwischendurch beginne ich auch immer mal damit, einen kleinen Trick zu üben und den Hund danach im Kompass weiterzuarbeiten. Da machen wir einmal eine Rolle, dann einen Fokus und es folgt ein Slalom und wieder ein Fokus und so weiter. Das ist Freude pur und ich nenne es spaßeshalber Ballett im Kompass. Alles wird verstärkt, beschleunigt, erfreut und ist dennoch in wunderbarer Disziplin gerahmt. Dann können wir die Distanz, das Ambiente oder die Gegenstände verändern, um den Horizont des Hundes zu erweitern. Und wenn es klemmt, dann gehen wir dorthin zurück, wo es sich noch leicht und spielerisch angefühlt hat.

DER FÄCHER

Um das differenzierte Sehvermögen des Hundes auf fokussierte Gegenstände zu fördern, wechsle ich nach dem Kompass in den Fächer. Hier lege ich drei gleichwertige Objekte in einem Abstand von drei bis vier Metern vor mir in der Horizontalen aus. Den Hund habe ich wie gewohnt an der Leine. Ich hole ihn mit dem jeweiligen Bei-Fuß-Signal (siehe Seite 170) aktiv auf meine linke Seite für den links außen liegenden Gegenstand und analog dazu für den rechts außen liegenden auf meine rechte Seite, sodass ich quasi wie ein Sichtschutz zwischen ihm und den anderen Gegenständen stehe und ihm den direkten Blick darauf verwehre. Soll er den mittleren Gegenstand holen, ist seine Position egal.

02

03

GEGENSTAND IM FOKUS

Dann beginnt eine Lernphase, in der der Fokus direkt als Dialog spürbar wird. Ich fasse weich in das Halsband meines Hundes und sage leise: „Fokus". Nun spüre ich in der Hand und nehme peripher wahr, ob der Hund sich zu dem von mir fokussierten Gegenstand orientiert. Tut er das nicht, sage ich leise und ruhig: „Nein."
Da der Hund in der Basisschulung gelernt hat, sich auf das „Nein" hin zu verändern, wird er den Blick ändern. Man kann mit der Hand am Halsband fühlen, wie er ein neues Angebot macht, als wolle er fragen: „Wenn Du nicht den meinst, meinst Du dann den da?" Und wenn es der Richtige ist, sage ich einfach nur noch „Nimm" und mein Hund saust los und holt sofort das richtige Objekt.
Die Variablen, die ich verändere, sind entweder das Ambiente, die Anzahl der Gegenstände oder die Distanz zwischen den Objekten. Im Fächer entwickle ich das differenzierte Fokussieren und kann je nach Begabung und Leistungsstand das Niveau erheblich anheben. Es macht richtig Freude und lässt den Stolz und die Beziehung wachsen.

DER LINEARE FOKUS

Nun kann Ihr kleiner Gefährte schon differenziert arbeiten. Das ist gewaltig. Aber bislang hat sich alles im Nahbereich abgespielt. Wir schulen die Hunde auch so, dass sie später auf große Distanz, bis zu einem Kilometer Entfernung, für ihren Menschen arbeiten können. Und davon sind wir gerade noch 990 Meter entfernt ...
Um uns dem Ziel zu nähern, gehen wir langsam und mit Konzept nach der Politik der kleinen Schritte (siehe Seite 128) vor.

01 Das Signal „Fokus" erzeugt die Konzentration.

02 Das Signal „Nimm" zündet den Hund und er läuft zum Gegenstand.

03 Nun folgt das Signal „Holen" und die Übung endet mit einem herzlichen „Danke".

Das Apportieren macht Kinder und Hunde gleichermaßen froh.

IN EINER LINIE

Für den linearen Fokus legen wir nun vier Gegenstände im Abstand von circa vier Metern in einer schnurgeraden Linie hintereinander aus. Wir stellen uns mit dem Hund an den Anfang der Linie und sagen: „Fokus." Nun flitzt er los und holt den ersten Gegenstand.
Manchmal aber wollen die übereifrigen Gesellen auch schnell zum zweiten Objekt durchsausen. Hier wäre die ziehende Hilfe die richtige Störung, um unseren geliebten Kollegen wieder in die richtige Spur zu bringen. Das präzise Vorsitzen und das Abgeben werden immer wieder mit derselben Disziplin abgefragt. Gerne entwickle ich über ein objektbezogenes, unterlegenes Spiel zwischendrin eine kleine Komfortzone.

DISTANZ VERGRÖSSERN

Über die kurzen Distanzen zwischen den Gegenständen ist es leicht, den jungen Hund nach und nach daran zu gewöhnen, dass er auch auf etwas weitere Entfernung Erfolg haben wird. Sowie das gut klappt, vergrößere ich die Distanz. Und schwuppdiwupp sind wir bei einer Gesamtlänge von 200 Metern. Und das heißt schon etwas. Aber bitte schauen Sie, ob die Gegenstände für den Hund noch sichtbar sind. Da der Hund kleiner ist als der Mensch, hat er einen anderen Blickwinkel. Kleine, flach liegende Gegenstände kann er teilweise nicht wahrnehmen und, weil unser Kredo ja ist, den Erfolg zu garantieren, nehme ich gern Gegenstände, die etwas erhaben sind, und einen Untergrund, der flach und eben ist. Später, wenn der Hund das Vertrauen und die Fertigkeit hat, dass er immer, wenn ich irgendwo hinblicke, auch etwas finden kann, kann ich die Größe und leichte Sichtbarkeit als eine Variable verändern. Aber bis dahin werde ich es dem kleinen Kollegen leicht machen und für ihn gut sichtbare Gegenstände auslegen.
Darauf baue ich immer weiter auf und kann dem Hund so spielerisch erklären, einen großen und weiten Fokus zu entwickeln. Heißt Fokussieren doch einfach nur: „Folge meinem Blick und such mit dem Augen." Den Horizont zu erweitern und dem Hund die Möglichkeit zu geben, sich weit zu orientieren und dennoch eine sichere Anbindung an seinen Menschen zu haben, das ist schon ein erhabenes Gefühl!

DIE EBENEN

Das ist schon ein starkes Stück Hund. Er kann fokussieren, differenziert und auf Distanz. Aber bislang sucht er den Erfolg nur auf dem Boden. Es ist erstaunlich, wie ritualisiert Hunde arbeiten. Um seinen Horizont zu erweitern, stellen wir einen Stuhl auf die Trainingsfläche. Wir legen unseren Apportiergegenstand auf den Stuhl. Wir beginnen mit den Ebenen.
Es sind nicht die dummen Hunde, die diesen Gegenstand nicht finden, sondern die, die in ritualisierten Bahnen laufen. Arbeite ich hier mit Hunden, die ihr Überleben früher auf der Straße sichern mussten, habe ich es mit Kollegen zu tun, die ein gewisses Maß an Kreativität an den Tag legen mussten, um ihr Überleben zu sichern. Sie wissen, wie man Mülleimer öffnet, und ebenso kommen sie recht schnell darauf, dass die Lösung auch auf einer anderen Ebene liegen kann.
Umso mehr trainiere ich alle Hunde dahin, dass sie in der Lage sind, in allen Etagen nach einer Lösung zu suchen. Über den Erfolg vermittle ich ihnen Freude an der eigenen Entwicklung.

Spiel und Spaß gehören zu Groß und Klein.

Nun baue ich den Fokus auf der Ebene ein und somit alle anderen Schwierigkeiten aus. Mein Hund wird als Champion aus dem Match hervorgehen. Dafür sorge ich! Ein Stuhl, ein Gegenstand. Erst wenn das gut klappt, nehme ich andere Ebenen hinzu: einen Strohballen, eine Schubkarre, einen Baumstumpf, die Astgabel, die Anrichte und so weiter. Es gibt hier keine Grenzen für kreatives Werken! Und auch keine für den Spaß an der Arbeit!

DER DIFFERENZIERTE FOKUS

Und nun ist es so weit. Ich habe das erste Mal das Gefühl, meinen Hund nicht nur gut in der Spur, ihn gut erzogen zu haben und als treuen Begleiter fröhlich an meiner Seite zu wissen, ich habe auch schon ein bisschen das Gefühl, ihn schlau gemacht zu haben, denn er kann Dinge, die wirklich nützlich sind. Habe ich die Stationen des Fokussierens, des spielerischen und auch abgesicherten Apportierens geschult, beginne ich zunächst einmal, all das ein wenig miteinander zu vermischen, damit ich gezielt Rituale auflösen und Kreativität gedeihen lassen kann.

EINE KOMBINATION AUS ALLEM

Das differenzierte Fokussieren ist eine Kombination aus dem Kompass, dem Fächer, den Ebenen und der langen Flucht des linearen Fokus. Man kann diese Elemente wunderbar im häuslichen Bereich, im Garten, auf jedem Parkplatz oder im Treppenhaus entwickeln. Das Faszinierende an dieser Arbeit ist, dass die Hunde nicht nur alltagstauglich, sondern auch alltagsnützlich werden. Ob mein Lieblingsvierbeiner den Autoschlüssel von der Anrichte holt, mein geliebter Hund mir die Fernbedienung vom Couchtisch holt, ob ich im Stall einen Striegel von der Futterkiste brauche oder die Schuhe aus dem Schuhregal. Es ist ganz egal. Diese Hunde tun alles für ihren Menschen und das nur für einen Blick. Solche Mitarbeiter sind ein absoluter Traum!

Mit dem differenzierten Fokus kann ich mich durch das Haus oder über den Hof bewegen und veranlasse meinen liebsten Gefährten einfach einmal unvermittelt dies oder das zu holen. Und hier wird noch einmal deutlich, wie gut es ist, wenn die Hunde nicht nur auf das Spielzeug fixiert, sondern für das Apportieren trainiert sind. Sie holen alles, was sich holen lässt. Und ich kann nun immer und überall meinem Freund eine Aufgabe, einen Job und auch eine Würdigung geben.

DAS BRING ZU

„Bitte Zimmer aufräumen“ steht auf dem Zettel, den der kleine Hund im Maul trägt, als er die Treppe hoch ins Kinderzimmer saust. Eine süße Botschaft für das Kind.
Mit dem Signal „Bring zu“ erfährt das Training ein interaktives Niveau für die ganze Familie. Jeder kann mitmachen und nützlich ist es auch noch. Außerdem wird der Vierbeiner zum Star der Familie und lernt mit jedem Familienmitglied gleichermaßen fröhlich und diszipliniert zu arbeiten.
Wir setzen das „Bring zu“ auch sehr viel bei Schul- und Therapiehunden ein und es ist eine der wichtigsten Lektionen bei den Hunden, die Menschen mit einem Handicap begleiten.

LOS GEHT'S

Die Grundvoraussetzung ist das absolut ruhige und sichere Maul sowie eine freie, dem Menschen grundsätzlich zugetane Einstellung. Im Training benötigt man einen Stuart, der den kleinen Freund an der Leine hat. Nach einer ersten freudigen Kontaktaufnahme zwischen den beiden stehen mein Stuart und ich eine Leinenlänge auseinander. Ich rufe meinen vierbeinigen Kollegen zu mir und gebe ihm ein Objekt, mit dem er besonders sicher arbeitet. Nun deutet meine eine Hand auf die andere Person und ich sage „Bring zu“. Bitte nicht den Namen der Person sagen, denn so viele Namen kann der Hund sich nicht merken. Zwei bis drei Menschen im engen Familienkreis kann er differenzieren, aber mehr nicht. Die deutende Geste und der Tatbestand, dass der Stuart den Hund beim Namen ruft, reichen aus. Dort angekommen, soll der Hund sich hinsetzen und warten, bis mein zweibeiniger Kollege ausreichend gelobt und sich in Ruhe den Gegenstand betrachtet hat. Ein entschleunigtes Training ist der Garant für den Erfolg. Nun nimmt der Stuart dem Hund den Gegenstand ab und hält ihm ein anderes Objekt hin. Ich sage „Nimm“, dann folgt das „Holen“ usw. Durch den Tausch der Objekte bleibt diese Lektion immer interessant und abwechslungsreich. Und zu Beginn soll sie das unbedingt sein.

VERÄNDERTE VARIABLEN

Die Variablen, die ich verändere, sind die Wegstrecke zwischen dem Stuart und mir, die Position des Stuarts (stehend, sitzend, liegend), und ob der Gegenstand getauscht wird oder es sich beispielsweise um einen Korb handelt, aus dem der Stuart etwas herausnimmt oder hineinlegt, oder ob der Hund einfach etwas irgendwo hin bringt und es dort ablegt.
Von klein nach groß entwickelt, so wie in der HarmoniLogie® jede Lektion aufgebaut ist, ist es eine Erfolgsgarantie. Es lohnt sich so sehr, diese Dinge zu schulen, denn man kann mit diesem Training jeden Tag ein Stück vom Glück erobern.

Das „Bring zu“ wird anfangs an der Leine geübt.

Mit Hilfe eines Stuarts ist das schnell gelernt.

Hat der Hund verstanden, dass er den Gegenstand zum Menschen bringen soll, kann man die Übung auch im Haus einsetzen.

DAS AUSSPUCKEN

Bis jetzt haben wir sehr intensiv daran gearbeitet, dass der Hund den Gegenstand nimmt, bringt und vorsichtig abgibt. Jetzt ist er so weit gefestigt, dass er auch lernen kann, das Objekt unvermittelt loszulassen und zwar genau da, wo er ist. Das Aus ist eine sehr nützliche Fernbedienung beim Apportieren.

Schicke ich den Hund beispielsweise mit einem Apportel/Bringsel zu einem Menschen im Rollstuhl, kann er den Gegenstand dort auf dessen Schoß legen, oder ich schicke ihn zu einem Korb und er soll das Bringsel dort hineinlegen, oder er geht einkaufen und richtet sich am Tresen auf, um das Portemonnaie dort abzulegen. Sie sehen, von nun an gibt es in der Ausbildung und auch in der Einsetzbarbarkeit keine Grenzen mehr. Die Einsetzbarkeit wird riesig. Willkommen im Reich der wunderbaren Kreativität.

AUS

Geschult wird wie üblich an der Leine. Ich habe einen fröhlich lachenden Hund vor mir und beginne ebenso erfreut das Training mit einem weichen und großen Gegenstand, etwa einem Kochhandschuh. Ich gebe meinem kleinen Kumpel diesen Handschuh und streichle ihn ausgiebig. Nun fasse ich den Gegenstand nicht an und sage: „Aus." Meist passiert dann gar nichts. Ich gebe dem Hund mit der Leine Halt, denn er soll ja nicht von mir weggehen, wenn ich nun mit dem „Nein-Modus" beginne. Ich sage ganz weich: „Nein", und mein lieber Freund wird mich anschauen und überlegen, was genau ich meine. Es wird reichen, mich etwas zu straffen, und mein Hund, der gelernt hat, höflich zu sein, wird das Maul bewegen. Plumps, da fällt der Gegenstand heraus und ich sage noch einmal das Wort „Aus" als Lobwort und feiere meinen lieben Gefährten.

Sogleich beginnen wir erneut mit dem Nehmen und toben ein wenig herum. Mein Hund hat gelernt, mit Kritik umzugehen und knickt an dieser Stelle nicht ein. Er versucht, etwas zu verändern, denn er hat gelernt, dass Veränderung sich lohnt. Ich habe gelernt zu kritisieren, denn ich weiß, dass er nur durch meine Würdigung und meine Kritik herausfinden kann, was gewünscht ist. Die innere Haltung meines Hundes ist aufgebaut und er weiß, höflich zu sein. Es ist alles so unglaublich einfach, wenn das Konzept stimmt und der Hund dem Menschen vertraut und ihn respektiert. Nun kann das „Aus“ in viele Situationen eingebaut werden – spielerisch und ernsthaft. So zum Beispiel auch, wenn der Hund etwas aufgenommen hat, was er nicht fressen darf. Durch den unmittelbaren Auswurf können wir Hunde sehr gut vor furchtbaren Giftködern oder auch ekeligen anderen Dingen schützen. Ich bin von nun an in der Lage, das Maul des Hundes in beide Richtungen zu aktivieren, sowohl zum Nehmen als auch zum Loslassen. Welch ein Genuss!

DAS ZIEHEN

Es war sensationell. Da lief mein Labrador Dr. Watson einfach zu unserer Tochter den Berg hinunter, nahm ihr das Seil des Schlittens aus der Hand und zog den Schlitten durch den Schnee den Hügel hinauf. Woher wusste er das? Dieser Hund hat mich schon so oft in unserer Partnerschaft mit total verrückten Ideen überrascht und mir plötzlich Handlungen gezeigt, die ich ihm nicht beigebracht hatte. Er denkt mit. Ja, das habe ich ihm beigebracht, aber in jenem Winter überraschte er mich besonders, denn es war kein leichter Job, den schweren Schlitten zu ziehen. Das Ziehen als solches ist ein weiterer Ausbildungsschritt, den ich explizit erklären möchte. Häufig wird das Ziehen mit dem Zergeln verwechselt; bei Letzterem bekommt der Hund schnell ein unruhiges, eher „mordendes“ Maul. Beim geregelten Ziehen jedoch hat er verstanden, den Zug dem jeweiligen Objekt und seinem Widerstand anzupassen. Es ist eine ruhige und geregelte Krafteinwirkung des Hundes, bei der er Gefühl und Zugkraft kombiniert.

WIE MAN ES BEIBRINGT

Ich schule das gern mit einem Handschuh, den ich in der Hand halte und lasse den Hund das untere Ende ins Maul nehmen („Nimm“). Dann sage ich „Zieh“ und fast alle Hunde lassen dann los. Also beginne ich erneut mit „Nimm“ und baue, während ich das Signal „Zieh“ mit einer Rückwärtsbewegung meines Körpers begleite, einen minimalen Widerstand auf, bis der Handschuh von meiner Hand rutscht und der Hund sofort Erfolg hat. Toll! Ich lobe sichtlich begeistert über seinen Erfolg und starte erneut. Es dauert manchmal nur wenige Minuten, und der Hund hat verstanden, worum es geht.
Hieraus entwickle ich das Öffnen von Schubladen oder Reißverschlüssen, das Ausziehen von Kleidungsstücken oder das An-Land-Ziehen von schwimmenden Gegenständen. Wichtig ist mir, dass das Ziehen kein wildes Gezergel wird, sondern eine disziplinierte und ruhige Tätigkeit, die ich auch in Ruhe erklären muss.

DER TRANSPORT

Auf dem Spaziergang trägt er den Schirm, in der Stadt die Einkaufstasche, im Haus mein Handy und beim Radfahren die Leine. So wird jede Beschäftigung zu einem Job. Man kann das so machen oder auch anders. Die Idee dahinter ist, dass wir Menschen uns immer damit stressen, dass unserem Hund ja so langweilig ist, wir den ganzen Tag arbeiten müssen und er nur auf uns wartet. Eben darum bekommt er nun einen Job. Etwas, was seinen Tag noch mehr erfüllt. Und das kann schon der Transport von allen möglichen Gegenständen sein. Es ist einfach, kostet nichts, bringt Freude und ist nützlich. Hat er das „Nimm“ verstanden und sind die Grundregeln des Apportierens gut erklärt, dann benutze ich das Gelernte, um meinen Freund zu fordern. Pombär, Sie erinnern sich, der ausgesetzte, etwas depressive Fila Brasilero, kann, wenn wir einkaufen gehen, träge wirken. Nun gebe ich ihm einfach meine Einkaufstasche. Er richtet sich auf, passt gut auf, dass er sie nicht verliert und transportiert inzwischen sogar sperrige und teils auch gewichtige Dinge sicher durch die Stadt oder über die Messe. Wenn ich für jedes Lächeln, das dieser Hund so in die Gesichter der Menschen zaubert, nur 1,– € bekäme, wäre ich eine reiche Frau. Er wedelt dabei und schaut immer wieder zu mir. Das fühlt sich an wie ein Trinkgeld.

TRAGEN AUF BEKANNTEN WEGEN

Ich beginne dies mit den jungen Apportierhunden auf unseren täglichen kleinen Ausflügen. Hier bekommt der kleine Lehrling seinen Lieblingsgegenstand mit dem „Nimm" und dann gehe ich die ritualisierte Strecke mit ihm ab. Dazu sage ich „Transport". Und wenn es ihm hilft, noch das gewohnte „Komm mit". Ich sage nicht seinen Namen, denn er soll ja nicht zu mir kommen und keinen direkten Kontakt mit mir aufbauen. Transportiert er fleißig, dann benutze ich das Wort „Transport" auch als Lobwort. Ich will ihn nur nicht stören.
Lässt er den Gegenstand aus, dann beginne ich wieder mit dem „Nimm", und weiter geht es. Stelle ich fest, dass seine Konzentration nachlässt, lasse ich ihn den Gegenstand zu mir bringen und mache eine Pause. Irgendwann später spreche ich das Thema noch einmal kurz an, und dann es ist für den Tag genug.
Achten Sie bitte darauf, den Transport nicht auf neuen Wegstrecken zu erklären. Das ist meist mit viel Kritik verbunden. Führen Sie das neue Signal im bekannten Ambiente ein und verändern Sie die Variablen (die Dauer, den Ablenkungsgrad, Art des Objektes) erst, wenn es dem Hund wirklich leichtfällt, einen Gegenstand über eine etwas längere Wegstrecke zu transportieren.

KLEINE FERTIGKEITEN FÜR DEN ALLTAG

All diese kleinen Lektionen führen zu den Zielen, den Hund in seinen Fähigkeiten und Fertigkeiten zu fördern, seinen Horizont zu erweitern, ihn in der Kooperation mit dem Menschen weiterzuentwickeln und ihm einen Job zu geben, der ihm ein erfülltes Leben inmitten seiner zweibeinigen Gemeinschaft ermöglicht. All diese Lektionen kosten nichts, sind überall anwendbar und schenken dem Mensch-Hund-Team jeden Tag Freude und ein Stück vom Glück.

Langeweile ist Schnee von gestern. Ab jetzt gibt es überall etwas zu tun für den kleinen Gefährten.

DIE NASE UND IHRE ARBEIT: DIE SUCHE

Auf den ersten Blick erkenne ich, dass es Blumenkohl ist. Aber nur mit der Nase hätte ich ihn vermutlich nicht von Brokkoli unterscheiden können. Hunde haben ein Riechorgan, das um ein vielfaches besser ist als das des Menschen. Es ist unfassbar, mit welcher Zielsicherheit, Präzision und Ausdauer Hunde über die Nase die schwierigsten Fälle lösen können. Es scheint eine Magie der Düfte, die unserer Wahrnehmung immer verborgen bleiben wird.
Die Nasenarbeit mit den Hunden birgt eine Faszination für uns Menschen, die ihresgleichen sucht und es ist ein sehr komplexes Thema. Wir können viel über Winde, Luftschichten und Geruchspartikel lernen, um den Hund in diesem Fach zu schulen, denn ihm sind diese Fähigkeiten als Raubtier, Aas- und Allesfresser einfach angeboren. Die Kunst ist es, diese für uns nutzbar und abrufbar zu machen.

Leicht bedeckt, halb versteckt. Das Finden erzeugt das Suchen.

AUGE ODER NASE?

Ich beginne mit der Schulung der Nase, wenn das Apportieren abgeschlossen und das Fokussieren fertig erklärt ist – die Suche über die Augen fällt den Hunden meist deutlich schwerer als über die Nase. Ich schule absichtlich zuerst das schlechtere Sinnesorgan, da sonst die Gefahr besteht, dass es von dem besseren stets überlagert wird.
Sage ich „Fokus", dann sucht der Hund mit dem Auge nach sichtbaren Elementen, sage ich „Such", dann setzt mein kleiner hochbegabter Freund seine Nase ein, um erfolgreich zu sein. Auch hier arbeiten wir nicht mit Lockstoffen oder Futter, das der Hund suchen soll. Das wäre für die hochkomplexe Hundenase viel zu einfach.

UNTERSCHIEDE ZWISCHEN HUNDE- UND MENSCHENNASEN

- Menschen besitzen etwa fünf Millionen Riechzellen, Hunde im Durchschnitt über 125 bis 220 Millionen (abhängig von der Hunderasse, der Größe und Form der Nase).
- Die Riechschleimhaut beim Hund ist mit rund 150 Quadratzentimetern 30mal größer als die des Menschen, der sich mit fünf Quadratzentimetern begnügen muss. Das entspricht in etwa dem Größenunterschied zwischen einem DIN-A4-Blatt und einer Briefmarke.
- Die Hundenase ist im Inneren viel komplexer aufgebaut als die Menschennase.
- Hunde können durch ihre hohe Atemfrequenz Geruchspartikel differenziert erfassen und gleichzeitig speichern.
- Hunde können ihre Nasenlöcher unabhängig voneinander bewegen und so bestimmen, aus welcher Richtung ein Geruch kommt.

Quelle: http://www.einfachtierisch.de/hunde/hundehaltung/der-richtige-riecher-geruchssinn-beim-hund-id91807/

DAS FINDEN ERZEUGT DAS SUCHEN

Auch Ihr Hund wird viel herumschnüffeln und vielleicht haben Sie sich schon einmal gefragt, welche Informationen er sich da holt. Ich möchte nun sein Hobby zu seinem Beruf und somit für mich nutzbar machen. Und hier gibt es nur eine Regel: Das Finden erzeugt das Suchen.
Ich suche mir eine nach außen begrenzte Ecke, z. B. in meinem Garten. Hier brauche ich eine Grundfläche von fünf mal fünf Meter. Im besten Fall verteile ich hier ein wenig Pinienschnitzel, um eine Grundfläche vorzubereiten, in der das Verstecken und das Finden nicht schwierig ist. Die kleinen Hackschnitzel lassen den Geruch sagenhaft gut nach oben durch und so finden die Geruchspartikel sehr leicht den Weg in die Hundenase.

EINE KLEINIGKEIT VERSTECKEN

Ich nehme einen kleinen Gegenstand, wie einen Wollhandschuh, einen kleinen Schlüsselanhänger oder einen Filzstreifen, den der Hund bereits gern und häufig apportiert hat. Sollten Sie nicht die Hackschnitzelvariante wählen, dann ist es hilfreich, wenn etwas Laub oder luftiger Boden als Untergrund da ist. Ich lege den Hund außerhalb dieser kleinen Fläche ab und lasse ihn dabei zusehen, wie ich innerhalb dieser Fläche einen kleinen Kreis laufe und an verschiedenen Punkten so tue, als ob ich etwas verstecke (siehe „Zerstörungen“). An einem Punkt lege ich es halb versteckt ab. Nun gehe ich zu meinem Hund, lade ihn zu mir ein und wende mich fast, als würde ich einen Fokus machen mit meiner Front zur Suchfläche. Diesmal sage ich aber „Suchen“. Das Wort kennt mein Kollege noch nicht, aber dadurch, dass er meine Körpersprache vom Fokus her kennt, wird er losgehen und schauen, wo es denn ist. Er kann es nicht sehen, nimmt aber leicht Witterung auf und findet das Objekt. XXL aktivierendes Lob, objektbezogenes unterlegenes Spiel und echte Freude aus ganzem Herzen sind jetzt angebracht.

LÖSUNGEN FINDEN

Mein Auftrag für den Hund ist, auszuprobieren, über welches Sinnesorgan er zur Lösung kommt. Allein der Versuch, etwas zu finden, wird von mir unterstützt. Aber bitte nicht zu früh. Sie müssen sich ein wenig gedulden, denn es ist sehr wichtig, dass Ihr Hund die Lösung tatsächlich selbst findet

Es ist der selbst gemachte Erfolg, der die Hunde antreibt, intensiv zu arbeiten.

und dass der Mensch ihm da nicht ständig reinredet. Je passiver der Mensch, umso aktiver der Hund. Während der Suche dürfen Sie nur passiv loben, alles andere würde den Hund stören! Sollte er ins Stocken kommen und die Lösung nicht finden, dann gehe ich Schritt für Schritt gezielt auf das Versteck zu und verkleinere so die Suchfläche vor mir. Da der Hund nicht hinter mich geraten darf – die Lösung liegt ja wie beim Fokus immer vor meiner Nase – kann ich ihm so die Fläche so klein zuschneiden, dass es gewiss seine Nase sein wird, die den Erfolg einheimst.
Wie immer geht es hier darum, dass Sie Ihren Hund aktivieren. Das ist wie beim Matheüben mit einem Kind. Es hilft nicht, wenn der Erwachsene die Aufgabe rechnet. Rechnen lernt das Kind nur dadurch, dass es das selbst tut. Der Erwachsene kann helfen, den Lösungsweg zu finden, sollte sich aber nicht darüber profilieren, dass er besser rechnen kann als das Kind. Und das ist bei der Suche exakt dasselbe. Außerdem macht der Hund in Sachen Nasenarbeit nachher sowieso niemandem etwas vor. Stehen wir hier nur vor der Aufgabe, die Nase gezielt einzuschalten. Und das funktioniert zu 100 Prozent über das Finden.

IN KÜRZE

Lassen Sie Ihrem Hund bei der Suche Zeit, den Gegenstand zu finden. Das Finden lernt er nur, wenn er selbst sucht. Es hilft ihm nicht, wenn Sie ihn buchstäblich mit der Nase darauf stoßen.

DIE ZERSTÖRUNG DER ROSAROTEN GASSCHICHT

Wer sich viel mit der Suche beschäftigt, meint irgendwann, den Geruch sehen zu können. Das Verständnis für Luft, ihr Gewicht, ihren Feuchtigkeitsgehalt, das Gefühl für die Windrichtung und die Kaminwirkung, die durch den Unterschied der Boden- und Lufttemperatur entsteht, und somit die Geruchspartikel in unterschiedliche Luftschichten transportiert und der Hundenase zur Verfügung stellt, wächst mit der Routine und der Erfahrung. Parallel dazu wächst das Verständnis für den Hund und die Entwicklung der Teamfähigkeit. Denn je zuverlässiger die Leistung des Hundes wird, desto mehr ist der Mensch bereit, die Verantwortung für die Suche dem Hund zu überlassen, die der Vierbeiner gern annimmt. Dennoch bleibt die Verantwortung für das Managen der Suche beim Menschen. Denn nur der hat den Überblick und kann den Hund durch das Raster eines Suchschemas navigieren. Echtes Teamwork eben – und nur so geht's.

KLEINE LÖCHER IN DER GASSCHICHT

Um den Menschen das Verständnis für die Luft und die Luftschichten näherzubringen, bediene ich mich gern des Bildes der rosafarbenen Gasschicht, die wie Bodennebel über dem Boden liegt. Jedes Blatt, das hinunterfällt, macht ein kleines Loch in diese Schicht genau wie jedes Auftreten des Menschen oder Hundes. Diese „Löcher“ nenne ich „Zerstörung“. Man kann diese Zerstörungen größer gestalten, indem man den Untergrund ein wenig aufwühlt.
Beginne ich mit der Sucharbeit, dann erzeuge ich eine Reihe ähnlicher Zerstörungen auf einer gebogenen Lauflinie, und in der Zerstörung, die am nächsten an der äußeren Begrenzung liegt, befindet sich versteckt das Bringsel. Dieses reibe ich vorher einige Zeit zwischen meinen Händen, damit es meinen Geruch annimmt. Nun beginne ich wie zuvor beschrieben mit der kleinen Flächenstöbersuche und bin persönlich der Garant für den Erfolg des Hundes.

EIGENE SUCHSTRATEGIEN

Dieser Vorgang wird absolut ritualisiert abgearbeitet, nur dass der Gegenstand jedes Mal in einer anderen Zerstörung liegt. Achten Sie bitte darauf, dass es keine visuellen Zeichen wie Erhebungen gibt und der Hund nicht sehen kann, wo das Bringsel versteckt ist. Sie werden bald merken, dass Ihr Hund die Zerstörungen geregelt abarbeitet. Er muss dies nicht und schon gar nicht der Reihe nach. Jeder Hund hat eine eigene Suchstrategie. Manche ventilieren wie ein Staubsauger über den Boden, andere halten den Rüssel in die Luft, checken die Gasschichten ab und orientieren sich nach der Intensität der Strömung. Ich lasse jeden Hund in seiner Manier suchen und unterstütze ihn nur in seiner Horizonterweiterung.

01 Gut sichtbar wird die Spur gelegt.

02 Aus dem Vorsitzen wird der Hund in die Suche geschickt.

03 Ungestört arbeitet der Hund die „Zerstörungen“ ab.

04 Beim Finden ertönt das „Nimm“.

05 Hochmotiviert erfolgt das „Holen“.

06 Toll gemacht und weiter geht's.

SICHTBAR, BLIND, FREMD ODER EIGEN?

Und nun kommt das, was Sie bereits aus anderen Kapiteln kennen: Bitte verändern Sie grundsätzlich immer nur eine Variable, wenn Sie die Lektion weiterentwickeln wollen.
Die erste Suche ist die sogenannte „sichtbare, selbstgelegte Eigensuche“. Der Hund kann zuschauen, wie Sie Ihren/seinen eigenen Gegenstand verstecken. Klappt das reibungslos, können Sie den Gegenstand, die Größe der Suchfläche, das Ambiente, den Untergrund oder das Maß an Ablenkung variieren. Wie immer nur eine Variable nach der anderen, bis das alte Leistungsniveau erreicht ist, und dann erst die nächste. Ebenso können wir „technische“ Veränderungen vornehmen, als da wären die „unsichtbare, selbstgelegte Eigensuche“, bei der der Hund nicht mehr zuschauen kann, wo wir den Gegenstand verstecken, wir aber selbst die Zerstörungen machen und immer noch den eigenen Gegenstand benutzen. Weiter geht es mit der „unsichtbaren, selbstgelegten Fremdsuche“, bei der wir, ohne dass der Kollege zuschaut, einen für den Hund fremden Gegenstand verstecken.
Der nächste Schritt ist die „unsichtbare, fremdgelegte, Fremd- oder Eigensuche“. Hier müssen wir einen Stuart hinzuziehen, der für uns und den Hund unsichtbar entweder einen eigenen oder einen fremden Gegenstand versteckt.
All das geschieht noch auf einer kleinen, eingezäunten, uns und dem Hund bekannten Fläche. Baut man das System so auf, dann ist der Weg zu der großen und schwierigen Spezialausbildung zum Greifen nah.

DIE STATIONÄRE SUCHE

Wir haben die Suche nun so aufgebaut und geschult, dass wir in einer begrenzten Ecke gearbeitet haben. Das kann im weiteren Verlauf dazu führen, dass unser Hund immer bis zur Begrenzung läuft und erst dort anfängt zu suchen.
Diese Hilfe haben wir bewusst eingebaut, doch nun soll er auch lernen, an Ort und Stelle mit der Suche zu beginnen.

Faszination Suche: Immer und überall geeignet.

OHNE BEGRENZUNG

Damit unser Gefährte nun auch lernt, seine Nase unmittelbar dort einzusetzen, wo wir aktuell sind, schulen wir die stationäre Suche. Unsichtbar für den vierbeinigen Kumpel, verstecken wir mitten in einer Fläche einen kleinen Gegenstand. Nun holen wir den angeleinten Hund zu uns, gehen zu dem Fleck, wo unser Objekt verborgen ist, und legen den Hund dort ab. Nach kurzer Zeit sagen wir das Signal „Suchen“, und schon will er zur nächsten Wand sausen. Das verhindern wir mit der Leine und machen ihm Mut, einfach nur zu suchen. Das Objekt ist direkt vor uns wie beim Fokus. Unsere Front bleibt zum Gegenstand ausgerichtet und die Leine begrenzt den Hund. Manchmal muss man ihn zweimal auffordern, aber dann beginnt er nachzudenken, weil er ja gelernt hat, sich um eine Lösung zu bemühen. Wieder einmal garantieren wir dem Hund den Erfolg und stellen sicher, dass sein Bemühen ein großes Resultat bringt. Gesucht, gefunden, gefeiert!

Jippieh! Spur verfolgt und Socke gefunden!

Unbegrenztes Glück und Spaß auf allen Seiten.

Das ein paarmal wiederholt, erklärt dem wunderbaren Kumpel, dass es sich lohnt, die Nase beim Signal „Suchen“ sofort an den Boden zu nehmen und zu finden.
Die stationäre Suche wird später auch beim Durchsuchen von Personen oder Gepäck benötigt oder, wenn wir tatsächlich ein „Frei-Verloren“ arbeiten. Hier muss der Hund unmittelbar mit der Arbeit beginnen und für alles bereit sein.
Es ist eine so wunderbare Arbeit mit den Hunden, wenn sie uns zuhören, unsere Partner sind und uns in diese spektakuläre Welt der Gerüche entführen!

DIE ZUORDNUNGSSUCHE

Auf dem Weg zum schlauen Hund sind unserer Kreativität keine Grenzen gesetzt. Und ich möchte Ihnen Mut machen, immer weiterzuwerkeln, sich zu entwickeln und neue Wege zu gehen. Wenn Sie das System der HarmoniLogie® verinnerlicht haben, dann werden Sie stets bemüht sein, den Horizont Ihres Freundes auf vier Pfoten zu erweitern, ihn aber nie dabei überfordern.
Gerne können Sie ihm auch beibringen, Dinge zuzuordnen, das Gegenstück zu suchen oder einen bestimmten Geruch zu verfolgen. Das ist die Zuordnungssuche. Wenn Sie das Suchkonzept bis hierher gut gearbeitet haben, sind Sie und Ihr Hund reif für dieses Training.

DAS GEGENSTÜCK SUCHEN

Nehmen Sie Ihr Paar Winterhandschuhe und Ihren Hund mit in den Wald. Legen Sie Ihren Hund ab und verstecken einen Handschuh irgendwo hinter einem Baum. Nun stülpen Sie den anderen ein kleines bisschen über die Nase Ihres vierbeinigen Schülers, damit er beim Einatmen eine tüchtige Prise vom Aroma des Handschuhs aufnimmt. Dann wenden Sie Ihre Front in die Fläche und sagen „Suchen“. Schon flitzt er los und wird gewiss das Gegenstück finden. Das wiederholen Sie ein paarmal und dann legen Sie zusätzlich einen anderen Gegenstand aus, der anders riecht als der Handschuh. Seien Sie nicht erstaunt, wenn Ihr Hund das Gegenstück zu Ihrem Handschuh findet. Hunde sind nicht so kompliziert und verstehen oft sofort, was gemeint ist.

Mit voller Konzentration arbeiten die Hunde in individueller Manier.

Die Sucharbeit bedeutet für den Hund Höchstleistung.

FREMDE HANDSCHUHE

Nun fragen Sie Ihren Bekannten nach einem Paar Handschuhe und bitten ihn, diese in eine Plastiktüte zu tun. Sie gehen wieder mit dem Hund in den Wald und verstecken, möglichst ohne ihn direkt anzufassen, einen der beiden Handschuhe. Nun geben Sie mithilfe der Tüte dem Hund den Geruch des anderen Handschuhs und schicken ihn in die Suche. Das Einfache hieran ist, dass es nur ein Paar Handschuhe im Wald gibt, das Gute ist, dass Sie sofort Erfolg haben. Schwieriger machen können wir es ja noch in den nächsten Wochen und Monaten. Aber diesen Sieg hat Ihr Hund verbucht. So schulen wir die Hunde langsam, Gerüche zu differenzieren, abzuspeichern und das Gegenstück hierzu zu finden. Die Macht der Düfte funktioniert so, dass der Hund den Gegenstand umso leichter finden wird, je aktueller und bekannter ihm der Geruch ist. Ebenso können Sie Ihren Hund auch spezialisieren, sodass er nur einen Geruch sucht, zum Beispiel Schimmel oder Trüffel oder Rauschgift und so weiter. Dann kanalisieren Sie die Wahrnehmung des Hundes mit dem Erfolg durch diesen einen Geruch.

Von nun an können Sie Ihren Hund zum Drogen-, Sprengstoff- oder Leichenspürhund ausbilden. Sollten Ihnen diese Objekte nicht so sehr liegen, dann erklären Sie ihm, dass er alles finden soll, was nach Ihnen, Ihrer Familie oder einem besonderen Hobby von Ihnen riecht. Ihr Hund kann lernen, den passenden Schuh zu dem anderen zu finden oder eine versteckte Person. All das ist einfach und unkompliziert und auch Sie werden diese tollen Erfahrungen mit Ihrem Gefährten machen können.

DIE GROSSE FLÄCHENSTÖBERSUCHE

Also werfen wir zusammen: seine Nase und Ihren Überblick, so kommen wir als Team ans Ziel. Nun kann es losgehen in die große Welt der freien Suche. Ich bin jedes Mal aufgeregt und kann es gar nicht abwarten. Die beiden braunen Augen, die mich von da unten ansehen, anscheinend auch nicht. Mäulchen geöffnet, Schwänzchen wackelt. Na, wer kann diesem Grinsen schon widerstehen? Die große Flächenstöbersuche ist ein Kapitel, das sich anfühlt wie der Weg in die große weite Welt. Das Konzept der HarmoniLogie® ist hier ein sicheres Navigationssystem und hilft, diesen Weg abgesichert und erfolgreich zu gehen.

LOS GEHT'S

Ich suche mir eine für mich überschaubare Fläche und nehme zwei Gegenstände mit. Einen davon werde ich auslegen, der andere bleibt in meiner Tasche. Ich muss gestehen, ich habe schon einmal vergessen, wo ich den zu findenden Gegenstand abgelegt hatte, aber glücklicherweise konnte ich

Es scheint die Hunde unglaublich zu erfüllen, das zu tun, wofür sie gemacht sind.

dem Hund dann mit dem zweiten den Erfolg garantieren. Ich schule immer zunächst Erfolg und fordere erst viel später eine Frustrationstoleranz. Und wenn ich so gut ausgerüstet in das Training gehe, dann kann nichts schiefgehen.
Ich suche mir eine Grünfläche. Nun halte ich mich wie immer an das Konzept, den Ablauf zunächst zu ritualisieren und erst später eine Variable nach der anderen zu verändern. Zuerst beginne ich also mit einer „sichtbaren, selbst gelegten Eigensuche". Mein Vierbeiner liegt am Rand, während ich eine Fläche von ca. 20 Metern Durchmesser abschreite, um meine Zerstörungen zu legen. Nun begebe ich mich an den Rand dieser Fläche, denn ich will ja wie immer das Terrain, das abgesucht werden soll, frontal vor mir haben. Ich schicke den Hund wie gehabt in die Suche und werde ihn, wenn er zu weit nach hinten hinausläuft, mit der ziehenden Hilfe wieder in die Fläche hineinziehen. Ich werde nur stören, wenn er aufhört zu suchen. Ich lenke ihn nicht in die Lösung und dirigiere ihn nicht in eine Richtung. Der Hund soll lernen, sich in der Arbeit auf die eigene Nase zu verlassen. Ich markiere mit der Hilfe nur die Fläche, die er nicht verlassen darf. Manchmal braucht man hier etwas Geduld, bis der Hund die Lösung gefunden hat. Dann aber wird umso mehr gefeiert. Auf diese Art lernt der Hund, dass er Erfolg hat, wenn er hochkonzentriert arbeitet und sich auf meine Hilfen verlässt. Durch dieses Jobsharing entwickeln mein Hund und ich ein System, in dem wir gemeinsam Unmögliches möglich machen. Durch meinen Überblick und sein Talent werden wir ein unschlagbares Team. Und wenn ich merke, dass er die Aufgabe leicht und routiniert erfüllen kann, werde ich die Flächengröße seiner Reife anpassen. Merke ich hingegen, dass es ihm schwerfällt, verkleinere ich die Fläche einfach wieder, bis er so weit ist.

GANZ SCHÖN ANSTRENGEND

Gepolt auf Erfolg, mit Leidenschaft und Freude wird sich Ihr Hund zu einem Flächensuchhund entwickeln und ein verlorener Autoschlüssel wird für Sie beide eine positive Herausforderung sein und keine Panikattacken mehr auslösen. Eines möchte ich Ihnen noch mit auf den Weg geben: Suchen ist wesentlich anstrengender, als man es dem Hund ansehen kann. Und Sie müssen als der Coach des Hundes der inneren Erschöpfung vorbeugen. Sie sollten die Dauer der Suche immer gut im Blick haben, damit Sie Ihren Profischnüffler nicht bis an den Rand eines Burn-outs arbeiten lassen.
Haben Ihr Hund und Sie Sicherheit erlangt, können Sie die Fläche beliebig ausdehnen und über eine kluge Einteilung in einzelne Raster anlegen. Später folgt dann die blind gelegte Fremdsuche mit fremden Gegenständen als große Flächensuche. Und das, das verspreche ich Ihnen, ist spannender als jeder „Tatort"!

DEN HUND SCHLAU GEMACHT: DAS MERKEN

Es ist sein Liebstes. Wenn er sieht, dass ich mit der Apportiertasche losgehe, scheint sein Körper zu leuchten. Mein bester Gefährte Dr. Watson, der Hund, der meine Gedanken lesen kann und Unmögliches möglich macht, erstrahlt noch einmal mehr, wenn wir das Merken üben wollen.
Zu unserem Anwesen gehören Weideflächen und Teiche, die sich sensationell für diese Aufgabe eignen. Der Hund und ich ziehen gemeinsam los und jedes Mal, wenn ich einen Gegenstand auslege, markiere ich ihn mit den Worten „Merk es Dir" und schau meinen geliebten Freund dabei an. Er tänzelt neben mir her und blickt ebenso wichtig wie geschäftig. Die Strecke, die wir beim großen Merken zurücklegen, beträgt schnell mal eineinhalb Kilometer. Wir nutzen Baumstämme, Gewässer und Weideflächen, um ca. zehn Gegenstände auszulegen. Am Ende lege ich einen gut sichtbaren Dummy ab und verlasse die Fläche so, dass ich alle Apportel frontal vor mir habe.
Den letzten ausgelegten, gut sichtbaren lasse ich mir von Dr. Watson mit dem fokussierten Apportieren holen. Und danach sage ich nur noch „Hol den anderen". Er saust, er fliegt förmlich voller Eifer und Enthusiasmus durch die Landschaft und arbeitet einen nach dem anderen ab. Er bringt in Windeseile seine gefundenen Trophäen zu mir, um sogleich wieder loszuflitzen und die nächste zu holen.
Die Reihenfolge, in der er die Gegenstände abräumt, ist völlig egal. Er soll sie nur alle aus eigenen Stücken finden. Und man kann förmlich sehen, wie er überlegt, sich erinnert, mit allen Sinnen und voller Eifer nach der nächsten Lösung sucht. Er hat durch dieses Training einen unglaublich feinen Orientierungssinn bekommen und seine Merkleistung ist atemberaubend. Er kann sich mehr merken als ich.
Er scheint sich über diese Arbeit genauso zu freuen wie ich. Sie macht sicht- und spürbar glücklich!

DAS GROSSE UND DAS KLEINE MERKEN

Das große Merken ist das Endresultat aus dem gelungenen Apportieren und dem gezielten Aufbau des Gedächtnistrainings. Ziel ist es, den Hund innerhalb des erteilten Auftrages selbst denken zu lassen. Wie alles andere auch, entwickeln wir diese phänomenale Arbeit zunächst ganz klein. Ein überschaubares Ambiente mit wenig Außenreizen ist das Klassenzimmer. Drei Gegenstände derselben Wertigkeit sind die Bausteine, und ein fröhlicher, lachender Hund mit einem gut gelaunten Trainer sind die Statisten. Zunächst lege ich alle drei Gegenstände auf einen Haufen. Ich gehe ein paar Schritte weg, lade den Hund ein und entwickle einen Fokus. Nach dem ersten Gegenstand zünde ich den Hund nur noch mit dem Signal „Hol den anderen". Meine Körpersprache sagt aber „Fokus". So einfach gemacht, wird mein Lieb-

Das Merken baut auf das Fokussieren auf.

Die Hunde lernen, frei mit allen Sinnen zu arbeiten.

Orientierung und Erinnerung werden geschult.

lingsvierbeiner es sofort verstehen. Diesen Teil nenne ich: die Zündung einbauen. Sitzt das, dann werde ich die Gegenstände an verschiedenen Stellen auslegen. Hierbei habe ich den Hund an der Leine, damit er den Gegenstand nicht gleich beim Auslegen wieder einsammelt. Es wäre ungünstig, wenn ich das kritisieren müsste, und die beste Kritik ist ja die, die nicht nötig ist.
Nun habe ich die Gegenstände in einem kleinen Kreis ausgelegt und stehe außerhalb der Fläche. Auf das mir am nächsten liegende Objekt entwickle ich den Fokus und zünde danach mit dem Signal: „Hol den anderen". Wenn das gut klappt, verändere ich wie gehabt die Variablen: mehr Gegenstände, größere Fläche usw.

BITTE NICHT STÖREN

Bitte stören Sie Ihren Hund nicht beim Denken. Anfeuern, Loben oder auch Besserwissen können den Hund schnell ablenken. Ist doch unser Ziel, ihn schlau zu machen. Und ich meine tatsächlich, dass der Hund durch seine ureigenen Ideen die Lösung finden soll. Dafür müssen wir ihm die Zeit geben, einen Gedanken zu Ende zu denken, und dazu gehört auch, dass er mal falsch sucht. Sollte er auf Abwege geraten, können wir ihm ja immer noch mit einem stillen oder auch akustischen Fokus helfen.
Das Merken kann bei Mensch und Tier so eine Begeisterung auslösen, dass die anderen Lektionen und Fächer plötzlich lange Urlaub haben. Das ist nicht schlimm, sollte bitte nur kein Dauerzustand werden. Es macht unbedingt Sinn, immer mal wieder einen geregelten Fokus, eine ordentliche Suche und auch ein paar Tricks einzubauen. Damit werden die Schulung und ihr Erfolg komplett.

GOING WITH PURPOSE

Das Bild, das der Hund mit allen Sinnen bei der Arbeit ist und für seinen Job brennt, nennen wir in der Hütehund-Szene. „Going with purpose". Wenn der Sog der Konzentration die Außenwelt ausblendet und die Begeisterung für die Teamarbeit Purzelbäume schlägt, dann fühlen Sie es auch. Das ist „Going with purpose", ein Zustand tiefer Erfüllung, zielorientiert, diszipliniert und einfach glücklich.

UM ECKEN DENKEN

Es ist rein geometrisch stets der direkte Weg, eine ganz gerade Linie, auf der ein Hund sich von sich aus bewegen würde, um zum Erfolg zu gelangen. Er sieht (s)ein Objekt der Begierde und saust auf dem kürzesten Weg dorthin. Das ist klug, denn würde er einen Umweg nehmen, wäre das Objekt vielleicht schon weg.
Wir schulen die Hunde von klein auf, den direkten Weg zu uns zu nehmen. Wenn wir sie rufen, kommen sie im besten Fall geradewegs auf uns zu. Und nun, in der Schule zum schlauen Hund, versuchen wir, ihren Horizont zu erweitern.
Sie sollen lernen, neue Wege zu finden und sich schwierige Lösungen auch über indirekte Wege zu erarbeiten. Es macht Sinn, damit anzufangen, bevor das Merken und Suchen geschult wird.

DURCH DAS TOR

Ich beginne gern mit einfachen, dem Hund bekannten Wegen. Nehmen wir das Gartentor. Ich gehe in den Garten und lasse das Tor offen. Nun lege ich meinen kleinen Schüler ab und verlasse den Garten. Ich bewege mich auf der anderen Seite am Zaun entlang bis auf Höhe des Hundes. Nun rufe ich ihn. Der direkte Weg zu mir ist, zum Zaun zu laufen. Er tut es, kommt aber so leider nicht bei mir an. Er steht also am Zaun und wedelt begeistert. Das ist toll, aber leider nicht die Lösung. Ich gehe parallel zum Hund am Zaun entlang und motiviere ihn sehr intensiv, zu mir zu kommen. Auf Höhe des Gartentores geht ihm ein Licht auf und er schafft es tatsächlich, bei mir anzukommen. Das gibt ein sensationelles Fest! Anschießend wiederholen wir die Übung genau so. Die Wahrscheinlichkeit, dass er sich den Weg ins Glück gemerkt hat und diesen nun ohne Umschweife nimmt, ist sehr hoch. Schafft er das, hat er bewiesen, dass er absolut in der Lage ist, abstrakt zu denken.
Nun verändere ich die Situation dahingehend, dass ich etwas weiter vom Zaun entfernt stehe. Schafft er es jetzt auch, zu mir zu kommen, verändere ich die anderen Variablen wie Örtlichkeit, Sichtbarkeit, Anzahl der Ecken oder die Wegstrecke. Ist das alles mit Erfolg absolviert, dann integriere ich die Ecken in das Apportiertraining.

MIT OBJEKT

Zurück in meinem Garten, lege ich ein Objekt in das geöffnete Gartentor. Ich lasse den Hund das Objekt auf direktem Weg holen. Nun lege ich es rechts oder links hinter das Gartentor und benutze das Signal „Fokus", denn damit verspreche ich dem Hund, dass er mit Hilfe seiner Augen einen für ihn sichtbaren Gegenstand finden wird. Ich blicke zum Apportel. Nun flitzt er zum Gartentor. Wichtig ist wieder einmal, dass er selbst die Lösung findet und so erfolgreich ist.

Wir beginnen mit einfachen Tricks, die Hunde …

… zum selbstständigen Denken zu motivieren.

Den Weg zu einer Lösung auszutüfteln …

… und alle Sinne einzusetzen, ist Ziel der HarmoniLogie®.

DAS EIMERSPIEL

Auch das Eimerspiel garantiert Kreativität im Hundekopf. Und das geht so: Ich lege einen Gegenstand in einen Eimer und mache ihn somit für den Hund unsichtbar. Nun fokussiere ich den Eimer. Mein Kollege flitzt dahin und muss sich orientieren. Sein Blick in den Eimer, verknüpft mit meinem Signal „Nimm", reicht. Und Sie werden spüren, dass Ihr kleiner Freund echt stolz auf diesen Erfolg ist. Hinzu kommt, dass Sie ein perfektes Timing lernen. Denn in dem Moment, in dem Sie erkennen, dass der Hund den Gegenstand wahrnimmt, geben Sie das passende Signal und bestätigen Ihren Freund darin, zu zünden und den Gegenstand aufzunehmen.
Es fühlt sich an, als würde der Hund fragen: „Meinst Du das?" Und Sie sagen einfach nur: „Ja, genau das!"
Nun steigere ich das Eimerspiel und stelle drei gleiche Eimer hin. In einem ist das Bringsel versteckt. Ich fokussiere diesen Eimer und nun muss mein Freund mir vertrauen. Er flitzt hin und schaut hinein. Ja, geschafft! Dieses Spiel kann ich bis zu einer beliebigen Anzahl an Eimern erhöhen und knüpfe damit ein festes Band von echtem Teamwork und tiefem Vertrauen.

HÜTCHENSPIEL

Ebenso kann ich das Eimerspiel mit der Suche kombinieren, und dann hat es den Charme des Hütchenspiels: Ich stelle drei Eimer in einem Abstand von etwa einem Meter verkehrt herum auf den Boden. Nun gehe ich zu jedem einzelnen hin, hebe ihn an und tue so, als ob ich etwas darunter schiebe. Aber nur unter einem verstecke ich wirklich etwas. Dann nehme ich meinen Hund, am besten an der Leine, gehe von Eimer zu Eimer und sage: „Such!" Bei einem Eimer wird er deutlich mehr Anzeigesignale geben als bei den anderen. Ich helfe meinem kleinen Kumpel ein wenig, indem ich den Eimer anhebe, und schon hat er einen fetten Erfolg!
Dieses Spiel baue ich aus, bis mir die Eimer ausgehen, und ich verändere den Standort, die Art des Gegenstandes und die Distanz zu mir.

NACH FAHRPLAN

Schulen Sie Ihren Hund aber bitte nach und nach. Um bei diesen Lektionen erfolgreich sein zu können, muss er alle vorherigen absolviert und verstanden haben. Es gibt hier keinen Seiteneinstieg, sondern nur ein sicheres Konzept. Wenn Sie dem Fahrplan vertrauen und ihn sorgfältig abarbeiten, dann werden Sie und Ihr Hund immer auf der Gewinnerseite sein.
Auf dem Weg zum schlauen Hund sind Ihrer Kreativität keine Grenzen gesetzt. Entwickeln Sie sich und Ihre Visionen immer weiter und achten Sie auf die Motivation, die durch die Erfolge, die Beziehung und die Bindung steigt. All diese Lektionen sind simpel, kostenlos und einfach in den Alltag zu integrieren; sie entstanden aus der Idee oder auch der Not – nennen Sie es wie Sie wollen –, zwischendurch, mal eben schnell, kurz vor Mittag oder auf dem Heimweg noch einen Hund zu trainieren. Sie sind alltagstauglich und sie machen alltagstauglich! Sie machen die Hunde schlau und kooperativ.

HINTERGRÜNDIGES

— *Von Ethik und dem Zauber des Lachens*

WIE MAN MIT HUMOR DURCH DIE PUBERTÄT KOMMT

DIE LEBENSPHASEN EINES HUNDES

Ich schüttle meinen Kopf, und dennoch macht sich ein Grinsen in meinem Gesicht breit. Da ist sie wieder, diese Phase, in der die Hunde keinen sonderlich hohen Preis kosten würden. Also eigentlich könnte man sie gerade verschenken. Ich stelle mir dann immer vor, wie ich ein Schild an das Hoftor nagle: „Dogs for sale", direkt neben „Frische Eier aus Freilandhaltung" oder so ähnlich. Ich kann Ihnen versichern, ich habe diese Drohung nie wahr gemacht, aber benutzt habe ich sie schon öfter.
Und es ist immer dasselbe Alter, in dem sie zu Sonderpreisen auf den Wühltisch kämen. Ab dem siebten Lebensmonat beginnt die Zeit der Wandlung. Bei uns Menschen heißt sie Pubertät, und das Gute ist, sie geht vorbei.

WELPENZEIT

Im Leben des kleinen Caniden gibt es viele unterschiedliche Lebensphasen, die mehr oder weniger ausgeprägt sind. Sind die Zwerge acht Wochen alt, das Alter, in dem sie gesetzlich zur Abgabe freigegeben sind, ist ihr Bedürfnis nach Nestwärme und dem Schutz der Familie noch extrem hoch. Ihr Magen scheint noch deutlich größer als ihr Hirn und vieles um sie herum können sie zwar ertragen, aber noch nicht erfassen.
Mit der zwölften Woche wandeln sie sich das erste Mal deutlich, denn das Interesse an der Außenwelt scheint massiv zu steigen. Von introvertierten Nesthockern entwickeln sie sich zu kleinen Abenteurern und wollen die Welt nicht nur entdecken, sondern auch (neu) erfinden.

JUNGHUNDPHASE

Mit der 16. Woche sind sie meist reif, etwas die Schulbank zu drücken und kognitiv so weit gereift, dass das Lernverhalten riesige Fortschritte macht. Sie sehen noch tapsig aus, das Kindliche ist noch deutlich, aber der Geist beginnt wach und frei zu werden. Man muss bedenken, dass junge Hunde in nur sieben Monaten den gesamten Körperbau, neues Fell, und einen Satz neue Zähne produzieren müssen. Diese kleinen Kreaturen funktionieren wie Kraftwerke und brauchen inhaltsstoffreiche Nahrung, Liebe, Fürsorge und eine gute Anbindung.

DIE PUBERTÄT

Ja, und dann kommt sie, die Lebensphase, die oft das Zünglein an der Waage ist, ob die Beziehung Bestand hat oder nicht. Viele Hunde passen dann plötzlich nicht mehr in die Lebenssituation der Menschen. Nun sehen sie aus wie große Hunde, mit tollem Fell und einem hübschen Körper, aber hinter den Ohren sind sie noch blitzegrün. Sie können Unsinn machen wie ein erwachsener Hund und haben den Verstand eines jungen.
Es ist traurig aber wahr. Die Phase nach dem siebten Lebensmonat führt häufig dazu, dass die kleinen Pubertätsmogler im Tierheim abgegeben werden. Dabei ist es nur eine Phase, ein kleiner Moment, der vorübergeht. Es fühlt sich an, als würden sie sich an nichts mehr erinnern, von all dem, was sie bereits erklärt bekommen und wir als verstanden verbucht hatten. Und außerdem stellen sie unsere Führungsposition sehr infrage. Es gibt Hunde, bei denen beginnt man in dieser Zeit jeden Tag von vorn. Und gelernt habe ich von meinen Hunden, dass ich während der Pubertät

keine schwierigen Fragen stelle, keine neuen Themen anspreche und auch nichts Besonderes erwarte. Außer der Achtsamkeit und dem Überprüfen der vier Säulen passiert nichts Aufregendes.
Meist haben sie das Ganze in drei bis fünf Wochen geschafft und dann, sage ich immer, kehrt der Verstand in die Hunde zurück. Und von dem Zeitpunkt an geht es steil nach oben. Nun habe ich einen acht Monate alten Junghund vor mir, mit dem ich die Welt entdecken und erobern kann. Es beginnt mit die schönste Zeit. Körperlich sind die Hunde fast fertig, sie werden vielleicht noch etwas breiter, aber die Wachstumsfugen der Gliedmaße haben sich geschlossen. Ich passe nun das Sportprogramm an: Fahrradfahren, Joggen & Co. kommen auf den Tagesplan (siehe Seite 150, Kap. „Geisteswissenschaft und Sport“).

DIE ABSOLUTE REIFE

Bis zum Alter von 22 bis 24 Monaten gondeln wir im friedlichen, harmonischen Fahrwasser. Und dann beginnt die, so nenne ich sie immer, absolute Reife. Plötzlich behaupten die Hunde, sie seien nun wirklich erwachsen, und möchten noch einmal an den Regeln rütteln. Es ist wie eine zweite Pubertät. Durch diese Phase gehe ich meist mit einem sehr intensiven Training der vier Säulen und einer klaren Tagesstruktur. Auch diese Phase geht vorbei und dauert etwa vier Wochen.

Ältere Hunde sind nicht nur weise, sie haben auch einen besonderen Charme.

DER ERWACHSENE HUND

Geschafft und überstanden, beginnt danach eine Zeit, die eine Ewigkeit dauern dürfte, so schön ist sie. Erwachsene, gestandene Hunde, reif und fähig für all die Lerninhalte, fröhlich, aufrecht, interaktiv verbringen wir unser Leben und können Zeit und Raum vergessen.
Und das tue ich dann auch immer und stelle mit Erschrecken fest, dass da ein graues Haar ist. Nicht nur auf meinem Kopf, sondern plötzlich auch im Gesicht meines liebsten Freundes. Wo sind die Jahre geblieben und warum ist ein Hundeleben nur so verflixt kurz?

DER ALTE HUND

Ist er neun Jahre alt, merken Sie, dass da eine große Ruhe in Ihren Hund gekommen ist, und ab zehn bekommt die Ruhe auch noch eine Schwere. Dem zum Trotz bleibe ich bei meinem Fitnessprogramm und sorge für ausreichend Sport und geistige Beweglichkeit. Unsere Hütehunde arbeiten, bis sie 14 Jahre alt sind. Zugegeben, die letzten zwei Jahre glauben sie, dass sie arbeiten, denn hier übernehmen die jungen Hunde den tatsächlichen Job. Aber sie sind glücklich mit dem Gefühl, noch gebraucht zu werden. Und woher ich das weiß? Weil sie lachen und wedeln und total aktiv und motiviert sind, wenn sie mit zu den Herden dürfen. Das kann man auch mit zugebundenen Augen noch erkennen.
Schwerhörigkeit, Sehschwäche und Diätmaßnahmen begleiten fast jeden alten Hund. Der wärmste Platz am Ofen und im Herzen seines Menschen soll ihm nun sicher sein und der Lebensabend soll gefüllt sein mit fürsorglicher Liebe und die Zeit, dass der Mensch seinem Hund treu ist, bringt die Beziehung auf eine Zielgerade.
Wie gut, dass Sie ihn damals nicht verkauft haben. „Dogs for sale“ sollte stets eine leere Drohung bleiben, denn sonst verpasst man das Leben mit dem Hund, das durch nichts Vergleichbares zu ersetzen ist.

Ob ein Tier oder viele: Der Mensch trägt die Verantwortung und ist für das Wohl der Vierbeiner zuständig.

DIE LIEBE

Liebe Leser, nun habe ich Sie an meinen Gedanken und Erfahrungen teilhaben lassen. Dieses Buch ist eine Einladung, mir in meine Philosophie des Lebens und die Arbeit mit diesen so wunderbaren Geschöpfen zu folgen.
Urteilen Sie selbst, aber nehmen Sie Folgendes mit: Der Hund ist in der Lage, uns zu lesen, zu berechnen und zu steuern. Er kann unser Handeln manipulieren und unser Leben verändern. Er zahlt mit seiner Freiheit und schenkt uns seine Liebe. Er kann uns regulieren und bessere Menschen aus uns machen. Er ist ein echter Freund. Der wertfreie und direkte Dialog mit diesem so einzigartigen Geschöpf verbindet die Herzen und bietet einen Raum für Gedeihen und vor allen für Liebe. Dies ist das höchste Glück, für das wir ewig danken sollten. Achtsamkeit und Achtung sind Werte, von denen wir alle gern sprechen. Nicht jeder weiß einen Weg dorthin. Ich habe einen Weg, den ich jeden Tag prüfe, gefunden, und lasse Sie gerne daran teilhaben. Die Liebe ist ein Resultat aus tiefem Vertrauen und gegenseitigem Respekt.

DIE FÜRSORGE

Es sind nur vier Dinge, die wir, wenn es um die Einstellung des Menschen zum Tier geht, im Blick behalten sollten.
Punkt eins ist die Fürsorge. Wir sollen unseren vierbeinigen Freund versorgen und uns für ihn verantwortlich fühlen, ihn erziehen und schulen, ihn mit wohlwollender Fürsorge begleiten, ihn beschützen, seine Rente zahlen und für ihn da sein, ein Leben lang. Denn Fürsorge heißt nicht nur, seine Tierarztrechnungen und Versicherung zu übernehmen, sondern auch, den Weg des Hundes mit Empathie und Verantwortung zu begleiten und zu formen. Und Sie sind immer angehalten, auf die Bedürfnisse des Hundes zu achten. Aber vergessen Sie dabei nicht Ihre eigenen Bedürfnisse, und achten Sie darauf, sich nicht ausschließlich zum Koch oder Chauffeur Ihres Lieblings zu entwickeln. Sie dürfen bei aller Fürsorge auch gut zu sich selbst sein und ebenso dürfen Sie erwarten, dass Ihr Hund gut zu Ihnen ist. Denn sind Sie froh, ist Ihr Hund automatisch auch froh.

Die tiefe Bindung zum Partner Hund erfüllt unsere Herzen mit Glück. Immer.

MITGEFÜHL STATT MITLEID

Nun kommen wir zu Punkt 2: Ich hoffe, meine Hunde hatten noch nie Mitleid mit mir. Obgleich ich das Gefühl nicht loswerde, dass diese Blicke, die sie mir zuwerfen, wenn ich versuche, schnell zu rennen, doch einen Hauch davon enthalten … Auch haben sie sich gewiss noch nie Gedanken über meine Herkunft oder die Qualität meiner Kindheit gemacht. Sie nehmen mich wahr, berechnen mich und spiegeln mich. Und das, was ich in den Spiegel hineinwerfe, kommt eins zu eins von ihnen zurück.

Das bringt uns zum zweiten Punkt, der für ein glückliches Miteinander wichtig ist: das wertfreie Zuhören. Lesen Sie Ihren Hund anhand der sechs Funktionskreise und lernen Sie, das Ergebnis nicht zu interpretieren und auch nicht auf sich zu beziehen; betrachten Sie es sachlich und emotionsfrei mit einem Schuss mütterlicher Empathie – so schaffen Sie es, Ihrem Hund aus den nicht erwünschten Funktionskreisen herauszuhelfen. Sie brauchen ihn nicht zu bemitleiden, weil er vielleicht schon mal schlechte Erfahrungen mit anderen Menschen oder großen Hunden gemacht hat. Das tut er ja auch nicht. Der Hund nimmt Sie, wie Sie sind, und versucht, mit Ihrer aktuellen Gegenwart, mit Ihren Emotionen und Ihrer Stimmungslage klarzukommen – warum alles ist, wie es ist, interessiert ihn dabei nicht. Tun Sie es ihm gleich. Nehmen Sie die Gegenwart Ihres Hundes so, wie sie ist, und helfen Sie ihm voller Empathie in die richtige Spur. Auch brauchen Sie Ihren Hund nicht vor dem Leben und den Kanten, die es zwangsläufig mit sich bringt, zu bewahren. Schulen Sie die Kritikfähigkeit, dann kann er auch gut mit selbiger umgehen. Ich brauche nicht wie bei dem Instagramfilter nur das Schöne für das Raubtier herauszufiltern. Das wäre nicht ehrlich.

DER ZAUBER DES LACHENS

Punkt 3 ist definitiv die positive Energie, das halb volle Glas und die Lust an der gemeinsamen Freude. Ich nutze diese positive Energie, um mich an meinen Hunden zu erfreuen – sollen sie doch mein Leben bereichern und mir Freude bereiten. Also werde ich unser Leben so gestalten, dass wir uns gegenseitig Freude machen. Positive Energie fließt besser, und weil ich ihre innere Haltung einzuschätzen vermag, kann ich sie auch formen und meinen und unseren gemeinsamen Bedürfnissen anpassen.
Begegne ich jemandem, der gern lacht, der gern Freude hat und unverkrampft durchs Leben geht, ja, der voller Angebote ist, dann begleite ich ihn gern. Der Zauber des Lachens, der Spaß an gutem Humor, die Leichtigkeit des Frohsinns – das sind Zutaten, mit denen ich unbedingt mein Leben würzen möchte.

ZEIT ZUM REIFEN

Bei Punkt 4 sprechen wir über Geduld und die Skala der Ausbildung. Es ist entscheidend, dass wir Menschen hier den Überblick behalten, auch wenn es schwierig wird. Ich habe so viele Hunde ausgebildet und zu großen Stars gemacht. Nicht alle fingen als Dichter und Denker an, nicht jeder hatte einen meterlangen Stammbaum, geprägt von Ruhm und Adel. Manch einer war keinen Pfifferling mehr wert oder bereits so auf dem falschen Weg, dass auch mir der Mut knapp wurde, daraus noch einen Helden zu formen.
Geholfen hat mir stets die Zeit. So oft habe ich Pläne über den Haufen geworfen und meine Zeitfenster neu definiert. So oft war es die Zeit, die Wunden heilte, und auch die Zeit, die es braucht, eine gewisse Reife zu erlangen. Heutzutage fehlt gerade diese den Menschen so sehr – im Umgang mit den Tieren, aber auch in ihrem eigenen Alltag. So schnelllebig, so hochtechnisiert und auf Tempo getrimmt sind wir alle in der heutigen Zeit. Es ist noch nicht lange her, da wurden Nachrichten noch per Brief verschickt und brauchten drei Tage bis zum Empfänger – per WhatsApp geht das heute in Sekunden. Es scheint auch, als sei es erst gestern gewesen, dass das Entwickeln eines Fotos eine Woche brauchte, auf dem Handy kann man es sich sofort ansehen. Und hatten wir früher private Telefonzeiten nach Dienstschluss von 17 bis 20 Uhr, so sind wir heute immer erreichbar. Doch der Dialog mit dem Tier lässt sich nicht beschleunigen. Ein Tier braucht Zeit, Liebe und Geduld. Hundeerziehung ist kein Wettrennen. Es braucht unter jeder Pfote ein Jahr, erst dann ist ein Hund erwachsen. Das Gefühl dafür geht den Menschen heute leider zwangsläufig verloren. Eine Freundschaft, und auch die sechsbeinige, braucht Zeit, um zu reifen und benötigt selbige, um gepflegt zu werden. Das sollte man sich klarmachen, bevor man sich einen Hund als Familienmitglied ins Haus holt. Das Sensationelle daran ist, dass man die Zeit, die man investiert, in vielfältiger Form als Freude, Glück und Lebensqualität wieder herausbekommt. Es lohnt sich, dem Reifeprozess Zeit zu lassen.

HUNDE ZU HALTEN, IST AUCH EINE FRAGE DER ETHIK

Kein Elefant hält sich einen Affen, keine Katze besitzt einen Hund. Es scheint ein besonderer Zug von uns Menschen zu sein, andere Wesen besitzen zu wollen. Nicht einer meiner Hunde oder eines meiner Pferde stand vor meiner Tür und hat darum gebeten, mein sein zu dürfen. Obgleich viele Menschen sich ebenso wie wir enorm darum bemühen, aus der Gefangenschaft eine Gastlichkeit zu machen, bleibt es zunächst eine Gefangenschaft, gekennzeichnet von Bestimmen und Herrschen. Und es ist ein Vorgang, für den wir in der Natur kein Pendant finden. Es gibt dort keine artübergreifenden Besitzzustände – wohl Symbiosen, Wohn- und Jagdgemeinschaften, aber keine Besitzgemeinschaft, in der das Handeln eines anderen bewusst manipuliert wird.

TIERLIEBE?

Wir Menschen entscheiden uns dafür und geben dem Ganzen einen besonders wohlklingenden Namen: Tierliebe. Ich zweifle die Bedeutung im Wortsinn allerdings an. Sich zu Tieren hingezogen zu fühlen, ist gewiss ein Grund, aber dann könnten wir auch Tiere in freier Wildbahn beobachten. Und nach Liebe streben wir Menschen alle; meist sind wir auch voller Liebesfähigkeit, die wir anderen zu Teil werden lassen können. Aber aus diesen Gründen ein eigenständiges Wesen aus seinem gewohnten Umfeld zu reißen, es von seiner Familie zu separieren und in einen goldenen Käfig zu sperren, lässt sich schwerlich mit Tierliebe bezeichnen, da scheint der Begriff Selbstliebe passender. Und zum Glück schaffen es unzählige Menschen die Selbstliebe und die Faszination für die tierische Kreatur vor dem Hintergrund der Gastlichkeit in einen wunderbaren Einklang zu bringen.
Es scheint dennoch, dass diese Zerrissenheit viele Menschen beschäftigt – manche bewusst, andere unbewusst. Die einen nehmen Hunde auf, die in Not geraten sind, andere beruhigen ihr Gewissen damit, dass sie ihrem Tier von Beginn an maximale Freiheit gewähren. Verstehen Sie mich bitte nicht falsch: Es ist wahnsinnig gut, Tiere zu retten und weggeworfenes Leben aufzuheben und zu versorgen, auch wir tun dies immer wieder und auch der Weg in die Freiheit und die artgerechte Haltung sollte stets eine Maxime sein. Allerdings sollte die Vergangenheit eines Tieres nicht als Entschuldigung für sein möglicherweise aktuelles Fehlverhalten herangezogen werden.

Wir teilen nicht alle Leidenschaften unserer Hunde.

GESELLSCHAFTSFÄHIG

Auch unter Berücksichtigung aller ethischen Grundsätze bleibt die Notwendigkeit, dass das uns anvertraute Geschöpf für ein freies Leben an unserer Seite erst geschult werden muss. Es muss sich seine Freiheit durch Lernprozesse erarbeiten. Auch in seinem eigenen Sinn muss es „gesellschaftsfähig" gemacht werden, denn lebt es in unserer Gesellschaft nach seinen eigenen Grundsätzen, gibt es unweigerlich Probleme für Mensch und Tier. Die große Verantwortung, der wir uns in dem Moment, in dem wir ein Tier besitzen möchten, stellen, sollten wir uns immer bewusst sein. Und ist der Beschluss gefasst, braucht es ein gutes Konzept, damit der Weg in die Freiheit ganzheitlich und für alle Seiten verbindlich wird.

HUNDE UND IHRE LEIDENSCHAFTEN

Hunde haben in der Tat andere Leidenschaften als wir Menschen: sich genüsslich in einer toten Maus wälzen, eine Fuchslosung verschlingen oder Artgenossen ausgiebig am Allerwertesten beschnuppern. Diese leidenschaftlichen Hobbys treffen nicht immer unseren Geschmack. Sie funktionieren eben anders, auch wenn sie Teile ihrer Komfortzone gern mit uns teilen.
Die Verschiedenheit und Vielfalt von Hunden ist schier unendlich: sowohl im äußeren Erscheinungsbild – es gibt 365 registrierte Hunderassen, und hinzu kommen die wunderbar bunten, unendlich kreativen Mischungen aus all diesen – als auch im Interieur. Beeindruckend nicht nur der Gigant neben dem Zwerg, sondern auch die endlose Vielfalt von Verhaltensweisen und Lernmustern. Dennoch ist allen eines gemein: Es sind Hunde. Hunde mit den Bedürfnissen, die eben Raubtiere, Aasfresser, Rudel- und Lauftiere haben. Ob es ein Teacup-Chihuahua oder eine Dogge ist. Ihre Grundbedürfnisse müssen geachtet und erfüllt werden – immer im bestmöglichen Rahmen.

HUNDELEBEN

Ohne unseren Einfluss würden Hunde in Rudeln leben, Kontaktliegen, gegenseitige Fellpflege machen, gemeinsam Jagd- und Überlebensstrategien entwickeln; sie würden sich zanken und sie würden sich lieben, sie würden schwache Mitglieder zurücklassen und nicht anpassungsfähige ausstoßen. Sie würden sich sortieren und formieren, sie würden sehr viel laufen und wenn sie satt sind, sehr viel schlafen. Und, sie würden nicht gern allein sein. Ihre Aussicht zu überleben wächst, wenn sie sich in einer Gruppe zusammentun. Sie haben Supernasen, gefährliche Zähne, die sie nicht nur zum Fressen, sondern auch zur Abwehr benutzen können. Sie haben eine völlig andere visuelle Wahrnehmung als wir und extrem gute, feine Ohren. Sie sind schnell und wendig, können gut schwimmen, klettern und springen. Sie sind Allesfresser, können sich von Wurzeln, Beeren, Insekten, Aas und allem, was an einem Tier dran ist, ernähren. Sie sind äußerst kommunikativ, suchen den direkten Kontakt, sind flexibel bis leidensfähig und überall auf der Welt anzutreffen. Sie sind bindungsfähig – das ist etwas sehr Besonderes und macht sie für uns so verführerisch. Sie brauchen Nähe, Wärme, Ansprache und eine Spur.

FLIESST IN DIE HARMONILOGIE® EIN

All das berücksichtigen wir in der HarmoniLogie®. Mit dem heutigen Wissen über Hunde, ihr Verhalten und ihre Bedürfnisse ist es leicht, einen direkten Kontakt zu ihnen herzustellen

Doch wir müssen mit den Konsequenzen ihrer Leidenschaften leben.

und sich ihrer Sprachmuster zu bedienen. Der Weg, mit dem Hund in die freie, seiner Art gerecht werdenden Partnerschaft, aufbauend auf dem tiefen Verständnis für diese wunderbaren Wesen, ist so einfach, dass die Hunde ihn verstehen. Und dabei müssen die Leidenschaften der Hunde erkannt und in Teilen erfüllt sowie geachtet werden.

ZUCHTGESCHICHTE, DIE WAHL DES HUNDES

Seit dreißig Jahren züchte ich Hunde – ausschließlich Leistungshunde. Sehr stolz bin ich auf die so wahnsinnig erfolgreiche und stabile Zucht von arbeitenden Border Collies. Das Credo der International Sheepdog Society: „Brains before Beauty" war mir ein Leitsatz. Ich habe stets wenig gezüchtet, nur dann, wenn ich von den Elterntieren absolut überzeugt war und ich die Kapazitäten hatte, auch einige Welpen selbst aufzuziehen und auszubilden. Mein Credo war und ist bis heute die Zucht auf ein gutes Wesen, einen extrem gesunden Körper und ein hohes Maß an Leistungsbereitschaft. Diese Leistungsbereitschaft definiert sich über den angeborenen Sinn für Schafe, den hohen Motivationslevel und das hohe Maß an Intelligenz und Kooperationsfähigkeit. Wie sehr konsequent sich bestimmte Gene durchsetzen und andere nicht, habe ich in meiner züchterischen Tätigkeit vor allem dadurch erfahren, dass ich einen großen Teil der Welpen unter denselben Bedingungen aufgezogen und ausgebildet habe. Ich kann durch gezielte Anpaarungen beeinflussen, wie viel Abstand ein Hund zum Vieh hält, in welcher Körperhaltung er sich dem Vieh nähert, in welchem Winkel er wegflankiert und zum Beispiel auch, in welches Körperteil des Schafes der Hund einen Griff anlegt, wenn dies erzieherisch notwendig sein sollte.
Auch im privaten Leben unserer Leistungshunde gab es immer wieder Verhaltensweisen, die sich über Generationen gehalten haben. Die inneren Lernmuster sind demnach genetisch vorgegeben.

Hunden ist die Zuchtgeschichte egal. Sie sind einfach nur Hunde.

RADIKALE SELEKTIONSGESCHICHTE

Nun stellen wir uns vor, dass fast alle Rassen zu Zeiten entstanden, in denen Hunde keine Freizeitpartner waren, kein Luxusobjekt, sondern echte Mitarbeiter auf Bauernhöfen, im Werks- oder auch Grenzschutz sowie bei der Polizei, im Rettungswesen, auf Schlachthöfen und auch im Herdenschutz, als Zughund vor dem Karren oder Schlitten und ebenso bei der Jagd. Für einen Taugenichts war kein Stück Brot übrig. Die Selektion auf bestimmte Verhaltensweisen war demnach recht radikal. Damals gab es keine Notvermittlung für schwache Schlittenhunde oder einen untalentierten Hütehund. Vermehrt haben sich nur die, von deren Leistung sich der Mensch einen wirtschaftlichen Vorteil erhoffte.

HEUTE GEHT ES OFT UMS AUSSEHEN

Heute werden Hunde meist nicht mehr nach diesen Kriterien gezüchtet, das wäre zu aufwendig. Es wird ein sogenannter Phänotyp produziert. Es geht um das Aussehen. Wenn das stimmt, dann ist der Rest ziemlich nebensächlich. Die Zucht auf einen Genotyp, d.h. unter Berücksichtigung von Wesen und Verhalten, ist deutlich aufwendiger. Ein Hund braucht fast vier Jahre, um zu reifen und um seinen Genotyp und seine Belastbarkeit komplett unter Beweis zu stellen. Die Zeit

Form follows function: Hunde wurden über Jahrtausende für bestimmte Aufgaben selektiert, die auch ihr Wesen bestimmt.

haben heute die wenigsten Züchter. Das, womit allerdings die meisten Menschen Probleme haben, ist nicht das schöne Fell des Hundes, sondern ein problematisches inneres Lernmuster: Ein komplizierter Charakter stellt den neuen Hundebesitzer etliche Jahre vor extreme Herausforderungen. Wie schön wäre es, wenn auch die neuzeitliche Hundezucht den „will to please", einen gesunden Phlegmatismus, einfach einen Bombencharakter in den Vordergrund stellen würde.

INFORMIEREN SIE SICH

Auf der anderen Seite sind aber auch Sie, liebe Leser und Hundefreunde, gefordert, sich auf den Weg zu machen und aus dem Berg an Angeboten den Hund herauszufinden, der zu Ihnen passt. In meiner langjährigen Laufbahn als Trainerin habe ich allerdings feststellen dürfen, dass es irgendwo einen Stern gibt, der immer wieder den richtigen Menschen zu seinem Hund führt und umgekehrt. Häufig entscheiden Menschen aus dem Bauch heraus. Aber bitte lassen Sie sich nicht nur davon leiten. Die Zuchtgeschichte unserer Haushunde hat die Genetik zum Teil so tief und fest verankert, dass auch ein paar Jahre Schönheitszucht nicht alle Baupläne zunichtemachen. Informieren Sie sich umsichtig und gründlich und nehmen sie auch die kleinsten Warnhinweise sehr ernst.

IN KÜRZE

Heute wird viel auf Äußerlichkeiten gezüchtet (z. B. Showlinien), dabei bleibt der Charakter oft auf der Strecke. Aber auch ein paar Jahre Schönheitszucht machen genetische Baupläne nicht zunichte. Informieren Sie sich vor dem Hundekauf über die Charaktereigenschaften der infrage kommenden Kandidaten.

WARUM MUSS ES IMMER EIN WELPE SEIN?

Es ist tatsächlich so, dass ich mich eher für ein neues Sofa entscheiden würde als für ein gebrauchtes; auch Fernseher und Autos kauft man lieber neu als gebraucht. Ich glaube, das geht den meisten von uns so. Ähnlich ist es leider auch beim Hund. Man kauft sich gern einen neuen Hund. Allzu oft habe ich allerdings erlebt, dass Hundemenschenanfänger mit einem Welpen arg gefordert – wenn nicht gar überfordert sind.

Welpen müssen ihre Welt entdecken.

EIN „GEBRAUCHTER" HUND HAT VIELE VORTEILE

Schaut man sich die Gesellschaft mit einem Weitwinkel an, sieht man, dass es am anderen Ende Menschen gibt, die ihren geliebten Hund abgeben müssen – sei es aufgrund eines unglücklichen Schicksals oder zum Beispiel aus Altersgründen. Diese Hunde kommen zum Teil, ohne jemals einen Fehler gemacht zu haben, in ein Tierheim. Wenn der Hundemenschenanfänger an einen solchen Hund geraten würde, dann würden wir zwei Fliegen, nein, warten Sie, drei Fliegen mit einer Klappe schlagen. Der erwachsene Hund bekommt eine Chance, denn er gerät im besten Fall an einen ambitionierten Menschen, der ihn nach bestem Wissen umsorgen wird. Der Anfängermensch bekommt eine Superchance, denn er kann in Ruhe das Management, den richtigen Umgang und die Fürsorge erlernen. Und der Welpe, der dann ein Jahr später ins Haus kommt, bekommt von vornherein einen adulten Artgenossen. Und aus eben diesem Gefüge kann man von Anfang an eine gesunde Grundlage für die artgerechte, gesunde Hundehaltung entwickeln.

UMGEKEHRT GEHT ES AUCH

Es funktioniert aber auch andersherum. Sie wünschen sich einen Welpen, wollen die wunderbare Zeit der Kindheit, des Heranwachsens, diese so individuelle Entwicklung miterleben und können ein Ambiente schaffen, in dem dies auch gut möglich ist. Hierfür gibt es leicht nachvollziehbare und wirklich gute Gründe. Und dennoch haben Sie das Bestreben, Ihren Hund nicht als Einzelhund zu halten; Sie wollen eine kleine Hundegemeinschaft gründen, um der Art und ihren Bedürfnissen gerecht zu werden. Dann warten Sie, bis Sie die Organisation und den Zwerg selbst stabil im Griff haben. Dann können Sie sich ebenso ein älteres Tier mit ins Haus holen, und schon wieder fangen Sie eins, zwei, drei Fliegen mit einer Klappe. Sie lösen die innerartliche Einsamkeit auf, Sie retten einen Hund, der Pech hatte, Sie können die Zeit der Aufzucht genial genießen. Immer gesetzt den Fall, dass Sie an keiner Stelle an den Punkt der Überforderung kommen. Denn bei all der „Tierliebe" geht es auch in einem sehr wichtigen Maß um Sie als Chef in dieser Manege.

Übrigens: Es lohnt sich nicht nur für Ihren Ersthund, wenn Sie eine kleine Hundegemeinschaft bilden, sondern auch für Sie. Durch das aufmerksame Beobachten der Interaktion der Hunde lernen Sie noch einmal mehr darüber, wie Ihr Hund „gestrickt" ist.

Und sie brauchen Artgenossen sowie Nestwärme.

Infantil und unbekümmert ist die Welpenzeit.

Man sollte für diese Herausforderung Zeit haben.

IN KÜRZE

Wenn Menschen ohne Hundeerfahrung sich statt eines Welpen einen erwachsenen Hund ins Haus holen, haben sie eine gute Chance, in Ruhe das Management, den richtigen Umgang und die Fürsorge zu erlernen, und können dieses Wissen später einem Welpen angedeihen lassen.

KLUGE WELPENSCHULE

Nach all den Jahren bin ich immer noch so aufgeregt wie beim allerersten Mal. Es soll ein neuer junger Hund zu uns kommen, und ich fange an, die Wochen, die Tage und die Stunden zu zählen. Es werden Listen geführt mit all den Namensvorschlägen. Welpenfutter wird gekocht und der Terminplan zurechtgerückt, damit für alles gut gesorgt ist. Und dann ist es so weit. Jedes Mal klopft mein Herz bis zum Hals, es scheint vor Freude zu hüpfen. Wie in einer russischen Kugel scheint es für Momente nur noch dieses kleine, neue, fremde Wesen zu geben. Der Wunsch, es kennenzulernen, es zu beschützen, ihm alles zu zeigen und zu erklären, verdrängt das sonst so rationale Denken. Fast bin ich dann erleichtert, wenn endlich wieder etwas Routine in den Alltag kommt, und sich eine Vertrautheit und Gewohnheit zu dem kleinen Wesen einstellt.

INMITTEN VON TIEREN

Nun ist mein Leben von Kopf bis Fuß auf das Leben mit und zwischen den Tieren eingestellt. Hier werden unterkühlte Küken in der Küche warm geföhnt, Lämmer aus Mehrlingsgeburten am Ofen gewärmt, die Kinder bringen schon mal ihre Lieblingsziege mit herein, und in den fünf Körbchen um meinen Platz herum liegen ebenso viele schmatzende, wedelnde und schnarchende Hunde. Abgerundet wird das paradiesisch anmutende Bild von zwei bis drei Katzen, die sich zu den Hunden kuscheln und ihres oder das Fell der Hunde reinigen. Da ist das Chaos, das ein junger Hund erzeugen kann, überschaubar.
Dass das bei Ihnen, liebe Leser, anders aussehen mag, kann ich mir gut vorstellen. Insofern sollte man sich gut überlegen, ob Zeit und Raum im Leben für ein Hundekind vorhanden ist.

NESTWÄRME

Ein junger Hund muss meistens seine Familie im zarten Alter von acht Wochen verlassen. Laut Tierschutzgesetz ist es das Mindestalter, mit dem der Hund abgegeben werden darf. Der wirtschaftlich orientierte Züchter wird das auch gern tun. Das bisherige Leben des kleinen Hundes orientierte sich bis zu diesem Tag an dem vertrauten Geruch und der Wärme der Mutter und der Geschwister. Neben guter und regelmäßiger Nahrung, einer gewiss optimalen Habituation (Gewöhnung an die unbelebten Umweltreize) sowie einer gründlichen Sozialisation (Gewöhnung an die belebten Umweltreize), hatte der Hund vor allen Dingen eins: Nestwärme. Und dann kommen Sie. Nun müssen Sie wirklich alles geben, was Sie an Kontaktangeboten, an Schutz und körperlicher Nähe aktivieren können.

Bieten Sie Ihrem Hund von Anfang an einen ritualisierten Tagesablauf. Füttern Sie ihn drei- bis viermal täglich in kleinen, möglichst handwarmen Mahlzeiten, bringen Sie ihn nach dem Fressen immer nach draußen an dieselbe Stelle, an der er sich lösen kann. Gewöhnen Sie ihn, sofern der Züchter das nicht gemacht hat, sofort an ein Halsband und eine Leine, und ertragen Sie, dass er das vielleicht nicht von Anfang an toll findet. Er wird sich daran gewöhnen.

Die Aufzucht sollte von sozial kompatiblen Althunden begleitet werden, die dem Welpen als Vorbild dienen können.

Gerne nehmen Sie ihn mit auf Ihr Sofa zum Kuscheln und, wenn Sie mögen, darf er auch bei Ihnen schlafen. Das bleibt nicht für den Rest des Lebens so. Es stillt nur eines der Grundbedürfnisse des Hundes. Das Bedürfnis nach Körperkontakt. Streicheln Sie ihn, soviel es geht. Drinnen wie draußen. Streicheln Sie ihn langsam, immer mit dem Wuchs des Fells und niemals gegen den Strich. In einem sicheren Ambiente (gut eingezäunter Garten, Diele oder Haus) spielen Sie gern auch mit ihm. Bitte nur das unterlegene Spiel (siehe Seite 133) und lassen Sie ihn nie unbeaufsichtigt und nicht allein. Kontakt mit eigenen oder auch fremden Hunden sollten Sie bitte nur mit höchster Vorsicht zulassen. Kleine Welpen können das Beuteschema adulter Hunde bedienen und in echte Not geraten.

DOSIERTE REIZE UND STRUKTURIERTER TAGESABLAUF

Etwas, das wir nach der HarmoniLogie® anders machen, als Sie es vielleicht bisher gelernt haben, ist, dass wir diese Hunde anfangs nicht allen möglichen Reizen aussetzen. Wir konfrontieren sie nur mit so vielen Reizen, dass sie immer noch erreichbar bleiben und die Situation nicht nur zu ertragen lernen, sondern sie noch überblicken können. Es sind nur etwa vier Wochen, die wir mit den Zwergen fast nur im häuslichen Bereich, im Garten oder auf Mini-Spaziergängen unterwegs sind. Wir gewöhnen die jungen Hunde schnell an das Autofahren und an den kurzzeitigen Aufenthalt in einer Hundebox. Ebenso liegt unser erzieherischer Schwerpunkt auf der Entwicklung der Stubenreinheit.
Ein klar strukturierter und ritualisierter Tagesablauf mit häufigen kleinen Ansprachen und unendlich vielen liebevollen Begegnungen ist jetzt gefragt. Haben Sie kein Mitleid mit Ihrem Hund. Er wird es gut haben. Aber haben Sie ehrliches Mitgefühl und entwickeln Sie eine gesunde Empathie für diese doch wirklich schwierige Situation in dem kleinen Hundeleben.

LOCKRUF

In dieser Zeit arbeiten wir gern mit Lockrufen, die wir noch mit Futter konditionieren. Die Welpen, die bei uns geboren werden, beginnen ab der fünften Lebenswoche zusätzliche Nahrung zu sich zu nehmen. Allzu gern bereite ich ihnen jedes Mal ein kleines Festmahl: Haferflocken, Reis, Gehacktes vom Lamm, Quark und Milch und kleingeschnittenen Pansen. Und als Chefkoch.de locke ich die ganze Bande dann unter jodelnden Rufen „Puppie, Puppie, Puppie ...“ in das Außengehege. Das klappt zu der Zeit, in der das Hirn noch kleiner ist als der Magen extrem gut. Aber die Zeiten ändern sich.

INTERESSE AN DER UMWELT

Schon ab der zwölften Lebenswoche beginnt das Interesse an der Umwelt größer zu werden als das Knurren des Magens laut ist. Zu dieser Zeit lernen die kleinen Wichte bereits, ein Halsband zu tragen und im sehr kurzen Einzeltraining (drei bis fünf Minuten) erklären wir ihnen die Begrenzung durch die Leine. Dieses Training wiederholen wir sehr häufig am Tag. Es ist die Lebensphase, in der ich wahrnehme, dass die Hunde echte Ansprache, Lob und auch Kritik suchen und der Prozess der Konditionierung in den Hintergrund rückt.
Ich beginne also nun schon mit dem Dialog zu unseren Kleinsten und es macht unendlich viel Freude, die unterschiedlichen Charaktere und ihre individuelle Entwicklung zu erleben. Ab der 16. Woche beginne ich, die Ausflüge etwas auszudehnen. Alles an der Leine, versteht sich, denn erst einmal sollen die Welpen lernen, meinen Radius zu akzeptieren. Und weil die kleinen, süßen Biester schon so rasend schnell sind, bin ich ihnen bereits in diesem Alter im Freilauf unterlegen.

IN KÜRZE

- **Sie dürfen mit Ihrem Welpen auf dem Sofa kuscheln und er darf auch bei Ihnen schlafen. Das bleibt nicht für den Rest des Lebens so.**
- **Die Welpen anfangs nicht mit allen möglichen Reizen überfluten. Sie müssen die Situation immer noch überblicken können.**
- **Echte Freundschaften mit sozialkompetenten Hunden sind für Ihren Hund wichtig. Er muss sich aber nicht von jedem dahergelaufenen Pfiffi beschnüffeln lassen.**
- **Der Weg in die Freiheit nimmt einen kurzen Umweg über die Begrenzung (Spur, Halt, Organisation).**

Ein paar Utensilien erleichtern die Integration in den Alltag. Ein Doggi-Bag ist immer dabei.

SOZIALKUNDE UND ANDERE WAHLFÄCHER

Neben all der Brutpflege, die wir dem kleinen Tier zuteilwerden lassen, ist es auch sehr wichtig, an den geregelten und vor allem regelmäßigen Kontakten mit seinen Artgenossen zu denken. Bei uns ist das tatsächlich sehr einfach, wir haben ein intaktes Rudel und immer junge, verspielte Hunde, die gut sozialisiert sind, sowie sehr, sehr gut innerartlich funktionierende Althunde. Diesen Kollegen übergeben wir nach und nach den Unterricht im Fach Sozialkunde. Was für ein Segen, dass ich dieses Privileg habe, denn es erleichtert mir die Integration und die gesamte Aufzucht, Erziehung und auch spätere Ausbildung enorm. Da habe ich Ihnen gegenüber einen echten Vorteil.

Aber Sie können das auch hinbekommen. Versuchen Sie, ein soziales Umfeld für Ihren Zwerg zu schaffen. Suchen und finden Sie Menschen, die sozialverträgliche adulte Hunde haben, und auch solche, die stolze Besitzer eines freundlichen und lustigen Junghundes sind. Verabreden Sie sich und versuchen Sie, regelmäßige Kontakte aufzubauen. Schaffen Sie Ihrem Hund Freundschaften und verabschieden Sie sich von der Idee, dass Ihr Hund sich von jedem dahergelaufenen Pfiffi beschnüffeln, unterwerfen oder bespaßen lassen muss. Sorgen Sie für ein Freundschaftsrudel mit stets denselben Partnern.

ERZIEHUNG AUF HUNDEART

Ab der zwölften, spätestens ab der 16. Woche sind unsere Welpen so wissbegierig auf Sozialkunde, wie ihr Interesse an der Außenwelt steigt. Es ist die Zeit, in der unsere hündischen Hundetrainer alle Pfoten voll zu tun haben. Die Zwerge testen alles aus. Und das müssen sie, sonst wären sie ausgestopft. Sie haben Fragen über Fragen: „Darf ich deinen Knochen klauen? Darf ich das denn, wenn du nicht aufpasst oder wenn du schläfst? Darf ich dich von deinem gemütlichen Liegeplatz wegnerven und dir dann den Knochen klauen? Ach, ich soll wirklich gar nicht den Knochen klauen. Nie?“ Ich bin froh, dass ich diese Endlosschleifen an Diskussionen nicht persönlich führen muss. Ich habe meine Hunde dafür. Aber Sie eben nicht. Also organisieren Sie etwas Vergleichbares.

In meinen Augen ist es deutlich wichtiger für den heranwachsenden Hund, einen adulten erziehungsberechtigten Artgenossen neben sich zu haben, der ihn begrenzt, der ihm Nähe und Distanz erklärt, der ihn führt und an dem er sich orientieren kann, als in einer Gruppe undisziplinierter fremder Raufbolde zu erfahren, was Mobbing und nicht gebremste Aggression bedeuten, oder in ein wildes Getobe bis zur Besinnungslosigkeit verwickelt zu werden. Den richtigen Umgang unter Hunden lernen Hunde am besten von sozialkompetenten Hunden oder durch ein gezieltes und kompetentes Coaching ihrer Menschen.

WACHSTUMSPHASE

Das Heranwachsen junger Hunde findet in verschiedenen Wachstumsschüben statt. Achten Sie bitte in der Fütterung darauf, dass Sie Ihren Hund gut mit möglichst vielen ursprünglichen Nahrungsmitteln unterstützen. Der gesamte Körperbau wird meist bis zum Alter des achten bis neunten Lebensmonat fertig gestellt, inklusive neuer Zähne und hübschem Fell. Es ist das Alter, in dem die Zwerge nicht Fisch und nicht Fleisch sind. Das Heranwachsen junger Hunde geht immer so rasant schnell, dass sich die Entwicklung oft mit den Ereignissen des Alltags überschlägt. Mit sechs Monaten sieht ein junger Hund schon fast erwachsen aus. Und das ist manchmal auch sein Verhängnis. Denn er hat schon eine schicke Jacke an, ist aber eigentlich noch total grün hinter den Ohren. Und in diesem Alter sollten die Wichte noch alle Privilegien der Kindheit bekommen. Also maximalen Schutz, sehr viel Kontrolle und nur kleine überschaubare Anforderungen.

FEHLER VERMEIDEN

Wir wollen dem Hund möglichst große Freiheit bieten und ihn in unserer Partnerschaft zu einem echten Gefährten entwickeln. Der Weg dorthin führt aber erst ein wenig von der Freiheit weg. Zunächst benötigt das kleine Tier Spur, Halt und Organisation. Um mit Vertrauen und einem hohen Maß an Bindung groß werden zu können, sollten wir ihn an den Fehlern vorbeiführen und ihm lieber erklären, wie es richtig geht. Als Beispiel: Sie wollen nur kurz zum Nachbarn gehen und den kleinen Hund zu Hause lassen. Er liegt in seinem Körbchen. Brav. Nach einer halben Stunde kommen Sie zurück. Das war genug Zeit, um aufzuwachen, auf die Fußmatte zu pinkeln, in den Flur zu schietern, den Müll auszuräumen und an den Telefonkabeln zu ziehen. Dabei ist leider auch die Post von der Anrichte gekippt, die wurde sortiert, zernagt und weggeräumt … Hätten Sie den Zwerg kurz vorher zu seiner Toilette begleitet und ihn dann mit einem leckeren Markknochen für die Zeit in die Hundebox gebracht, dann wäre er jetzt froh und vergnügt, weil er etwas Tolles knabbern durfte, und Sie wären froh und vergnügt, weil Sie Ihren superbraven, tollen Hund wieder bei sich haben können. Fehler zu vermeiden, ist meiner Ansicht nach in der Welpenaufzucht die Erfolgsstrategie schlechthin. Sich immer wieder mit Freude zu begegnen, erzeugt echte Zuneigung. Nutzen Sie die Fähigkeiten, die wir Menschen den Tieren voraushaben, nämlich vorausschauendes Denken und planvolles Handeln.

Die Anforderungen an den Junghund sollten absolut überschaubar sein. Sie müssen ihm immer noch nicht die Welt zeigen, sondern die Regeln erklären. Waren wir bisher noch beschützend unterwegs, fangen wir langsam an, Dinge zu fordern. So zum Beispiel die Ansprechbarkeit. Ganz viel mehr braucht so ein junges Tier noch nicht zu lernen. „Die vier Säulen des Dialogs der HarmoniLogie®" (siehe Seite 14) entwickeln wir in dieser Zeit systematisch, alltagstauglich und fließend.

Im Training wächst das Hirn, beim Kuscheln wächst das Herz.

DIE FREIHEIT AN DER GARDEROBE ABGEBEN

Bei einem Theaterbesuch geben Sie Ihre Jacke an der Garderobe ab und erwarten, dass sie diese am Ende der Veranstaltung unangetastet wieder zurückbekommen. Genauso empfinde ich die erste Zeit der Aufzucht oder auch bei einem älteren Hund die gesamte Zeit der Eingewöhnung. Allein die Umstellung auf einen anderen Ort und andere Gewohnheiten kann einen Hund so durcheinanderbringen, dass er nur noch eines will: nach Hause. Und das sind Sie noch nicht. Bindung braucht Zeit, Ruhe und Geduld. Deshalb geben die Hunde – unabhängig vom Alter – zunächst am besten direkt nach ihrer Ankunft ihre Freiheit an meiner Garderobe ab. Und ich versichere ihnen und Ihnen, dass Ihre Hunde diese, sobald es geht, und unangetastet wieder zurückbekommen werden. Im Klartext heißt das auch, dass selbst im Haus der Freilauf teilweise durch eine Leine kontrolliert werden sollte. Ich weiß aus eigener Erfahrung, dass es bequemer ist, die Strippe zum Hund zu lösen. Aber ich weiß eben deshalb auch, was dann alles passieren kann und wie schnell ein Disput zwischen Mensch und Hund entstehen kann. Ich bin bemüht, den Hund gut aufzubauen und möchte ihm das Richtige erklären und nicht damit beschäftigt sein, ihn immer wieder zu kritisieren. Alle meine Hunde leben frei mit mir. Mein kleines Rudel umfasst stets ein Dutzend wunderbarer Individualisten und wir streifen froh und frei durch den Wald, ob mit dem Fahrrad, zu Pferd oder auch zu Fuß. Jedes dieser wunderbaren Geschöpfe hat einst seine Freiheit zunächst an meiner Garderobe abgegeben, und jedes einzelne von ihnen hat sie unangetastet zurückbekommen.

Die Leine ist die Verbindung für eine gelungene Bindung.

EINSCHRÄNKUNG DER FEHLERQUELLEN

Die Einschränkung des Handlungsspielraumes ist auch eine Einschränkung der Fehlerquellen. Und der Weg zur unsichtbaren Leine führt tatsächlich über die Leine. Die Rückgabe der Freiheit ist ebenso ein wunderbarer wie längerer Prozess. Erst, wenn der Hund die Leine respektiert und akzeptiert, erst wenn die vier Säulen des Dialoges (siehe Seite 14) von der Pike auf erarbeitet wurden und stabil sind, erst wenn eine gegenseitige Vertrautheit ein Vertrauen ermöglicht und das Gefühl von Bindung entstanden ist, erst dann lösen wir die physische Anbindung. Und das nach und nach. Erst die Leine schleifen lassen und schauen, ob der Hund unmittelbar auf Ansprache reagiert, wenn das klappt, dasselbe in niedriger Reizlage, wenn das klappt mit veränderten Variablen, wie Zeit und Ort usw. Wenn wir Menschen dieser Methodik in Ruhe und mit Geduld folgen, ist uns der Erfolg sicher.

REPARATURBEDÜRFTIG

Sehr häufig habe ich Hunde bekommen, die „reparaturbedürftig" waren. Es dauert ungleich länger, falsche Lernmuster durch erwünschte zu ersetzen, als neue, positive Lernmuster zu entwickeln.

Positive Energie fließt besser. Es ist einfach, das Leben so zu organisieren, dass man überwiegend Komfortzonen schafft, die Spitze des Eisberges meidet und bemüht ist, den Tag so zu planen, dass mögliche Konfliktpunkte erst einmal umschifft werden. Ein Besuch mit einem noch nicht gut ansprechbaren und leinenführigen Hund auf der Hundespielwiese wird von vornherein ein nicht nur angenehmes Abenteuer. Der Hund entscheidet sich nicht dazu, er kann auch nicht befragt werden. Es ist der Mensch, der die Route vorgibt, und sich, anstatt im Garten zu üben, lieber mit seinem neuen Hund präsentieren will.
Ja, Ihr Hund braucht Reizlagen und er braucht soziale Kontakte. Aber alles ausschließlich in dem Rahmen, den seine Ansprechbarkeit hergibt. Ein nach der HarmoniLogie® erzogener Welpe lernt als Erstes, auf seinen Namen zu reagieren, und das immer (!). Wenn das erreicht ist, meist im Alter von 16 bis 20 Wochen, dann hat er so viel Benimm an der Leine, dass er leicht störbar ist und dann kann ich ihm auch in gesteigerter Reizlage das richtige Verhalten erklären. Dann ist tatsächlich jede Herausforderung ein Genuss.

Der Weg in die Freiheit muss erst geschult werden.

KONTROLLVERLUST

Ich bilde jedes Jahr junge Pferde aus. Aus dem Training mit Pferden weiß ich, dass niemand auf die Idee käme, mit einem nicht lenkbaren, nicht halfterführigen Pferd auf eine fremde Pferdekoppel zu gehen. Der Kontrollverlust wäre zu eklatant und am Ende würde der Mensch sich ob der körperlichen Überlegenheit seines Gegenübers in große Gefahr bringen. Das kann jeder leicht nachvollziehen. Ein Pferd darf nicht auf zwei Beinen stehen und den Menschen bedrohen, es darf nicht stundenlang am Halfter zerren, weil es hinter den Artgenossen herwill. Das könnte niemand verwalten. Und hier liegt der Hund begraben. Solange die Hunde klein sind, sind wir ihnen kräftemäßig überlegen. Und deshalb machen wir solche gewagten Manöver. Es stört uns nicht, über Kraft am Hals einzuwirken und den Hund zurückzuziehen, wenn wir ihn mental nicht erreichen können. Es bringt uns ja noch nicht in Gefahr.
Würden wir stattdessen im häuslichen Bereich die Leinenführigkeit (siehe Seite 157) einüben und den Hunden außerdem die Ansprechbarkeit, die Störbarkeit und die Lobbarkeit, (vier Säulen der HarmoniLogie®, siehe Seite 14) erklären, dann müssten wir am Ende nicht unsere eigenen Reparaturhunde reparieren.

IN KÜRZE

- **Selbst der Freilauf im Haus sollte manchmal durch eine Leine kontrolliert werden.**
- **Ich möchte dem Hund das Richtige erklären und ihn nicht dauernd kritisieren müssen. Das macht beiden keinen Spaß und trübt das Lernklima.**
- **Die Einschränkung des Handlungsspielraumes ist auch eine Einschränkung der Fehlerquellen.**
- **Der Weg zur unsichtbaren Leine führt über die Leine.**

DIE ANSPRÜCHE DES HUNDES

Ein neuer Schüler betritt den Klassenraum: Er tritt in unsere Reit- und Trainingshalle ein. Das heißt, eigentlich geht die Tür auf und es kommt ein Hund herein, der an einer straffen Leine einen Menschen hinter sich herzieht. Seine Rute ist erhoben, der Rücken nach unten durchgedrückt. Die Ohren sind stramm nach vorne gestellt und die Hinterbeine agieren nicht konform zu den Vorderbeinen. Bei genauem Hinschauen sieht man, dass der Hund die Pfoten von der Zehe zum Ballen aufsetzt und nicht „abrollt". Die Gelenke der Beine wirken steif. Der Blick des Hundes ist erregt und wandert hin und her. Die Augen schließen und öffnen sich selten und wenn dann rasend schnell. Das Maul ist geschlossen, die Barthaare sind nach vorne gestellt. „Hallo, das ist Ben. Er ist so aufgeregt, zu Hause ist es nicht so."
Ben scharrt Löcher in den Sand und kreiselt, wenn die Grabepausen das zulassen, um seinen Menschen herum. Der wiederum ist durch dieses Kreiseln so damit beschäftigt, die Leine um seine Hüften herumzureichen, dass er immer wieder den Faden verliert. Nach einer kurzen Vorstellung beginnt Ben, seinen Menschen anzuspringen. Die Rute ist steil aufgestellt. Das Maul ist geschlossen. „Jetzt will er spielen, ihm ist langweilig."
Na prima, wenigstens hat er nicht auch noch Angst. Und ich freue mich, denn da ist wieder einmal ein wunderbares Feld zu bestellen.
Ein ambitionierter Mensch, ein aktiver Hund und der Wunsch nach einem Plan, auch wenn es noch nicht formuliert wurde, denn der Mensch muss sich noch ein wenig verteidigen. Nicht schlimm, das wird er schon noch lassen.

WIE ES AUCH AUSSEHEN KANN

Meine Vision von Ben und seinem Menschen nach dem Training der nächsten Wochen: Die Tür geht auf und der Mensch kommt herein. Die Leine hängt locker durch. Neben ihm läuft Ben. Sein Ohr ist beweglich nach vorn und nach hinten, der Nacken ist weich und der Rücken schwingt durch. Die Augen blicken interessiert und entspannt umher. Die Muskulatur des Gesichtes ist aktiv und beweglich. Die Rute schwingt unterhalb der Waagerechten, in der Verlängerung der Rückenlinie entspannt hin und her. Die Füße treten weich vom Ballen zur Zehe auf, die Beine bewegen sich konform zueinander und wirken entspannt. Und jetzt kommt das Wichtigste: Das Maul des Hundes ist ebenso geöffnet wie der Mund seines Menschen, denn der lächelt und freut sich über seinen Hund und auf den Unterricht. Wenn sein Mensch anhält, schaut Ben zu ihm hoch und sucht Kontakt. Selbstredend beugt der Mensch sich leicht vor, um seinem Hund das Gesicht und den Kopf zu streicheln, woraufhin Ben genüsslich abschmatzt und sein Köpfchen in die Hände seines Menschen drückt. Es ist nämlich sein Mensch geworden.
Das ist ein so wunderschöner Moment, wenn Hunde lachen, wenn sie loslassen, wenn sie sich für den Menschen, für ihren Menschen entscheiden. Es ist der Moment, in dem wir aufhören, die Hunde zu besitzen, denn nun gehören sie zu uns. Damit haben wir wichtige Ansprüche des Hundes erfüllt: Nähe, Kontakt, Spur und Harmonie.

DIE ANSPRÜCHE DES MENSCHEN

Und die Ansprüche des Menschen? Sie mögen sehr, sehr ähnlich definiert sein. Natürlich gehen die Bedürfnisse eines Hundes noch über diese Punkte hinaus. Jeder Hund und jede Rasse oder auch Altersklasse hat etwas andere Bedürfnisse, und Sie müssen mit Ihrem Hund gemeinsam ein individuelles Lebens- und Trainingskonzept entwickeln. Dabei helfen wir ihnen gern: gesunde, ursprüngliche, artgerechte Ernährung und ein hohes Maß körperlicher Auslastung sowie eine sehr gezielte geistige Förderung. Im besten Fall ständiger Sozialkontakt zu Artgenossen. Aber am meisten braucht ein Hund Nähe, Kontakt und Liebe. Das ist so.
Die Ansprüche scheinen sich also zu ähneln. Im Gegensatz zum Hund aber, hat der Mensch nicht 24 Stunden lang Zeit, um sich vor Langeweile zu grämen. Die meisten Menschen haben Beruf und/oder Haushalt und/oder Familie. Und genau an dieser Stelle trennen sich die Bedürfnisse. Da, wo Sie anderweitig gefordert sind, sollte Ihr Hund nicht im Mittelpunkt stehen. An dieser Stelle darf der Mensch auch gern lernen, für sich selbst zu sorgen und der Hund bleibt in seinem Körb-

Es ist eine erreichbare Vision, dass die Hunde ihrem Menschen gerne folgen. Und das immer und überall.

chen, in seiner Box oder in seinem Zimmer und kaut genüsslich an einem Knochen. Bei all der Fürsorge um den Hund dürfen die Menschen nicht vergessen, auch auf sich selbst zu achten, denn nur, wenn Sie gut drauf sind, sind Sie auch in der Lage, Ihren Hund zum Lachen zu bringen.

WAHNSINNIG ANPASSUNGSFÄHIG

Es gibt fast kein so anpassungsfähiges Wesen wie den Hund. Ob er bei den Eskimos im Schneesturm die Schlitten über das Eis zieht, in Afrika zur Großkatzenjagd mitgenommen wird, oder in der Prärie die großen Hereford Rinderherden treibt, die Merinoherden in den Alpen vor dem Wolf beschützt oder aber im Hundesport auf Messehallen über Hindernisse springt. Hunde gibt es überall. An manchen Stellen der Erde ersetzen Hunde die Windel der Kinder und sind für die Reinigung selbiger da, an anderer Stelle stehen sie selbst noch auf der Speisekarte. Und bei all dem sind sie etwas ganz Besonderes. Sie sind ein Spiegel der Liebe, die der Mensch in sie hinein wirft. Der Weg zur Harmonie mit diesen so sehr wunderbaren Geschöpfen ist wirklich unglaublich leicht. Sie müssen die Hunde ernst nehmen, mit ihrer ganzen Persönlichkeit, lernen, sie zu lesen, und lernen, die körperliche Sprache anzuwenden. Sie erfüllen Ihre Wünsche und Vision mit dem Hund und die Wünsche und Visionen Ihres Hundes durch eine artgerechte Haltung und Fütterung, mit einer fairen und klaren Erziehung und Ausbildung – und mit dem direkten ehrlichen Dialog.

IN KÜRZE

Es ist ein wunderschöner Moment, wenn Hunde lachen, wenn sie loslassen, wenn sie sich für ihren Menschen entscheiden; dann gehören sie zu uns und wir hören auf, sie zu besitzen.

Es ist große Freude, wenn alle an einem Strang ziehen.

Immer für seinen Menschen da, der Familienhund.

FÜR EIN ERFÜLLTES HUNDELEBEN

Wir kommen ins Haus. Ich habe die Hunde abgetrocknet, denn sie waren gerade im Teich baden. Das machen wir immer so. Wenn wir von der Arbeit an der Herde oder aus dem Training kommen, werden die Hunde entweder geduscht oder sie schwimmen in einem unserer Teiche, damit sie wieder sauber werden. Sie bekommen noch einen Napf warmes, selbstgekochtes Lammfleisch mit Reis und dann legen sie sich hin. Sie lecken sich die Schnauzen, manchmal auch gegenseitig, und die Pfoten. Dann legen sie sich auf die Seite. Sie schmatzen noch zwei-, dreimal und danach kommt immer ein tiefes langes Einatmen. Dann ist Ruhe und sie schlafen fest und ruhig bis zum nächsten Morgen. Ich liebe diese Rituale.

BERUF UND BERUFUNG

Ich blicke sie an und in mir steigen die Bilder des Tages hoch. Voller Motivation haben sie auch heute wieder alles gegeben. Egal ob Matsch oder Hitze, egal ob ich in einer Bombenstimmung oder angespannt war. Sie standen heute wieder einmal an meiner Seite, mir zu Diensten. Die Laufleistung eines Hütehundes an der Herde beträgt bei einem Sechs-Kilometer-Umtrieb ein Vielfaches dessen. Während dieser Strecke bekommen sie unzählige Signale, die sie alle versuchen, präzise auszuführen. Dabei achten sie auf den Untergrund, überwinden Mauern und Zäune und lesen das Vieh, um punktgenau richtig einzuwirken. Ein Umtrieb mit einer großen Herde ist ein Abenteuer. Wir überwinden im Team mit Hund und Herde nicht immer störungsfrei eine Distanz. Dabei gilt es, den Verkehr zu regeln, den Fluss einiger Hundert Schafe zu kontrollieren, drei bis vier Hunde gleichzeitig zu steuern – und das Ganze im Laufschritt. Echtes Multi-Tasking. Hierbei sind die Hunde die Dolmetscher, denn sie sagen den Schafen das, was ich ihnen nicht sagen kann. Durch gezieltes Lenken, rechts, links, gerade und Stopp bin ich in der Lage, die Hunde punktgenau an der und um die Herde zu positionieren. Sie haben dabei volle Konzentration auf die Bewegungen der Schafe und auf die Kommunikation mit mir. Sie entscheiden häufig selbstständig in meinem Sinn. Ein guter Hütehund kann die Arbeitsleistung von zwölf Männern ersetzen. Einen vergleichbar erfüllten Ausdruck erlebe ich häufig auch bei anderen Diensthunden, die beispielsweise als Such- oder Stöberhund, Jagd- oder auch Zughund eingesetzt werden. Zu den Zeiten, zu denen wir keine Umtriebe haben, lasten wir die Hunde durch gezieltes Team- und Einzeltraining sowie durch ausgiebige Touren mit den Pferden oder Fahrrädern aus. Sie sind dann zwar ausgelastet, aber wirken nicht ganz so erfüllt. Es scheint, als würde die Tatsache, dass sie ihrer Berufung nachgehen können, dass sie Teil eines Teams sind, in dem sie ernst genommen und auch gefordert werden, dass sie tiefe und ehrliche Anerkennung erfahren, sie glücklich machen. Das kann ich gut verstehen.

Für den normalen Hundehalter bedeutet das aber auch, dass das Raubtier Hund die Möglichkeit bekommen sollte, Tätigkeiten auszuführen, die Teilen der Verhaltensweisen aus den verschiedenen Funktionskreisen entsprechen.

34 Füße und ein Ziel: Wenn die gemeinsame Spur glücklich macht.

IN KÜRZE

- **Bei einem Umtrieb sind die Hunde die Dolmetscher: Sie sagen den Schafen, was der Mensch ihnen nicht sagen kann.**
- **Es scheint, als würde die Tatsache, dass die Hunde ihrer Berufung nachgehen können und dass sie tiefe und ehrliche Anerkennung erfahren, sie glücklich machen.**
- **Der Hund soll dem Menschen zur Freude gereichen und der Mensch dem Hund – jeden Tag. Das bedeutet Glück!**

JEDEN TAG EIN STÜCK VOM GLÜCK

Auch Sie können Ihrem Hund viele kleine Tätigkeiten erklären und abverlangen. Auch Sie können den Hund durch ehrliche Anerkennung und Teamfähigkeit geistig und körperlich fordern. Und auch Sie können das Schmatzen und tiefe Einatmen am Ende eines Tages wahrnehmen und froh sein über das Erreichte und Erlebte. Ein kleines Spiel, ein dickes Lob, ein sanftes Schmusen kostet eine Minute und dreißig Sekunden, erfüllt aber stets den Geist und die Seele. Und hier spreche ich nicht von ehrgeizigen, sportlichen Höchstleistungen, sondern von dem Glück, das in einem Team entsteht, wenn gemeinsam Ziele erreicht werden.

MACHEN SIE DAS DRINNEN ZUM DRAUSSEN

Verließ der Mensch in grauer Vorzeit seine Höhle, dann hatte er, etwas verkürzt dargestellt, zwei Aufgaben: schauen, dass er etwas zu essen findet, und aufpassen, dass er nicht gefressen wird. Für beides benötigte er eine Menge Adrenalin und wache Sinne.

Zuhause ist der Ort, an dem wir uns sicher fühlen. Das wird vielen Menschen so gehen. Schon das Vor-die-Haustüre-Treten kann bei dem einen oder anderen eine Veränderung der äußeren und inneren Haltung bewirken. Sie schauen sich um, vielleicht fühlen sie sich beobachtet, ihre Alarm- und Warnsysteme schalten sich ein, sie pflegen die bekannten Sozialkontakte und kontrollieren die unbekannten mit einem sensitiven, beiläufigen

Blick. Sofort verändert sich ihre Körperspannung, ihr Geruch, möglicherweise ihr Herzschlag. Sie möchten von A nach B. Selten gehen wir raus, nur um draußen zu sein oder verstehen gar den Weg als das Ziel.
Ihr verändertes Benehmen überträgt sich auf Ihren Hund. Er ist nach außen orientiert, seine Körperspannung verändert sich, er checkt die Umwelt ab und verliert den Kontakt zu Ihnen.

TAUZIEHEN

Wenn ich durch die Stadt gehe, dann erlebe ich überwiegend Menschen mit Hunden, die versuchen, durch ein kraftvolles Ziehen an der Leine die Kontrolle über ihren Hund zu bekommen. Der Hund möchte beispielsweise auf die andere Straßenseite zu einem anderen Hund und zerrt voller Enthusiasmus dahin. Während der Mensch noch damit beschäftigt ist, ein Lächeln zu entwickeln und die Worte, „Er ist noch jung und will nur spielen“ formuliert, zieht er den Hund am Hals(band) beherzt zurück. Das geschieht fast reflexartig. Nun wiegt der Hund möglicherweise erst zwölf Kilo – noch ein Leichtes für den Menschen und schon ein Drama für den Hundehals. Denn durch die Krafteinwirkung entsteht ein Druck, der mit einem Vielfachen des Körpergewichtes auf den Hundehals einwirkt. Ohne Ansprache oder Warnung rumst es also am Hundehals und so wird die Maßnahme erfolglos bleiben. Denn der Hund hat keine Möglichkeit, zu verstehen, welches Verhalten gewünscht wird, keine Möglichkeit, sein Verhalten zu ändern; möglicherweise glaubt er gar, dass dieses ungeschickte Verhalten seinem Menschen immer wieder passiert und seine einzige Chance ist, dieses Manöver zu ertragen. Dann wird der Hund es wieder versuchen, das nächste Mal vielleicht ein bisschen geschickter und schneller, um vor dem Rums bei dem Kollegen zu sein.

LOHNVERHANDLUNGEN

Die andere Variante ist der „hungrige“ Hund. Immer wieder begegnen mir Menschen, die mit ihrem Hund in ständigen Lohnverhandlungen stehen. Sie versuchen, sich über Lockmittel für ihren Hund attraktiv zu machen und füttern ihn alle paar Meter. Sie versuchen, sein Interesse an der Außenwelt mit Futter zunichtezumachen. Solange der Appetit des Hundes ausreicht, sieht das friedlich aus. Es ist allerdings eine subtile Form der Gewalteinwirkung: der Entzug lebenswichtiger Ressourcen.
Leider sehe ich extrem selten jemanden mit einem Hund, der von sich aus Kontakt zu seinem Menschen sucht, die Umwelt wahrnehmen darf und in der Öffentlichkeit für erwünschtes Verhalten ausgiebig gestreichelt und gelobt wird.
Die Diskrepanz zwischen dem Drinnen, wo fast jeder seinen Hund streichelt und liebkost, sich entspannt und überlegen zeigt, und dem Draußen, wo ein angespanntes, extrovertiertes Auftreten von Kraft und Lohn geprägt ist, ist enorm.

DAS PHÄNOMEN DER OBDACHLOSEN

Die Hunde von Obdachlosen erleben das anders. Für sie sind Draußen und Drinnen identisch. Diese Hunde folgen ihrem Mensch häufig ohne Leinenruck und Verführungstaktiken. Viele von ihnen sind extrem unauffällig und friedlich. Ihre Menschen teilen das, was sie haben, mit ihrem vierbeinigen Gefährten und sind in der Lage, sich endlos viel Zeit für körperliche Zuwendung zu nehmen. Ich finde zwar, dass es vielen dieser Hunde an einem freudigen Ausdruck fehlt, spiegeln sie doch den oft etwas resignierten Ausdruck ihrer Menschen wider. Aber summa summarum wirken sie entspannt und angeschlossen, friedlich und stets in engem Kontakt mit ihrem Menschen.

NEHMEN SIE SICH ZEIT

Der Plan der HarmoniLogie® ist an dieser Stelle, die Menschen zu lehren, auch draußen den Dialog zu entschleunigen, sich Zeit zu nehmen, die Situation mit ihrem Hund zu erfassen, und nicht nur zu versuchen, sie zu überstehen; den Einfluss von außen für das Mensch-Hund-Team vorher abzuchecken und sich nur Situationen zu stellen, die sie verwalten können. Wir Menschen können lernen, den Dialog mit dem Hund zunächst zu Ende zu führen, bevor wir uns anderen Menschen zuwenden: „Hallo, einen Moment bitte, ich begrüße sie gleich.“ Diese Bemerkung, kombiniert mit einem freundlichen Lächeln, gibt Ihnen immer die Möglichkeit, die Ansprechbarkeit Ihres vierbeinigen Kumpels noch zu regeln, um sich

dann dem zwischenmenschlichen Sozialkontakt zu widmen. Wichtig ist aber, dass wir das Erreichen unseres Hundes geübt haben, bevor wir uns auf die Spitze des Eisberges begeben.
Wie schon erwähnt, bilden wir jedes Jahr junge Pferde aus. Niemals würde ich mich mit einem jungen Pferd, das noch nicht an den Hilfen steht, also tatsächlich lenkbar ist, in eine vergleichbare Situation begeben. Und ich denke, das kann jeder nachvollziehen. Denn das könnte richtig schiefgehen. Nur weil wir dem Hund körperlich, kräftemäßig überlegen sind, erlauben wir uns solchen Leichtsinn. Blöderweise auf Kosten einer wunderbaren Beziehung. Möglicherweise wirken Teile der archaischen Grundzüge noch immer in uns. Und spätestens mithilfe des Hundes können wir lernen, das Draußen zu unserem Drinnen zu machen und den Weg bereits als Ziel zu erleben.

IN KÜRZE

- **Nehmen Sie sich auch draußen die Zeit, den Dialog mit Ihrem Hund zu entschleunigen. Führen Sie den Dialog mit Ihrem Hund zunächst zu Ende, bevor Sie sich anderen Menschen zuwenden.**
- **Begeben Sie sich möglichst nur in Situationen, die Sie überblicken, steuern und auch beherrschen können.**

Die Hunde der Obdachlosen sind meist extrem friedlich.

WAS DEN HUND ZUM GEFÄHRTEN MACHT

EIN GEMEINSAMER WEG

Als er meinen Pfiff hört, saust er los. Schnurgerade auf mich zu. Seine Ohren fliegen, sein Maul ist geöffnet und es kommt mir vor, als habe er Allradantrieb eingeschaltet. Er scheint sogar auf den letzten fünf Metern zu mir noch einmal zu beschleunigen.

Das Lachen eines Hundes ist ein großes Stück vom Glück.

Dann sitzt er vor mir. Schaut mich an, sein Mäulchen weit geöffnet, seine Ohren verspielt und er wackelt – nicht nur seine Rute wedelt, nein, der ganze Hund wackelt. Als ich ihm meine Hand hinhalte, drückt er seinen Kopf fest hinein.
Jawohl, das ist das Gefühl, wenn Hunde lachen, wenn sie frei und froh sind. Und er tut es für mich, weil ich so bin, wie ich bin, kein Zauberkünstler, kein Schauspieler und kein Futterautomat.
Der Hund hat mir Lesen, Laufen und Zuhören beigebracht. Er spricht mit mir und lehrt mich rechnen nach geometrischen Mustern. Wir sprechen eine Sprache und verstehen uns auch ohne Worte. Angefangen hat alles mit A wie Achtsamkeit. Über die vier Säulen sind wir gegangen und haben drei Aspekte der Antwort erlernt, die drei Sorten des Lobens verstanden und sechs Karten der Möglichkeiten studiert. Er braucht unter jeder Pfote ein Jahr und ich berufe mich auf vier Punkte, die für die innere Haltung des Menschen nötig sind. Das alles haben wir geübt mit Liebe und Geduld. Wir spielen das objektbezogene und körperliche unterlegene Spiel und sind Meister im Spiel mit Nähe und Distanz. Und nun steht er da und lacht mich an. Er folgt mir gern und ich liebe es, sein Begleiter zu sein. Er hört gut zu, gehorcht vielleicht nicht immer, kann sich dafür aber mehr merken als ich. Ich habe gelernt, ihm Witze zu erzählen, während er es schafft, mich zum Lachen zu bringen. Er hat verstanden, mir Komplimente zu machen, und ich, für ihn zu sorgen.
Dem Menschen zur Freude, dem Tier zum Glück und andersherum ist das Ergebnis, wenn aus Ihrem Hund ein Gefährte wird und Sie ihm ein Freund sind.

SERVICE

— *Was noch hilfreich ist*

ZUM WEITERLESEN

ERZIEHUNG, HALTUNG UND GESUNDHEIT

Führmann, Petra, Nicole Hoefs und Iris Franzke: **Das Erziehungsprogramm für Hunde.** Mit Trainingsplan für jede Übung. 2016

Klüver, Danja: **BARF - Rohfütterung für Hunde.** Gesunde Ernährung. 2016

Krüger-Degener, Anne: **Wenn Hunde uns vertrauen.** Missverständnisse vermeiden mit der HarmoniLogie®. Der Weg zum klaren Dialog. Kosmos 2021

Krüger-Degener, Anne: **Welpen-Tagebuch.** Der praktische Begleiter für die ersten Monate. Kosmos 2022

Löckenhoff, Ursula: **Dogwalk.** Gemeinsam unterwegs – Ideen für eine glückliche Mensch-Hund-Beziehung. 2017

Nadig, Alexandra: **Heilpflanzen für Hunde.** Wirkungsweise, Rezepturen und Anwendung. 2018

Nees, Christian und Christine: **Die Hunde-Sprechstunde.** Krankheiten erkennen & gezielt behandeln. EXTRA: Mit Tipps zur Selbsthilfe. Kosmos 2025

Theby, Viviane: **Das Kosmos Welpenbuch.** Entwicklung und Auswahl; Eingewöhnung, Sozialisierung und Erziehung. Für einen guten Start ins Hundeleben. 2016

Ücüncü, Gülay: **Der gelassene Hund.** Selbstbeherrschung, Impulskontrolle, Frustrationstoleranz. 2018

Von der Leyen, Katharina und Inga Böhm-Reitmeier: **Die zweite Chance. Hunde mit Vergangenheit.** 2017

VERHALTEN

Feddersen-Petersen, Dorit: **Ausdrucksverhalten beim Hund.** Mimik und Körpersprache, Kommunikation und Verständigung. 2008

Gansloßer, Udo und Mechthild Käufer: **Auszeit auf Augenhöhe.** Mensch-Hund-Spiel: Kleiner Einsatz mit großer Wirkung. 2017

Gansloßer, Udo und Mechthild Käufer: **Und sie spielen doch!** Die Wissenschaft vom Hundespiel. Kosmos 2022

Gansloßer, Udo, Kate Kitchenham: **Beziehung – Erziehung – Bindung.** Forschung im Dienst des Mensch-Hund-Teams. 2016

Gansloßer, Udo, Petra Krivy: **Verhaltensbiologie für Hundehalter – Das Praxisbuch.** 2011

Handelman, Barbara: **Hundeverhalten.** Mimik, Körpersprache und Verständigung, mit über 800 ausdrucksstarken Fotos. 2010

BESCHÄFTIGUNG

Fichtlmeier, Anton: **Suchen und Apportieren.** Denksport für Hunde. 2015

Radant, Uwe: **Zughundesport.** Canicross, Bikejöring, Dogscooter. 2018

Zvolsky, Norma: **Die Kosmos Retrieverschule.** Grunderziehung und Dummytraining. 2015

NÜTZLICHE ADRESSEN

Verband für das Deutsche Hundewesen (VDH) e. V.
Westfalendamm 17
44141 Dortmund
Telefon: +49 (0) 231 565 00-0
E-Mail: info@vdh.de
Internet: www.vdh.de

Österreichischer Kynologenverband (ÖKV)
Siegfried Marcus-Str. 7
A-2362 Biedermannsdorf
Telefon: +43 (0) 2236/710 667
E-Mail: office@oekv.at
Internet: www.oekv.at

Schweizerische Kynologische Gesellschaft (SKG)
Brunnmattstraße 24
CH-3007 Bern
Telefon: + 41 (0) 31 306 6262
Internet: www.skg.ch

Berufsverband der Hundeerzieher/innen und Verhaltensberater/innen e. V. (BHV)
Auf der Lind 3
65529 Waldems-Esch
Telefon: +49 (0) 61 92 - 9 58 11 36
E-Mail: info@hundeschulen.de
Internet: www.hundeschulen.de

Tierschule und Schäferei Anne Krüger-Degener
Buersche Straße 132
49324 Melle
Telefon: +49 (0) 54 22 4 51 41
E-Mail: info@die-schaeferin.de
Internet: www.anne-krueger-degener.com

DIE AUTORIN

Anne Krüger-Degener ist ausgebildete Tierwirtschaftsmeisterin und nach §11 zertifizierte Tiertrainerin. Seit 1999 leitet sie die Tierschule und Schäferei auf dem Degenerhof in Melle bei Osnabrück. Im Lauf ihrer beruflichen Arbeit und durch die Erfahrung mit den Tieren hat sie die Methode der HarmoniLogie® entwickelt und gibt diese mit Passion und Begeisterung an ihre zwei- und vierbeinigen Schüler in Form von Lehrvideos, Büchern und Kursen weiter. Da ihre Methode auf so viel Resonanz und Begeisterung stößt, ist Anne Krüger-Degener dazu übergegangen, Co-Trainer auszubilden, die sie in ihrer Arbeit unterstützen.

Ihr Mann, Jan Degener, kümmert sich um die Landwirtschaft und um die ökologische Schäferei mit einer großen Herde Scottish Blackface sowie den eigenen Hofladen. Sein weiteres Steckenpferd ist die Ausbildung der Border Collies an der Herde. Carla Degener ist ihre Tochter und hat den Umgang mit den Tieren mit in die Wiege gelegt bekommen. Als jüngstes Teammitglied zeichnet sie sich durch den natürlichen Umgang mit allen Tieren aus und unterstützt ihre Eltern tatkräftig. Als Familienunternehmen legen Degeners besonderen Wert auf den harmonischen Zusammenhalt des Degenerhof-Teams und sind dankbar und stolz, durch gemeinschaftliches Wirken ihre Ziele erreichen zu können. Die Menschen in ihrem Team haben allesamt eine tiefe innere Verbindung zur HarmoniLogie® entwickelt und leben und vermitteln diese ganz natürlich und aus Überzeugung, mit viel Enthusiasmus, Engagement und Hingabe. Ob Auszubildender, Haushaltshilfe, Koch oder Trainer, jeder im Team weiß, dass er sich zu jeder Zeit voll und ganz auf den anderen verlassen kann – denn nur gemeinsam und durch echte Teamarbeit bringen sie Erfolg und Harmonie in Einklang.

Wenn Sie mehr erfahren wollen, besuchen Sie die Tierschule unter www.anne-krueger-degener.com

DANKE

Auf diesem Buch steht mein Name. Geschrieben habe ich es für Sie, liebe Leser, und das von ganzem Herzen gerne. Aber, um ehrlich zu sein, müssten da noch mehr Namen stehen. Nämlich von den Menschen, die der Wind in meinen Segeln, mein Außenbordmotor, meine Navigation und meine externe Festplatte waren. Ohne diese Menschen würden Sie dieses Buch nun nicht in Händen halten, denn es ist das Resultat echten Teamworks.

Dank aus tiefstem Herzen gilt meiner Familie Jan Degener und Carla Marie Degener.

Meiner Schülerin und Vor-Lektorin, meiner Freundin Christiane Späte.

Meiner Freundin und Schülerin Alexandra Jahr.

Meinem Bruder und Weggefährten Eckard Krüger.

Ich danke den Fotografinnen Anna Auerbach und Sylvia Battaggia.

Für die wunderbaren Zeichnungen danke ich Ike Becker.

Ich danke all den Schülern und Sympathisanten der HarmoniLogie®, die uns bei der Erstellung der Fotos toll unterstützt haben.

Dem Team des KOSMOS Verlages und ganz besonders auch Frau Alice Rieger, die mit Geduld und sehr zielstrebig alles auf den richtigen Weg gebracht hat.

Und nun danke ich Ihnen, liebe Leser. Ich hoffe Sie hatten Ihre Freude, mir auf dem Weg zu der wundervollen Kreatur Hund zu folgen und mein Begleiter in das Haus der HarmoniLogie® zu sein. Ich habe Sie gewarnt, denn vielleicht brennt nun auch ein Feuer in Ihnen. Vielleicht wollen Sie erleben, was es heißt ... Wenn Hunde lachen ...

Herzlich Ihre

Anne Krüger Degener

REGISTER

BILDNACHWEIS

240 Farbfotos wurden von Anna Auerbach / Kosmos für dieses Buch aufgenommen.

Weitere Farbfotos von Anna Auerbach (4: S. 125, 129, 218, 219), Silvia Battaggia (6: S. 38 beide, 39, 56, 57 beide), Pauline von Hardenberg (1: S. 6), Ursula Löckenhoff (2: S. 216, 217), Heiner Orth (3: S. 200, 201 beide), Nicole Schick / Kosmos (1: S. 35), Heike Schmidt-Röger / Kosmos (1: S. 124), Shutterstock (Dennis W Donohue / 1: S. 58, duchy / 1: S. 233).

Mit 14 Illustrationen von Friederike Becker (S. 22 – 25).

IMPRESSUM

Umschlaggestaltung von GRAMISCI Editorialdesign, München unter Verwendung von zwei Farbfotos von Anna Auerbach/Kosmos.

Mit 260 Farbfotos und 14 Zeichnungen.

Gedruckt auf chlorfrei gebleichtem Papier

ISBN 978-3-440-15846-3
Redaktion: Alice Rieger
Gestaltungskonzept: Peter Schmidt Group GmbH, Hamburg
Gestaltung und Satz: Atelier Krohmer, Dettingen/Erms
Produktion: Andrea Hehn
Druck und Bindung: FIRMENGRUPPE APPL, aprinta druck, Wemding
Printed in Germany / Imprimé en Allemagne

FSC www.fsc.org MIX Papier | Fördert gute Waldnutzung FSC® C004592